高等职业教育"十三五"规划教材

计算机网络基础

主　编　仝　军　赵　治　田洪生
副主编　张珊珊　马书林　魏志成

北京理工大学出版社
BEIJING INSTITUTE OF TECHNOLOGY PRESS

内 容 简 介

本书系统地介绍了计算机网络的基本理论和相关的实际操作技能，为了更好地培养学生解决问题的能力，强调实际动手操作的训练。

本书以"项目导向"的模式编写，主要分为六个项目，内容由浅入深，语言通俗易懂，不需要具备网络的基本知识便可以学习其中的内容，适合大中专院校和本科院校的师生作为参考教材，以及网络的初学者学习参考。

版权专有　侵权必究

图书在版编目（CIP）数据

计算机网络基础 / 仝军，赵治，田洪生主编. —北京：北京理工大学出版社，2018.3（2019.1重印）

ISBN 978-7-5682-5354-3

Ⅰ. ①计… Ⅱ. ①仝…②赵…③田… Ⅲ. ①计算机网络–教材 Ⅳ. ①TP393

中国版本图书馆 CIP 数据核字（2018）第 038102 号

出版发行 / 北京理工大学出版社有限责任公司
社　　址 / 北京市海淀区中关村南大街 5 号
邮　　编 / 100081
电　　话 /（010）68914775（总编室）
　　　　　（010）82562903（教材售后服务热线）
　　　　　（010）68948351（其他图书服务热线）
网　　址 / http://www.bitpress.com.cn
经　　销 / 全国各地新华书店
印　　刷 / 三河市华骏印务包装有限公司
开　　本 / 787 毫米×1092 毫米　1/16
印　　张 / 16.25　　　　　　　　　　　　　　　责任编辑 / 杜春英
字　　数 / 384 千字　　　　　　　　　　　　　　文案编辑 / 杜春英
版　　次 / 2018 年 3 月第 1 版　2019 年 1 月第 3 次印刷　责任校对 / 周瑞红
定　　价 / 39.80 元　　　　　　　　　　　　　　责任印制 / 施胜娟

图书出现印装质量问题，请拨打售后服务热线，本社负责调换

前　　言

随着计算机网络的发展，新的网络应用层出不穷，可以说网络已经深入到人们生活、社会生产的各个角落。

计算机网络正在改变着人类的生活，并将远远超过电话、电视和汽车对人类生活的影响。Internet 可以在极短时间内把电子邮件发送到世界任何地方，可以提供只花市话费用的国际长途业务，可以提供全球信息漫游服务。Internet 不仅仅是电脑爱好者的专利，它更能为社会大众带来极大方便。具体地说，人们能利用 Internet 解决各种问题：能和全世界的同行交流科研成果，能使用自己所不具备的各种资源，能连接到全世界各大图书馆去查阅资料；教育工作者能利用它进行教学，如开设电子教室，提供网络教学；专业人员能利用它来咨询，如医院能实现全球会诊，记者能迅速组稿和发稿，作家能和异地的编辑讨论书稿；公司和企业借助 Internet 来进行市场竞争、搜集商业情报、与各地的子公司及时通信、在网络上做广告、做市场调查、提供电子商务服务等；政府部门能用它来宣传发布政策法规，节省大量办公经费等。Internet 能帮助科学发明，使研究和合作开发成为可能；它有助于环境保护，节省大量纸张；它免费向全世界用户提供电子书籍、电子报刊、软件、消息、新闻、艺术精品、音乐、歌曲等；它还能创造新的商业机会，如电子银行、在线商店、网络广告服务、联机娱乐等；通过电子邮件、网络新闻及邮件列表，它能把全世界所有上网的人联系在一起。

本书围绕计算机网络基础而展开，详细地介绍了基本的理论知识和相关的实际操作技能，使读者能够由浅入深地了解整个计算机网络技术的基本情况，并且对计算机网络有一个全面而深入的理解，从而掌握计算机网络技术。

本书可作为高职高专计算机网络专业、物联网专业、通信工程专业的计算机网络技术基础课程的教材，也可以作为计算机工程技术人员的参考教材。

本书由仝军、赵治、田洪生担任主编，由张珊珊、马书林、魏志成担任副主编，参加编写的还有李红岩、郭宝丹、王辉、王石光、赵冰等。本书在编写的过程中得到了北京理工大学出版社编辑的大力支持和帮助，在此表示衷心的感谢。

由于编写时间仓促，书中难免存在不足之处，希望各位读者提出宝贵意见，恳请广大专家、学者批评指正，编者也希望与各位读者多多交流。

编　者

目 录

项目1 认识计算机网络 ... 1
任务1 计算机网络的形成 ... 1
1.1.1 计算机网络的定义 ... 1
1.1.2 计算机网络的形成与演化 ... 2
任务2 计算机网络的分类和性能指标 ... 3
1.2.1 计算机网络的分类 ... 3
1.2.2 计算机网络的主要性能指标 ... 4
任务3 认识拓扑结构 ... 6
1.3.1 常见拓扑结构 ... 6
1.3.2 绘制拓扑图 ... 8
任务4 认识传输介质和网络设备 ... 13
1.4.1 认识有线传输介质 ... 13
1.4.2 认识无线传输介质 ... 15
1.4.3 认识常用网络设备 ... 16

项目2 计算机网络体系结构 ... 20
任务1 认识网络体系结构 ... 20
2.1.1 认识网络协议 ... 20
2.1.2 层次模型与网络体系结构 ... 21
任务2 OSI/RM 参考模型 ... 22
2.2.1 OSI/RM 参考模型的结构 ... 22
2.2.2 OSI 各层的主要功能 ... 23
2.2.3 OSI 模型中的数据传输 ... 25
任务3 TCP/IP 协议簇 ... 27
2.3.1 TCP/IP 协议的构成 ... 27
2.3.2 TCP/IP 的层次结构 ... 27
2.3.3 IP 地址 ... 31
2.3.4 子网地址与子网掩码 ... 33
2.3.5 IP 层服务 ... 34
2.3.6 路由选择 ... 35
2.3.7 流量控制 ... 36
2.3.8 规划 IP 地址 ... 37

项目3 局域网的组建 ... 41
任务1 局域网技术标准 ... 41

	3.1.1 认识局域网	41
	3.1.2 局域网常见技术	42
任务 2	以太网技术	45
	3.2.1 共享式以太网	45
	3.2.2 以太网扩展	49
	3.2.3 新型以太网	54
任务 3	组建局域网实训	58
	3.3.1 连接计算机	58
	3.3.2 配置计算机	63

项目 4 认识无线网络 … 71

任务 1	认识无线网络	71
任务 2	常用无线局域网标准	74
	4.2.1 IEEE 802.11 系列标准	74
	4.2.2 蓝牙	76
	4.2.3 蜂窝与漫游	77
任务 3	使用模拟软件组建无线网	79

项目 5 服务器的配置与管理 … 86

任务 1	DNS 服务器的配置与管理	86
	5.1.1 DNS 概述	86
	5.1.2 DNS 的域名结构	87
	5.1.3 DNS 服务器类型	89
	5.1.4 DNS 查询工作原理	90
	5.1.5 DNS 服务器的安装与配置	91
任务 2	DHCP 服务器的配置与管理	142
	5.2.1 DHCP 概述	142
	5.2.2 DHCP 服务器的安装	146
	5.2.3 配置 DHCP 服务器	155
任务 3	IIS 7.0 的配置与管理	169
	5.3.1 IIS 7.0 概述	169
	5.3.2 安装 Web 服务器 IIS 7.0 角色	172
	5.3.3 FTP 服务器的安装与配置	187

项目 6 计算机网络安全机制 … 203

任务 1	主机的安全防护	203
	6.1.1 主机系统的安全防护	204
	6.1.2 计算机病毒防治	210
	6.1.3 主机的灾后处理	214
任务 2	网络安全机制	216
	6.2.1 网络安全概述	216

  6.2.2 防火墙 …………………………………………………………………221
  6.2.3 入侵检测系统 ……………………………………………………228
  6.2.4 数据传输安全 ………………………………………………………232
  6.2.5 网络安全实训 ………………………………………………………237
参考文献 ………………………………………………………………………249

项目 1
认识计算机网络

● 知识目标

(1) 了解计算机网络的发展和组成。
(2) 理解计算机网络的定义、功能和分类。
(3) 了解数据通信的基本知识和性能指标。
(4) 理解计算机网络拓扑结构及特点。
(5) 掌握网络体系结构。
(6) 理解网络中使用的传输介质。
(7) 掌握双绞线的制作方法。

● 能力目标

(1) 能解释计算机网络的组成。
(2) 能区分不同的网络拓扑结构。
(3) 能制作双绞线。
(4) 能利用软件制作网络拓扑图。

● 项目背景

李刚来到信息学院,进行网络技术专业学习。作为网络技术的初学者,他有很多关于网络的疑问,如什么是计算机网络?它是如何组成的?网络的功能是什么?网络的发展如何?

任务 1　计算机网络的形成

1.1.1　计算机网络的定义

由于计算机技术和通信技术相结合,借助通信技术,能把远程的计算机联系在一起,使人们的信息互通更加方便。随着用户应用的普及,对网络的需求也不断升级,促使现代的计算机网络技术飞速发展。随着云计算技术和大数据技术的应用,网络技术又将出现一次变革。

计算机网络就是计算机之间的数据传递,就是我们所说的计算机通信,这是计算机网络最基本的功能。我们能利用计算机网络进行在线聊天,召开网络会议,计算机网络为我们提供了互相通信、资源共享的机会。

对于计算机网络,人们给出了很多不同的定义,我们从资源共享的角度,将计算机网络定义为以实现资源共享为目的,利用通信技术,互相连接起来的自治的计算机系统的集合。这里要注意计算机网络是一个集合。这个定义主要体现在以下几个方面:

（1）计算机网络建立的主要目的是实现资源共享，这里的资源可以是软件资源，可以是硬件资源，也可以是信息资源。

（2）多台独立的自治的计算机，要利用通信手段互相连接起来。

（3）计算机间的通信要在网络协议的作用下协调进行。

1.1.2 计算机网络的形成与演化

计算机网络的发展过程可归纳为四个阶段：

第一阶段，计算机网络雏形的形成阶段。此阶段的主要特征是通信技术的发展和研究，为计算机网络的产生奠定了技术基础。20 世纪 50 年代，美国政府利用麻省理工学院的计算机进行国防技术研究。大致的做法是通过终端把目标信息获取下来，并转换成二进制的数字信号，然后利用数据通信设备将它传送到信息处理中心的大型电子计算机中；计算机自动接收这些信息，并进行数据的分析计算和处理，随后把计算的结果传送到相应的终端显示出来。从这一过程可以看出，计算机技术和通信技术开始尝试结合，计算机网络的雏形出现了。不难发现，此时的网络还不是真正的计算机网络。

第二阶段，分组交换技术使用阶段。此阶段的主要特征是在美国 ARPANET 和分组交换网技术开始应用。ARPANET 可以说是网络技术发展的一个里程碑，既促进了网络技术的发展和理论体系的形成，又为后期因特网的形成奠定了基础。随着美国政府对网络的不断研究和发展，对四所大学的且分布于不同地点的计算机进行网络建设，把它称为 ARPANET。考虑到对这四所大学的计算机的差异性进行兼用，在这个网络上应用的分组交换技术，很好地解决了各系统间的差异问题。分组交换对 ARPANET 的扩大和发展，从而最终形成因特网具有重要意义。

第三阶段，网络体系结构的形成阶段。此阶段的特征是国际标准化组织 ISO 提出了统一的技术标准。由于计算机网络技术的发展，不同厂商的网络设备和通信软件，出现了多种不同的体系结构，不同的计算机用户的连接，实现起来非常困难。国际标准化组织 ISO 提出一个统一的技术标准，即开放式系统互连参考模型（OSI/RM）。OSI/RM 体系结构的研究对网络技术的发展和理论体系的研究产生了重要影响，网络技术的发展有了重要的统一的技术条件。然而，由于美国的 ARPANET 使用 TCP/IP 协议及体系结构，随着 ARPANET 的发展，因特网的逐渐形成，TCP/IP 体系结构也得到了越来越广泛的应用，已经成为网络互联的世界公认的现实标准。

第四阶段，因特网和网络技术的高速发展阶段。此阶段的特征是因特网的广泛应用以及网络的高速发展。20 世纪 70 年代，ARPANET 已经发展成为几十个大学的电子计算机互相连接的网络，随后更多的计算机加入进来，此时 ARPANET 还是研究性的网络，由于不断有用户加入，社会对网络的需求不断增加，网络的接入技术也不断完善，最终形成了一个开放的、公开的、商业化的网络，即因特网（Internet）。因特网作为全球化的网际网络，提供了丰富多样的信息资源，在当今社会生活、经济、文化、技术科学研究及教育等方面发挥着不可忽视的作用。随着因特网的发展，人们接入网络的技术和方式也在不断进步；网络传输的速度也在不断提高，宽带网络、无线网络技术对网络连接的速度需求成为主要要求。

任务 2 计算机网络的分类和性能指标

1.2.1 计算机网络的分类

目前对计算机网络的分类方法主要有三种:

一、按网络的覆盖范围分类

通过这种分类方法,可以反映出不同类型网络的技术特征。由于网络的覆盖范围不同,具有的网络技术特点与网络服务不同,它们采用的技术也自然不同,这种分类方法是目前最常用的方法。

按照网络覆盖的地理范围划分,计算机网络可以分成局域网、城域网和广域网三类。

1. 局域网

局域网(LAN)主要适于较小地理范围的应用,一般在几米至几千米的范围以内。例如,一个办公室,一个房间,或者一座建筑物,或者一个校园。局域网是在计算机网络技术中最流行的。局域网的物理网络通常只包含网络体系结构中较低的两个层次。

局域网具有以下主要特征:

(1)地理覆盖范围较小。
(2)具有较高的数据传输速率。
(3)实现技术简单灵活。
(4)易于建立、维护与扩展,组建成本低。
(5)数据传输的错误率低。

2. 城域网

城域网(MAN)使用的技术与局域网相似,网络规模覆盖一座城市,一般在十几千米至上百千米的范围内,是一个规模较大的城市范围内的网络。城域网设计的目标是要满足几十公里范围内大量企业、机关、公司与社会服务部门的计算机联网需求,实现大量用户、多种信息的综合传输。城域网主要指大型企业集团、ISP、电信部门、有线电视台和政府机构建立的专用网络和公用网络。

城域网具有以下特征:

(1)覆盖范围比局域网大。
(2)数据的传输速率较慢。
(3)数据传输距离较远。
(4)组网比较复杂,成本较高。

3. 广域网

一般从几十千米到几千千米,地理范围可覆盖几个城市或者地区,几个国家,甚至洲际范围,它属于全球互联网络的主干网络。

广域网具有以下特征:

(1)覆盖地理范围广,使用的技术复杂。
(2)数据需要长距离传输,速率较低。

（3）容易出现错误。

二、按网络的传输介质分类

根据网络的传输介质，可以将计算机网络分为有线网、光纤网和无线网三种类型。

1. 有线网

有线网是使用双绞线或同轴电缆等介质连接起来的计算机网络。使用同轴电缆的网络建设成本低，安装便利，但传输速率和抗干扰能力一般，传输距离较短。用双绞线连接的网络价格便宜，安装方便，但易受干扰，传输速率也比较低，且传输距离比同轴电缆要短。

2. 光纤网

光纤网也是有线网的一种，但是所用传输介质的材料和传输的信号均不同于金属介质。光纤是采用光导纤维作为传输介质的，光纤传输距离长，传输速率高；抗干扰性强，不会受到电子监听设备的监听，是高安全性网络的理想选择。目前，主干网多使用此种传输介质。

3. 无线网

无线网是用电磁波作为载体来传输数据的，具有有线介质不可比拟的灵活性，使用简便灵活，非常受用户欢迎，也是目前非常流行的网络连接形式。

三、按网络的通信方式分类

根据网络的通信方式，可分为广播式通信网络和点到点通信网络。

1. 广播式通信网络

广播式通信网络中，所有主机连接在一个共享的公共信息通道中。例如，无线网络和卫星通信网络就采用这种传输方式。

2. 点到点通信网络

点到点通信网络是指数据以点到点的方式在计算机或通信设备中传输，它与广播式通信网络正好相反。在点到点通信网络中，每条物理线路连接一对计算机，如星形网和环形网采用这种传输方式。

除了以上几种分类方法外，还有许多其他分类方法，例如可以按网络所有者分为公用网和专用网；按网络的用途分为科研网、教育网、商业网和企业网等。

1.1.2 计算机网络的主要性能指标

性能指标从不同的方面来描述计算机网络的性能好坏。

1. 数据传输速率

计算机发送出去的信号都是数字形式的。比特（bit）是计算机中数据量的单位，也是信息论中使用的信息量单位。英文 bit 来源于 binary digit，因此一个比特就是二进制数中的一个 1 或 0。数据传输速率是指单位时间内传输的信息量，可用"比特率"和"波特率"来表示。比特率是每秒传输二进制信息的位数，通常记作 bps，主要单位有 Kbps、Mbps、Gbps。它是描述网络好坏的重要指标。目前最快的以太局域网理论传输速率为 10 Gbps。

2. 带宽

带宽包含两种含义：

（1）带宽本来指某个信号具有的频带宽度。信号的带宽是指该信号所包含的各种不同频率成分所占据的频率范围。例如,在传统的通信线路上传送的电话信号的标准带宽是 3.1 kHz(从 300 Hz 到 3.1 kHz,即声音的主要成分的频率范围)。这种意义下带宽的单位是 Hz。在以前的通信主干线路上传送的是模拟信号(即连续变化的信号)。因此,表示通信线路允许通过的信号频率范围即线路的带宽。

(2)在计算机网络中,带宽用来表示网络的通信线路所能传送数据的能力,因此网络带宽表示在单位时间内从网络的某一点到另一点所能通过的"最高数据量"。这种意义下带宽的单位是"比特每秒",即数据传输速率。高带宽则意味着系统的高处理能力。不过,传输带宽与数据传输速率是有区别的,前者表示信道的最大数据传输速率,是信道传输数据能力的极限,而后者是实际的数据传输速率。我们在日常使用时,经常混淆这两个概念的区别。

3. 吞吐量

吞吐量(throughput)表示在单位时间内通过某个网络(或信道、接口)的数据量。吞吐量是用于对网络的一种测量,以便知道实际上到底有多少数据量能够通过网络。显然,吞吐量受到网络的带宽或网络的额定速率的限制。例如,对于一个 100 Mbps 的以太网,其额定速率为 100 Mbps,那么这个数值也是该以太网吞吐量的绝对上限值。因此,对 100 Mbps 的以太网,其典型的吞吐量可能只有 70 Mbps。

4. 时延

时延指数据(一个报文或者分组)从网络(或链路)的一端传送到另一端所需的时间。时延是一个非常重要的性能指标,也可以称为延迟或者迟延。

网络中的时延由以下几部分组成:

(1)发送时延。发送时延是主机或路由器发送数据帧所需要的时间,也就是从发送数据帧的第一个比特算起,到该帧的最后一个比特发送完毕所需的时间。发送时延也可以称为传输时延。发送时延=数据帧长度/发送速率。对于一定的网络,发送时延并非固定不变,而是与发送的帧长成正比,与发送速率成反比。

(2)传播时延。传播时延是电磁信号或光信号在信道中传播一定的距离需要花费的时间,也就是说,从发送端发送数据开始,到接收端收到数据经历的时间。注意传播时延不同于发送时延。

传播时延=信道长度(m)/电磁波在信道上的传播速率(m/s)

电磁波在自由空间的传播速率是光速,即 $3.0×10^5$ km/s。电磁波在网络传输介质中的传播速率比在自由空间低一些,在铜介质电缆中的传播速率约为 $2.3×10^5$ km/s,在光纤介质中的传播速率约为 $2.0×10^5$ km/s。

(3)处理时延。主机或路由器在收到分组时需要花费一定的时间处理,如分组首部分析、从分组中提取数据部分、进行差错检验、查找适当的路由和控制计算等,产生了处理时延。

(4)排队时延。分组在进入网络设备后,要先在输入队列中排队等待处理。确定了转发接口后,还要在输出队列中排队等待转发。这就产生了排队时延。排队时延通常取决于网络当时的通信量。

这样我们可以发现,无论哪一种时延,都是不可避免的,也无法确定哪一种时延对数据的传输影响产生了最大的作用,不同时段,不同网络,时延都存在,哪种时延对传输的影响最大也有所不同。所以，数据在网络中传输的总时延就是：

总时延=发送时延+传播时延+处理时延+排队时延

在提高网络的传输能力时，能够提高的仅仅是数据的发送速率，而不是比特在链路上的传播速率。信号在通信线路上的传播速率与数据的发送速率没有联系。提高数据传播速率的办法也只是减小了数据的发送时延。

任务3　认识拓扑结构

计算机网络是利用传输介质把网络设备或者主机互相连接起来组成的。当对一个网络进行设计或者管理时，需要掌握这个网络的物理连接情况，这时会使用拓扑结构来解决这个问题。

链路是指网络中相邻两个节点之间的物理通路。节点指计算机或者有关的网络设备，是对物理设备或者对网络进行抽象得到的。节点无须关心设备的物理大小。

拓扑结构是指由节点和连接线组成的图形结构。计算机网络的拓扑结构是指根据物理网络的布局，通过对一个网络的通信链路和网络设备进行抽象得到的结构图形。物理网络拓扑图能够反映出网络实际布局，表示电缆是如何排列的以及计算机是如何相互连接的。网络拓扑结构的规划与设计，是在网络建设过程中进行用户需求分析后要进行的第一步。所以，通过对网络拓扑图的分析，可以了解网络内各个节点之间的相互连接关系，也能够了解一个网络的特点。

1.3.1　常见拓扑结构

一、星形结构

星形结构是目前应用最广、实用性最好的一种拓扑结构。

星形结构是以中央节点为中心，通过中央节点连接其他各节点组成的网络。多个节点与中央节点通过点到点的方式连接，由中央节点对通信采取集中控制方式。因此中央节点相当复杂，负荷比其他各节点重得多。目前，有线局域网中，网络中央设备常用交换机。星形结构如图1-1所示。

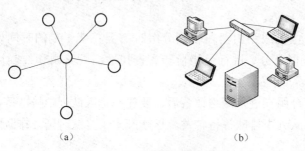

图1-1　星形结构网络示意图

(a) 星形结构；(b) 星形结构物理网络模型

星形网络的特点是网络结构简单，便于控制和管理；网络扩展容易；网络时延较小。这种结构中的缺点是中央节点负荷太重，如果中央设备失效就会导致网络瘫痪，所以要选用高可靠性、容错性好的设备。

二、树形结构

树形结构是由星形结构扩展来的，由多个星形网络构成，按分层结构排列形成，其拓扑结构如图 1-2 所示。这种分层结构，具有根节点和各分支节点，适用于分散管理和控制的系统。因此，较适用于构建主干网络，并多选用光纤介质作为主干网络的传输介质。目前，在实际设计一个大型网络时，常采用树形网络的设计。我国电话网络即采用树形结构，它由五级星形网络构成。因特网从整体上看也采用树形结构。图 1-2 给出了一个园区网的结构示意图，这是一个典型的树形网络。

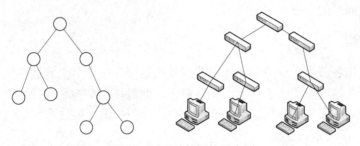

图 1-2　树形结构网络示意图

树形网络的主要特点是结构比较简单，网络扩展方便、灵活，便于隔离故障。但在这种网络系统中，根节点对网络的通信性能有着不可忽视的决定作用，各层之间容易产生网络瓶颈，根节点出现故障，可能导致全网的瘫痪。

三、总线形结构

总线形结构是将网络中所有的主机直接连接到共享的总线上，即所有主机共用一根传输介质，拓扑结构如图 1-3 所示。此种网络中的通信控制分散在各个节点上，属于分散控制的通信方式，是利用广播通信方式实现点到点的连接。因为共享传输介质，主机之间通信时易产生数据碰撞，即冲突。总线形结构是传统的以太网使用的拓扑结构，因为缺点突出，采用半双工的通信方式，逐渐被可以实现全双工通信的星形结构代替。

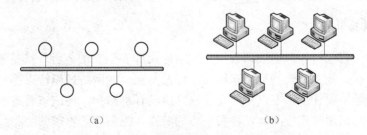

图 1-3　总线形结构网络示意图
（a）总线形结构；（b）总线形结构物理网络模型

总线形网络的优点主要是：结构简单，建设成本低；主机接入易于实现，便于扩展；布线简单，易于实施；可靠性高。其缺点是由于多个节点共享一条传输信道，需要竞争总线，容易产生冲突；用户数越多，信道利用率越低；故障诊断和隔离比较困难。

四、环形结构

环形网络中各节点连在一条互相连接的闭合环形通信线路中，拓扑结构如图 1-4 所示。环线上任何节点均可请求发送信息。环形网络信息传递的主要特点是信息在网络中沿固定方向流动，两个节点间只有一条通路，避免了数据在传输介质中发生冲突。通信的控制分散在每个节点上。环形网络的优点是传输控制机制比较简单，数据传输的方向固定。其缺点也很突出，主要有：网络不便于扩充；可靠性低，一个节点出现故障，将会造成全网瘫痪；维护难度大，对发生故障定位困难。

环形结构也是局域网常用的拓扑结构之一，有些企业实施的信息处理系统和工厂自动化系统以及某些校园网的主干网常采用环形结构。

五、网状结构

网状结构是指各节点至少与其他两个节点互相连接，每个节点到达其他节点可以有一条或多条通路，拓扑结构如图 1-5 所示。不难看出，此种拓扑结构是广域网中最常采用的一种形式，因特网的通信子网部分就是采用这种结构，利用分组交换技术实现通信。

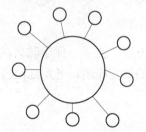
图 1-4　环形结构网络示意图

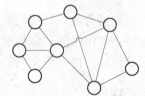
图 1-5　网状结构网络示意图

网状结构的优点是网络可靠性高，通信路径灵活，可以适应多种传输速率和通信的需求。它的缺点是网络结构复杂，使用技术复杂，实现起来困难，建设成本高。

以上介绍了五种最基本的网络拓扑结构，在实际应用中，常常把不同的拓扑结构类型复合起来使用，构造一些复合型的网络拓扑结构，比如环形结构和树形结构的复合应用，或网状结构和星形结构复合使用。希望大家根据各种结构的特点灵活运用，去分析或者设计网络。

1.3.2　绘制拓扑图

组建网络的工程项目中，详细调查用户网络应用和安全需求之后，就要做具体的网络设计与应用需求分析，施工建筑物空间布局图，以及与组建的网络规模特点等相适应的网络拓扑结构。在拓扑结构设计中，不仅需要设计出网络的详细结构，还应该着重表示出重要节点的详细连接，并标出用来连接网络设备和主机的节点，为后续的物理网络布线工程和网络工程项目的具体实施提供重要依据。为了更明确地指示出拓扑结构的全面信息，还需要以文字标注的形式在相应结构图中或图的外面作具体说明，以解决用图标不能很好标注的问题。

拓扑结构的设计非常重要，这个涉及网络的具体部署和网络设备、软件系统应用指导。首先介绍一下网络拓扑结构的绘制方法。对于简单的网络拓扑结构，因为其中涉及的网络设备可能不多，通过简单的画图软件就可实现。对于大型网络拓扑结构图的绘制，则通常需要使用一些专业的绘图软件来实现，如 Visio 等。Visio 系列软件是微软公司开发的高级绘图软件，属于 Office 系列，可以绘制流程图、网络拓扑图、组织结构图、机械工程图等。它功能强大，易于使用，就像 Word 一样。它可以帮助网络工程师创建商业和技术方面的图形，对复杂的概念、过程以及系统进行组织和文档备案。在 Visio 软件中，一些常用网络设备图标，如集线器、路由器、服务器、防火墙、无线访问点、Modem 和大型主机，外观都非常漂亮，可以直接使用来建立一个漂亮的拓扑图。

Visio 2010 还可以通过直接与数据资源同步自动画数据图形，以提供最新的图形，还可以自定制来满足特定需求。下面演示一个绘制网络拓扑结构的基本步骤。

（1）运行 Visio 2010 软件，打开图 1-6 所示的窗口，在"文件"选项卡下，在右侧窗格中选择"最近使用的文件"中的一项，或者打开指定文件夹中的文件，或者在 Visio 2010 主界面中执行"新建"→"网络"菜单下的某项菜单项操作，直接创建一个新的文件。

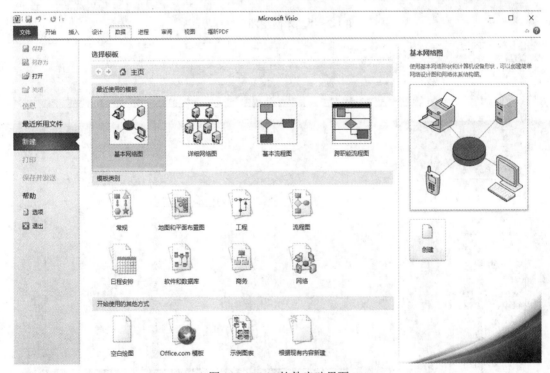

图 1-6　Visio 软件启动界面

这里我们选择"基本网络图"选项，鼠标双击后进入操作界面，如图 1-7 所示。

（2）在左侧图元列表中选择"网络和外设"选项，并单击选择其中的"交换机"选项，按住左键把交换机图元拖到右侧窗格中的相应位置，然后松开鼠标左键，就在绘图区添加了一个交换机，这时可以拖动四周的边界提示来调整大小，还可以通过按住鼠标左键的同时旋转图元顶部的旋转轴改变图元的摆放方向。图 1-8 所示为调整后的一个交换机图元。通过双击交换机图元可以标注它的名称。

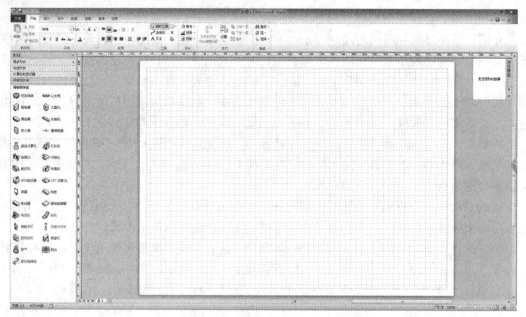

图 1-7 "基本网络图"操作界面

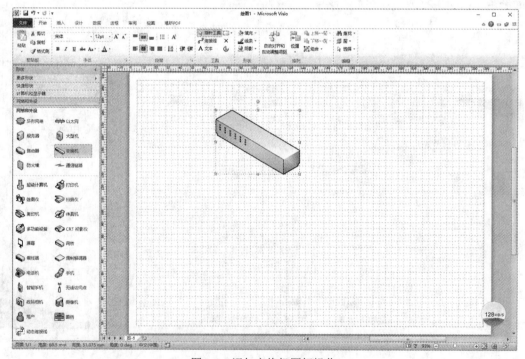

图 1-8 添加交换机图标操作

（3）接下来在添加一个服务器，并利用动态连接线把它与交换机连接起来。添加连接线的方法有很多，可以使用"开始"选项卡中的连接线工具，也可以直接使用"网络和外设"列表中的动态连接线工具进行。在选择了该工具后，按住鼠标左键拖动连接线至交换机上，此时交换机会有一个红色的提示方框，移动鼠标到目标交换机，放开鼠标，就完成了交换机和连接线的连接；再次单击鼠标左键选中这根连接线，并拖动到服务器上，就完成了拓扑结构中两台设备的连接。图 1-9 所示就是交换机与一台服务器的连接。

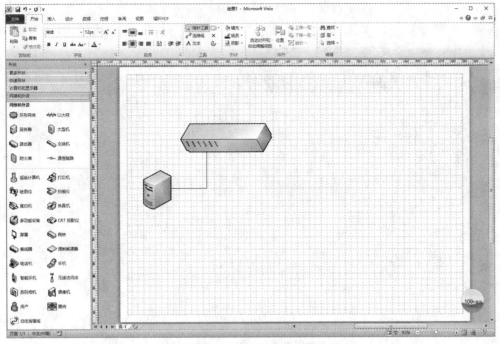

图 1-9　连接两台网络设备

（4）选中"开始"选项卡中的指针工具按钮，然后在拓扑结构中的连接线位置单击鼠标右键，在下拉菜单中选择"直线连接线"选项，连接线由直角转换为直线方式，如图 1-10 所示。

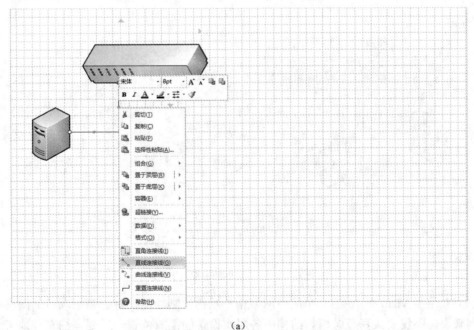

（a）

图 1-10　将直角连接线转换为直线的步骤与结果

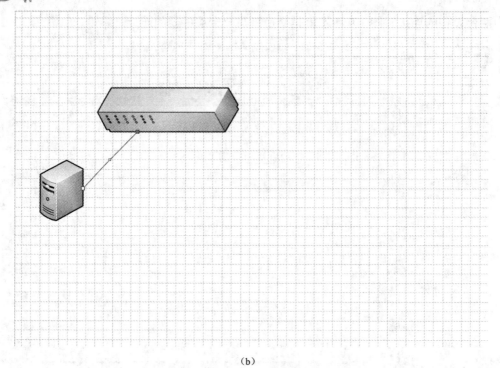

(b)

图 1-10 将直角连接线转换为直线的步骤与结果（续）

（5）按照前面讲的操作方法，向操作界面中添加几台计算机或者网络设备。完成一个简单的网络拓扑图，如图 1-11 所示。

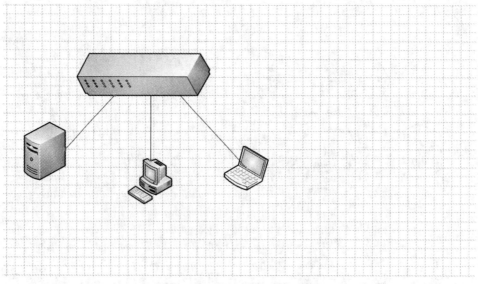

图 1-11 一个简单的网络拓扑图

以上介绍了 Visio 2010 的一个简单网络拓扑结构绘制功能，对于复杂项目的网络拓扑结构绘制来说，不仅要认真考虑拓扑结构中各层次设备的摆放位置，还要详细充分地考虑不同网络设备之间的互连关系、连接线类型、连接线颜色和长短，以及整个网络拓扑结构的层次。

绘制拓扑结构首先要确定各层主要设备的位置，如核心层交换机、汇聚层交换机、接入层交换机、路由器、防火墙、各种服务器等。

任务 4　认识传输介质和网络设备

1.4.1　认识有线传输介质

传输介质是通信网络中连接发送方和接收方的物理通路。通常我们把传输介质分为两大类，有线传输介质和无线传输介质。有线传输介质有双绞线、同轴电缆和光纤。双绞线和同轴电缆主要是采用铜金属材料作为介质，光纤是采用非金属材料作为介质。

不同的传输介质，具有各不相同的特性，对网络中数据通信质量有很大的影响。例如传输介质的物理特性、利用介质传输的信号特性、信道的带宽、连接的距离、抗干扰能力，以及成本因素，这些特性对网络的数据通信具有重要影响，因此在实际的网络工程中要认真考虑和选择使用符合需求的传输介质。

一、双绞线

双绞线是常用的一种传输介质，它是由一对具有绝缘保护的铜质导线组成的。两根互相绝缘的铜导线按一定的缠绕密度互相扭绞，起到降低信号干扰的作用。传统的电话系统中就是使用的双绞线，它适用于短距离传输，如果超出了几千米距离，就需要加上中继器放大信号。双绞线主要用来传输模拟信号，但特别适用于传输数字信号，适合短距离的信号传输。与其他传输介质相比，双绞线在传输距离、信道带宽和数据传输速度等方面均受到一定的限制，信号衰减大，但价格较为低廉。

局域网中，双绞线也是最常用的传输介质，使用高质量的 8 芯线，按照橘、绿、蓝、棕 4 种颜色分成 4 组互相对绞的线对，不同线对具有不同的扭绞长度。双绞线多用于星形结构的网络，通过线缆两端的 RJ45 接头来连接主机的网卡和网络设备的接口，网线的最大长度不能超过 100 m。

双绞线可分为非屏蔽双绞线（UTP）和屏蔽双绞线（STP）两种，如图 1-12 所示。屏蔽双绞线电缆的外层包裹金属的屏蔽层，所以对比起来，抗干扰能力增强，传输信号的稳定性好，但线缆价格比较高，安装的要求也较高。

(a)　　　　　　　　(b)

图 1-12　UTP 和 STP 双绞线实物
(a) UTP；(b) STP

EIA/TIA 将双绞线连接标准分为两类：EIA/TIA568A 和 EIA/TIA568B。一般双绞线使用时由于两端使用的线序不同，又分为直连线和交叉线两种制作方法，用途也有区别。双绞线制作线序标准如表 1-1 所示。

表 1-1 双绞线制作线序标准

引脚	1	2	3	4	5	6	7	8
ETA/TIA568A	白/绿	绿	白/橘	蓝	白/蓝	橘	白/棕	棕
ETA/TIA568B	白/橘	橘	白/绿	蓝	白/蓝	绿	白/棕	棕

二、同轴电缆

同轴电缆是铜质芯线做导线,外包绝缘层材料的传输介质。它是传统的以太网使用的介质,采用总线形结构。其特性比双绞线好,能提供较高速率的传输带宽。因为它的信号屏蔽性能好,抗干扰能力强,多应用于基带传输的通信。

同轴电缆分为细缆与粗缆两种。

细缆是一种阻抗特性 50 Ω 的电缆,用于传输数字信号。IEEE 将使用细缆的以太网命名为 10Base-2 标准,说明该介质最大传输距离不超过 200 m。细缆布线安装容易,价格较低。

粗缆是一种阻抗特性 75 Ω 的电缆,传输距离较远,一般用于传输距离在 500 m 以内的数据。IEEE 将使用粗缆的以太网命名为 10Base-5,它具有可靠性好、传输距离远等特点。

现在的局域网技术中已不再采用同轴电缆。虽然同轴电缆从传输距离和提供的信道带宽等方面比较都优于双绞线,但是网络维护比较困难,总线上一个节点的故障,会导致所有节点通信瘫痪,所以已被使用双绞线介质的星形结构网络替代。

在 CATV 网络中,也经常应用一种 75 Ω 的电缆,也是同轴电缆,用于传输模拟信号。通常采用频分复用技术,把整个 CATV 电缆带宽划分成多个独立的信道,分别传输数据、声音和视频信号,实现多种通信业务,并且支持双向的通信。

三、光纤

光纤是一种能传输光束的高折射率固体纤维,通常由非常透明的石英玻璃或塑料拉成细丝制成纤芯。纤芯用来传导光波信号,利用光的全反射原理实现光波的传导。当光线从高折射率的介质射向低折射率的包层介质时,在包层介质的表面产生的折射角将大于入射角,这样如果把入射光的角度调整足够大,那么折射角也相应足够大,就会出现全反射,由于光波不断被重复反射,光波也就沿着光纤不断传输下去,如图 1-13 所示。

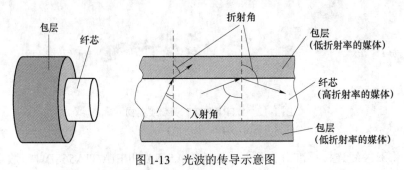

图 1-13 光波的传导示意图

光纤作为传输介质，其优点是非常突出的：具有很高的数据传输速率，可以达到 1 000 Mbps，甚至更高；能提供极高的带宽；线路损耗低，常应用于长距离的传输，现代的生产工艺可以做到光线在纤芯中传输几公里后基本上没有损耗，这是光纤通信得到飞速发展的最关键因素；误码率低，时延低。

此外光纤传输的是光信号，不受电磁干扰，也不会产生电磁辐射，不能被窃听，安全和保密性能极高。所以，随着光纤技术的不断发展，价格成本的降低，光传输的方式已占绝对优势，得到广泛的应用，成为建立高效稳定网络的最主要传输介质。

光纤可以简单地分为单模光纤和多模光纤两种类型。

单模光纤采用激光二极管作为光源，只能传输一种波长模式的光信号。单模光纤的纤芯直径为 8.3 μm，包层外径为 125 μm。单模光纤色散很小，传输信号质量很高，非常适用于远距离传输信号。如果数据需要远距离的传输，而且对传输速率要求达到 1 000 Mbps 以上，应考虑采用单模光纤。

多模光纤采用发光二极管作为光源，可以同时传输多种波长的光信号。多模光纤的纤芯较粗，纤芯直径是 62.5 μm，包层外径为 125 μm。多模光纤的色散较大，限制了传输信号的稳定性，而且随距离的增加这种衰减会更加严重。所以多模光纤传输的距离比较近，一般只有几公里。但是多模光纤比单模光纤价格便宜，对于传输距离或数据速率要求不高的场合可以选择多模光缆。

总体来讲，单模光纤相比于多模光纤的传输距离更长。从成本角度考虑，单模光纤的成本会比多模光纤电缆的成本高。

1.4.2 认识无线传输介质

我们发现，随着计算机网络的应用越来越广，人们对于网络连接要求更加迅速和自由，移动性的设备应用起来更加方便，推动了无线技术的发展。无线传输利用电磁波实现通信，无线传输介质主要有无线电波、微波和红外线。无线传输使用的电磁波频段很广，人们现在已经利用许多频段进行通信，如图 1-14 所示。例如，卫星通信、传送广播和电视节目、雷达、移动通信和无线局域网都是使用无线传输介质。

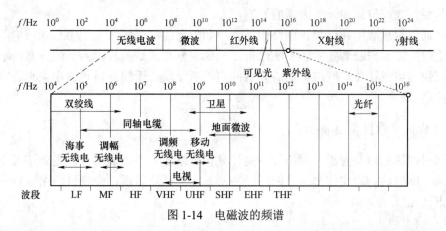

图 1-14 电磁波的频谱

无线电波虽然属于公众的传输介质，但是是由国家管制的资源，是由国家的相关组织管理分配使用的。无线电波分为中波、短波和微波。

中波所处的频率范围是 300 kHz～3 MHz，由于波长较长，适合地面的传输，有地面波和天空波两种方式。它主要应用在近距离的本地无线广播 AM、海上通信及飞机上的通信等。

短波是频率为 3～30 MHz 的无线电波，主要靠电离层反射完成传播。由于电离层的不稳定，利用短波的信道质量也很差。它主要用于远程的国际无线电广播、海上和航空的通信等。

微波是指频率为 300 MHz～300 GHz 的电磁波，能够穿透电离层，可以用于宇宙空间的通信。微波通常呈现出穿透、反射和吸收三个特性。对于玻璃、塑料和瓷器，微波几乎是穿越而不被吸收。对于水和食物等就会吸收微波而使自身发热。而对于金属类物体，则会反射微波。微波炉就是利用了吸收特性。

微波通信技术在数据通信中占有重要地位。微波在空间中能够直线传播，应用在计算机网络中，可以扩展有线介质的连接范围。例如在大楼顶上安装微波天线，利用视距范围内的两个互相对准方向的抛物面天线，可使分布在两个大楼的局域网互相连通起来，省去很多挖地沟埋电缆的开销。

通信卫星可看作悬在太空中的微波站。卫星上的转发器把波束对准地球上的某个区域，在此区域内的卫星地面站之间就可以互相通信。通过三个地球同步轨道卫星就可以覆盖整个地球表面，组成全球通信系统。

微波通信主要有两种方式：地面微波系统和卫星通信。地面微波站利用上行频率段向卫星发送信息，卫星上的转发器将接收到的信号放大并转换到下行频段，发回地面接收站。这样的卫星通信系统可以在一定的区域内组成广播式通信网络，特别适合于空中、海上、矿山、油田等工作环境。

微波信号容易受到电磁干扰，地面通信会造成相互的干扰，大气层中的天气变化也会大量吸收微波信号，当长距离传输时会使信号衰减，甚至无法接收。在利用卫星信道组网时，延时的值也很大。

红外线也可以作为无线传输介质，可传输文字、数据、图像等信息。红外通信具有设备相对便宜，可获得很高的带宽，而且通信保密性强等优点；其缺点是传输距离有限，而且易受遮挡，易受灯光或日光和天气因素的影响。

无线波通信很早就用在计算机网络中了，早期的无线电局域网采用中心式结构，资源集中在中央主机上。后来随着技术的不断改进，演变成分布式结构，因为资源分布在不同的主机上，可以快速组成计算机网络。随着物联网的不断发展，无线介质也将在未来的网络中得到广泛的应用。

1.4.3 认识常用网络设备

从计算机网络的定义看出，网络设备是计算机网络的重要组成部分，是必不可少的硬件资源，构成了网络的物理实体平台。网络设备基本上包括计算机、交换机、路由器、网关、无线访问点（AP）等。

一、计算机

计算机就是我们在网络中谈到的主机，主机具有独立运算的能力，随着计算机技术和网络技术的普遍应用，它可以包括 PC、服务器、笔记本电脑、平板电脑和手持移动设备。

服务器是计算机网络的核心设备，主要是实现资源提供的功能。服务器主要是利用服务器软件来实现某种服务的，系统启动后自动调用并不断运行，被动地等待并接受来自客户的通信请求，可同时处理多个本地或远程的客户请求。根据服务器提供的服务不同，分为文件服务器、数据库服务器、DNS 服务器、Web 服务器，等等。

我们可以把提供服务的模式简单地分为 C/S 模式和对等模式。

C/S 模式，就是客户机/服务器模式，应用程序分为客户端和服务器端两大部分。服务器通常采用高性能硬件配置的 PC、工作站或小型机，提供服务资源；客户机需要对应的客户端软件。实际上，服务器和客户就是通信中涉及的两个应用进程，C/S 模式也就是这两个进程之间服务与被服务的关系。客户是服务的请求方，服务器是服务的提供方。

对等模式，是指通信的双方通信时，不区分哪一方是服务的请求方和哪一方是服务的提供方，只要双方运行了对等的 P2P 软件，就可以进行对等的连接通信。

目前出现了虚拟主机技术，它可以把一台实体的服务器划分成多个运行"虚拟"的服务器，从而充分利用服务器硬件资源。随着虚拟化技术的不断发展，硬件资源可得到充分的利用并抽象出来，计算机网络技术也在迎来新的变革。计算机的概念也将出现更多新的内涵。

二、交换机

交换机是工作在数据链路层的设备，所以传统的交换机被称作"二层"设备，如图 1-15 所示。它是通过识别 MAC 地址进行数据交换的，是一种存储转发式设备。交换是指动态地分配资源。交换机能够为两个网络节点提供独占的信道资源，可以实现无冲突的数据传递。交换机是构成局域网的主要设备，目前以太网交换机的应用非常广泛。以太网交换机可以提供多个 RJ45 接口，使用双绞线介质，实现用户主机或网络设备的连接。

图 1-15 交换机示意图

交换机的应用很广泛，根据应用的技术和网络环境的不同，也分为很多种类。例如根据工作层次分，可分为二层交换机和三层交换机；根据网络设计的模型分，可分为核心层交换机、汇聚层交换机和接入层交换机；根据管理网络规模分，可分为企业级交换机、部门级交换机和工作组级交换机。当然还有很多其他的分类方式，但是不论哪种交换机，在进行设计或选用时，都要考虑它对网络性能的优化作用，部署位置是否恰当，是否降低了数据的传输效率，增加网络时延。交换机的具体内容会在后面的课程中详细介绍。

三、路由器

路由器工作在网络层，是因特网核心部分最重要的网络设备，它是连接两个或者两个以

上不同的网络时使用的设备，是实现分组交换、完成转发分组任务的关键设备，如图 1-16 所示。因特网是通过网络连接组成的，路由器就是实现网络互联的设备。它的主要功能是实现路由，即寻找合适的路径。路由器从网络接收到的分组中提取出目的地址，然后根据目的地址对路由表进行查找，从而寻找出一条最佳的路径，再把该分组转发出去。在网络中添加路由器设备的技术要求比即插即用的交换机复杂很多。

图 1-16 路由器示意图

路由器能够使用的传输介质种类很多，如双绞线、光纤、同轴电缆、电话线、串行电缆或者无线介质等。可以看出，路由器连接的网络类型多样，它可以连接在异构的网络之间。

四、网关

网关是能够连接不同网络的软件和硬件的结合产品。特别地，它们可以使用不同的格式、通信协议或结构连接起两个系统。和本项目前面讨论的不一样，网关实际上通过重新封装信息以使它们能被另一个系统读取。为了完成这项任务，网关必须能运行在 OSI 模型的几个层上。网关必须同应用通信，建立和管理会话，传输已经编码的数据，并解析逻辑和物理地址数据。

网关可以设在服务器、微机或大型机上。由于网关具有强大的功能并且大多数时候都和应用有关，一般比路由器的价格要高一些。另外，由于网关的传输更复杂，其传输数据的速度要比网桥或路由器低一些。正是由于网关较慢，故有造成网络堵塞的可能。然而，在某些场合，只有网关能胜任工作。路由器甚至只用一台服务器就可以充当局域网网关。局域网网关也包括远程访问服务器，它允许远程用户通过拨号方式接入局域网。

五、无线访问点

无线访问点（AP）作为无线局域网的中心点，在无线网络中使用非常普遍。无线访问点主要是提供无线工作站对网络的接入和访问，可以实现有线局域网对无线工作站的访问，也可以实现无线工作站对有线网络的访问，在访问点覆盖范围内的无线工作站可以通过它进行相互通信。无线访问点拥有一个以太网接口，用于与有线网络的连接，如图 1-17 所示。

在日常的使用中，我们用到的无线路由器、无线网桥，这些设备都是无线访问点。

图 1-17 无线访问点示意图

实训报告 1-1

姓　名		学　号		班　级	
实训名称		实训 1-1	计算机网络组成		
成　绩		完成日期		教师签字	

实训目的与要求：

1. 理解计算机网络的功能。
2. 掌握计算机网络的定义。
3. 了解计算机网络设备的作用。

实训步骤与方法：

1. 计算机网络的定义和功能。

2. 根据计算机网络的定义分析其组成。

3. 调查自己学校的网络使用的网络设备。

4. 绘制出自己学校的网络拓扑图。

心得体会：

项目 2
计算机网络体系结构

● **知识目标**

（1）了解计算机网络体系结构的定义。
（2）了解 ISO/OSI 参考模型的层次结构及各层功能。
（3）了解 TCP/IP 体系结构及各层协议。
（4）了解 IP 地址结构、分类和表示。
（5）了解静态路由和动态路由。

● **能力目标**

（1）学会利用路由器组建互联网。
（2）学会规划子网。
（3）学会修改主机的 IP 地址。

● **项目背景**

在了解什么是计算机网络之后，李刚恍然大悟，原来计算机网络早已成为社会生活中一种必不可少的信息交流和共享工具。对此，李刚又很好奇，数据在介质上到底是如何传输的呢？网络如何知道什么时间传输数据？有多少数据需要传输？如何保证数据的正常传输？老师告诉他，网络服务请求者与提供者之间的通信是一个非常复杂的过程，要想弄清楚其中的工作原理，还需认真探究。

任务 1 认识网络体系结构

在计算机网络中，实现不同计算机之间的数据交换，通常采用层次化结构的方法，以便将复杂的网络问题分解成若干较小的、界限比较清晰的、定义明确的层次来处理，并规定了同层通信的协议和相邻层之间的接口服务。这些层、同层通信的协议及相邻层接口服务统称为网络体系结构。简言之，网络体系结构实际上就是计算机网络层次结构和各层协议的集合。体系结构是一个抽象的概念，它说明网络体系结构必须包括的信息，不涉及具体的实现细节，能够方便网络设计者为各层编写符合相应协议的程序，它解决的是"做什么"的问题。

2.1.1 认识网络协议

在计算机网络中双方实现通信，必须遵循一些事先制定好的规则和标准。这些为进行数据交换而建立的规则、语义或标准称为网络协议。

网络协议通常由语义、语法和时序三部分组成。

语义：指发出的控制信息的内容，以及完成的动作与应做出的响应。涉及用于协调与差错处理的控制信息等。

语法：指规定数据与控制信息的结构和格式。涉及数据及控制信息的格式、编码及信号电平等。

时序：用于说明事件的实现顺序。涉及速度匹配和定序等。例如在双方进行通信时，发送点发出一个数据报文，如果目标点正确收到，则回答源点接收正确；若接收到错误的信息，则要求源点重发一次。

人们形象地把这三个要素描述为：语义表示要做什么，语法表示要怎么做，时序表示做的顺序。

计算机网络是一个庞大而复杂的系统，网络的通信规则和标准是无法用单一的一个网络协议来描述的，因此，把复杂的通信问题按一定层次划分出许多相对独立的子层次，然后为每一个子层次设计一个单独的协议，即每层对应一个协议，每种协议都有其设计目标和需要解决的问题，同时也有其优点和使用限制，这样做的主要目的是使协议的设计、分析、实现和测试简单化。

协议的划分应保证目标通信系统的有效性和高效性。为了避免重复性的工作，各协议应该处理那些没有被其他协议处理过的通信问题，同时，这些协议之间可以实现数据和信息的共享。例如有些协议工作在较低层次上，保证数据信息通过网卡到达通信电缆；而有些协议工作在较高层次上，保证数据到达对方主机上的应用进程。这些协议相互作用、协同工作，共同完成整个网络的信息通信和违规处理，解决所有的通信问题和其他异常情况。

协议是分层的，是网络通信的关键。那么，协议的优劣将直接影响网络的性能，因此，协议的制定和实现是计算机网络的重要组成部分。

2.1.2 层次模型与网络体系结构

网络的层次模型对网络进行层次划分，将计算机网络这个庞大而复杂的问题划分成若干个小而简单的问题。通常把一组相近的功能放在一起，形成网络的一个结构层次。不同的计算机网络具有不同的体系结构，其层的数量、各层名称、内容和功能及各相邻层之间的接口都不一样。但是，无论在怎样的网络中，层次结构的划分都应按照层内功能内聚、层间耦合松散的原则，每一层都建立在前一层的基础之上，底层为高层提供服务。具体如下：

（1）第 N 层中的实体在定义自身功能时，只能使用 $N–1$ 层提供的服务。

（2）第 N 层将以下各层的功能再加上自己的功能，为第 $N+1$ 层提供更完善的服务。

（3）最低层不使用其他层所提供的服务，只提供服务。

（4）中间层既是下一层的用户，又是上一层的服务提供者。

（5）最高层使用其相邻下层提供的服务，不提供服务。

层次模型的核心在于合理地划分层次，以功能作为划分的基础，并确定每个层次的特定功能，以及各个相邻层次之间的接口，每一层的工作都是通过特定类型的协议完成的，同时屏蔽对上一层实现这些功能的具体细节。

计算机网络分层模型示意图如图 2-1 所示。

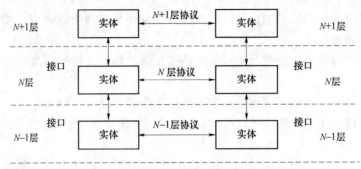

图 2-1　计算机网络分层模型示意图

计算机网络层次模型的优越性包括：

（1）各层之间相互独立。高层次只需要知道低层次提供的服务，并不需要知道低层次是如何实现的。

（2）灵活性好。如果要更新某一层的服务，只要接口保持不变，无须修改其他各层，且继续使用其他各层的服务。另外，当某层提供的服务不再需要时，可将这层取消。

（3）易于实现和维护。庞大而复杂的系统已被分解为多个可处理的部分，使系统的实现和维护变得容易控制。

（4）有利于网络标准化。因为每一层的功能和所提供的服务都已有精确的说明，所以标准化变得较为容易。

任务 2　OSI/RM 参考模型

2.2.1　OSI/RM 参考模型的结构

随着网络技术的广泛应用和深入，网络的规模和数量都得到迅猛的增长，同时也出现了许多基于不同硬件和软件实现的网络。由于发展初期没有统一的标准规范，很多网络系统之间互不兼容。为解决这个问题，1984 年国际标准化组织（International Standard Organization，ISO）提出了一个参考模型，即 OSI/RM（Open System Interconnection Reference Model，开放系统互连参考模型）作为国际标准。

OSI 参考模型是一种严格的理论模型，其标准保证了各种类型网络技术的兼容性和互操作性，它定义了网络的层次结构、信息在网络中的传输过程和各层的主要功能，描述了信息是如何从一台计算机的一个应用程序到达网络中另一台计算机的另一个应用程序的。实际上，信息是在同一计算机的相邻层之间进行传递的。每一层都按照规定的协议来实现功能。当信息在一个 OSI 参考模型中逐层传输时，它的语言会逐渐变为只有计算机才能识别的数字 0 和 1。OSI 参考模型指出了以下具体内容：

（1）使用不同协议的网络设备之间如何通信？

（2）网络设备如何获知数据？何时传输？

（3）如何安排、连接物理网络设备？

（4）确保网络传输被正确接收的方法有哪些？

（5）网络设备如何维持恒定速率的数据流？

(6) 数据在网络介质上如何表示?

OSI 参考模型如图 2-2 所示,将整个通信过程划分为 7 个层次,即 7 个较小、易于处理的任务。将这 7 个任务映射为不同的网络功能就叫做分层。层次之间的问题相对独立,而且易于分开解决,变更其中某层提供的方案时不会影响其他层。7 个层次自下而上分布,依次叫做物理层(Physical Layer)、数据链路层(Data Link Layer)、网络层(Network Layer)、传输层(Transport Layer)、会话层(Session Layer)、表示层(Presentation Layer)和应用层(Application Layer)。这 7 个层次划分的原则是:网络中各结点有相同的层;不同结点的同等层功能相同;同一结点内相邻层之间通过接口通信;每一层使用下层提供的服务,并向其上层提供服务;不同结点的同等层按照协议实现对等层之间的通信。图 2-3 显示了 OSI 参考模型每一层需要解决的主要问题。

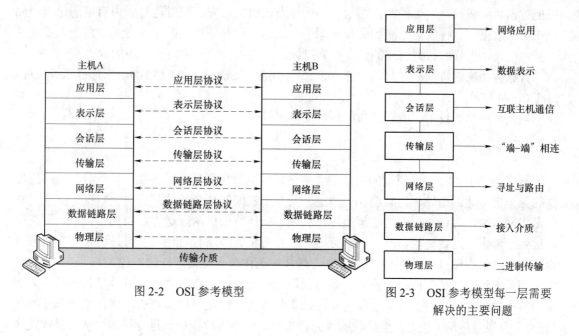

图 2-2　OSI 参考模型　　　　图 2-3　OSI 参考模型每一层需要解决的主要问题

2.2.2　OSI 各层的主要功能

一、物理层

在 OSI 参考模型中,物理层位于模型的最底层,也是模型的第一层。物理层并不是指物理设备或媒介,而是有关物理设备通过物理媒介进行连接的描述和规定。主要功能是利用传输介质为数据链路层提供物理连接,实现比特(bit)流的透明传输。尽可能屏蔽掉具体传输介质和物理设备的差异,使其上面的数据链路层不必考虑网络的具体传输介质是什么。"透明传送比特流"表示经实际电路传送后的比特流没有发生任何变化。物理层协议定义了接口的机械、电气、功能和规程特性。如规定使用电缆和接头的类型、传送信号的电压等。在这一层,接收到的数据不必去理会数据的含义或格式,不进行任何组织或分析组织,直接传给数据链路层。

物理层的协议:CCITT V.24、EIA RS-443、EIA RS-232C 和 ISO-2593 等。

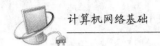
计算机网络基础

具有物理层功能的设备：RJ45、各种线缆及接线设备。

二、数据链路层

数据链路层位于 OSI 参考模型的第二层，它控制着网络层和物理层的通信，是一个桥梁，在相邻网络实体（即相邻结点）之间建立、维持和释放数据链路连接，并且传输数据链路服务数据单元。为了保证点到点的可靠传输，从网络层接收到的数据被分割成特定的能被物理层传输的帧。帧是用来移动数据的结构包，它不仅包括原始数据，还包括发送方和接收方的物理地址、网络拓扑、线路规划、纠错和控制信息。其中的地址确定了帧将发送到何处，而纠错和控制信息则确保帧准确到达。它使有差错的物理线路变成无差错的数据链路。发送方和接收方主要是通过对帧的操作在相邻结点之间建立起可靠的数据链路。也就是说，发送方先把数据封装成一个一个的帧，然后按照顺序发送给接收方。在发送过程中有可能出错，如果在传送数据时，接收点检测到所传数据中有差错，就必须自己改正或者通知发送方重发这一帧。因此，可靠的数据链路的建立是通过帧的组装、校验和重发来实现的。

数据链路层的协议：ATM、IEEE 802.2、帧中继（Frame Relay）和 HDLC（High-level Data Link Control）等。

数据链路层的设备：网桥、集线器和交换机等。

三、网络层

网络层位于 OSI 参考模型的第三层。网络层是主机与通信子网的接口，以数据链路层提供的无差错传输为基础，为高层（传输层）两个主机间选择合适的路径传输数据。其主要功能是将网络地址翻译成对应的物理地址，并决定如何将数据从发送方路由到接收方。网络层通过综合考虑发送优先权、网络拥塞程度、服务质量、线路有效性以及可选线路的花费来决定从一个网络中结点 A 到另一个网络中结点 B 的最快捷、花费最低的路径。

简单来说，就是在网络中找到一条路径，一段一段地传送，之所以要分段传送是因为如果传输的数据过长，对方很可能没有相应的接收能力。因此，该结点必须将该数据单元细分（即进行分段）传送。反之，当接收的单元较小时，就要将数据单元进行组装，然后再转发到下一个结点。由于数据链路层保证两点之间的数据是正确的，因此源到目的地的数据也是正确的，这样一台机器上的信息就能传到另外一台了。但计算机网络的最终用户不是主机，而是主机上的某个应用进程，这个过程由传输层实现。

网络层负责在源机器和目标机器之间建立它们所使用的路由。这一层本身没有任何错误检测和修正机制，因此，网络层必须依赖于端到端之间的由 DLL 提供的可靠传输服务。

具有网络层功能的协议：IP、IPX 和 X.25。

具有网络层功能的设备：路由器和三层交换机等。

四、传输层

传输层位于 OSI 参考模型的第四层，上三层的任务是数据处理，而传输层是面向应用的一个层次，起到承上启下的作用。主要任务是向用户提供可靠的"端到端"服务，透明地传送报文，使高层服务用户在相互通信时不用关心下层的实现细节，是计算机通信体系结构中最关键的一层，是唯一负责总体数据传输和控制的一层。

传输层一个很重要的工作是数据的分段和重组，按照网络能处理的最大尺寸将较大的数据进行分段，然后交给网络层独立传输，从而实现传输层的流量控制。例如，以太网无法接收大于 2 000 字节的数据。发送方结点 A 的传输层将数据分割成较小的数据段，同时对每一数据段安排一序列号，接收方结点 B 收到分段的数据后，按照序列号顺序重组，还原成原先完整的数据。

具有传输功能的协议：TCP、SPX 和 UDP 等。

具有传输功能的设备：四层交换机（可以配置端口映射的）等。

五、会话层

会话层是 OSI 参考模型的第五层，负责在网络中的两个或多个表示层结点之间建立、维持和终止通信。在正式通信前，结点间需事先协商好所使用的通信协议、通信方式（全双工或半双工）、如何侦错及复原，以及如何结束通信等内容。会话层提供同步服务，通过在数据流中定义检查点来把会话分割成明显的会话单元，当出现网络故障时，从最后一个检查点开始重传数据。

常见的会话层协议：结构化查询语言（SQL）、远程进程呼叫（RPC）、AppleTalk 会话协议等。

六、表示层

表示层是 OSI 参考模型中的第六层，是应用程序和网络之间的翻译官。表示层确保一个系统应用层发出的信息能被另一个系统的应用层识别。也就是说，本层能用一种通用的数据表示格式在多种数据表示格式之间进行转换。它包括数据格式变换、数据加密与解密、数据压缩与解压缩等功能。数据的加密和压缩可由运行在 OSI 应用层以上的用户来完成。

具有应用层功能的协议：FTP、SMTP、Telnet 和 ASN.1。

七、应用层

应用层是 OSI 参考模型中的最高层，也是最靠近用户的一层，它为用户的应用程序提供网络服务。这些应用程序包括电子数据表格程序、字处理程序和银行终端程序等。应用层提供计算机网络与最终用户的界面，提供完成特定网络服务功能所需的各种应用程序协议。

具有应用层功能的协议：FTP、SMTP、DNS 和 HTTP 等。

2.2.3 OSI 模型中的数据传输

在 OSI 参考模型中，结点间的对等层之间需要交换的信息单元叫做协议数据单元（Protocol Data Unit，PDU）。在 PDU 前面添加一个单字母作为前缀，表示是哪一层的数据，如应用层数据称为应用层协议数据单元（Application PDU，APDU），表示层数据称为表示层协议数据单元（Presentation PDU，PPDU），会话层数据称为会话层协议数据单元（Session PDU，SPDU）。通常，把传输层数据称为段（Segment），把网络层数据称为分组（Packet），把数据链路层数据称为帧（Frame），把物理层数据称为比特流（Bit）。

事实上，在某一层需要使用下一层提供的服务传送自己的 PDU 时，其当前层的下一层总是将上一层的 PDU 变为自己 PDU 的一部分，然后利用更下一层提供的服务将信息传递出去。

举例说明两个实现 OSI 参考模型七层功能的网络设备主机 A 和主机 B 之间的通信过程。任务从结点 A 的应用层开始，按规定的格式逐层封装数据，直至数据包达到物理层，然后通过传输介质传输到结点 B。结点 B 的物理层获取数据，将这些比特流传送到数据链路层进行解封操作。后续的每一层都会执行一个类似的解封过程，直到到达结点 B 的应用层。

封装数据是指网络结点对要传送的数据增加特定的协议头和协议尾的过程。OSI 参考模型每层都要对数据进行封装，以保证数据能准确到达接收结点的对等层。接收端收到数据后将反向识别、提取和去除发送端对等层所增加的协议头和协议尾，这个过程叫做数据解封。图 2-4 显示了数据的封装与解封过程。

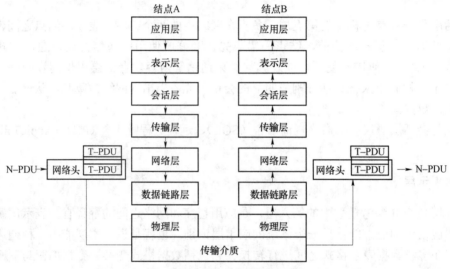

图 2-4 数据的封装与解封过程

事实上，数据封装和数据解封的过程可以理解为邮局发送信件的过程。当发送信件时，首先需要将写好的信纸放入信封中，然后按照一定的格式书写收信人姓名、收信人地址及发信人地址，这个过程就是一种封装的过程。当收信人收到信件后，要将信封拆开，取出信纸，这就是解封的过程。在信件通过邮局传递的过程中，邮局的工作人员仅需要识别和理解信封上的内容，对于信纸上书写的内容，他不可能也没有必要知道。

图 2-5 展示了一个完整的 OSI 参考模型中数据的传输过程。

（1）发送端在传输数据给接收端的过程中，发送端的应用层为数据增加本层的控制报头 AH，然后传送给表示层。

（2）表示层接收到此数据后，加上本层控制报头 PH，然后传送到会话层。

（3）会话层收到此数据，加上会话层的控制报头 SH，然后发送给传输层。

（4）传输层接收数据，加上本层控制报头 TH，形成传输层的协议数据单元 PDU，之后发送到网络层。

（5）网络层的数据单元有长度限制，所以接收到的数据如果过长将会被分割成多个较短的数据字段，每个分割后的数据字段加上本层的控制报头 NH 后，形成网络层的 PDU。

（6）分组传送到数据链路层，加上本层的控制报头 DH 和控制报尾 DT，形成帧。帧是数据链路层的协议数据单元，需被送往物理层处理。

（7）物理层收到帧后，将以比特流的方式通过传输介质传输到接收端的物理层。

（8）接收端收到比特流后，从物理层依次向上传递。每一层对收到的数据进行解析和处理，去掉对应的报头和报尾，也就是对数据解封，然后得到所需的原始数据。

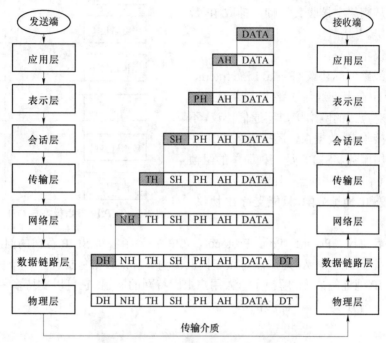

图 2-5　OSI 参考模型中数据的传输

任务 3　TCP/IP 协议簇

2.3.1　TCP/IP 协议的构成

OSI 参考模型的提出在计算机网络发展史上具有里程碑的意义，以至于提到计算机网络就不能不提 OSI 参考模型。但是，OSI 参考模型具有定义过于繁杂、实现困难等缺点。1973 年 9 月，美国斯坦福大学的文顿·瑟夫与卡恩提出了 TCP/IP。TCP/IP 是一组协议的代名词，目前包括 100 多个协议，组成了 TCP/IP 协议簇，是目前被广泛使用的网络协议，几乎所有的厂商和操作系统都支持它。利用 TCP/IP 协议可以很方便地实现不同厂商的计算机、不同结构的网络之间的互通。所以，它既是一个协议，更是一种标准，它使网络迅速发展。

2.3.2　TCP/IP 的层次结构

TCP/IP 采用分层的体系结构，共分为 4 层，每一层具有特定的功能，各层之间相互独立，采用标准接口传送数据，每一层都呼叫它的下一层所提供的网络来完成自己的需求。它们由下至上分别是网络接口层、网络层、传输层和应用层。TCP/IP 的层次结构与 OSI 参考模型的层次结构相比，结构更简单，如图 2-6 所示。

一、网络接口层

网络接口层又称主机接口层，它是最底层，负责接收网络层发来的 IP 数据报并通过网络发送出去，或者从网络上接收数据帧，抽取 IP 数据报交给互联层。

接口层协议主要有：

（1）串行线路网际协议（Serial Line Internet Protocol，SLIP）：在串行通信线路上支持 TCP/IP 协议的一种点对点式的网络接口层通信协议，不但能够发送和接收 IP 数据报，还提供了 TCP/IP 的各种网络应用服务。SLIP 是一种简单的组帧方式，使用时还存在一些问题，比如不支持在连接过程中的动态 IP 地址分配，只能支持 IP 协议，不能差错检验。

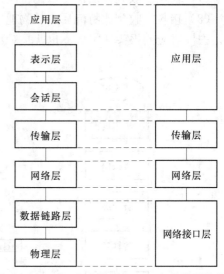

图 2-6 TCP/IP 参考模型与 OSI 参考模型的关系

（2）点对点协议（Point to Point Protocol，PPP）：为了解决 SLIP 存在的问题，在串行通信应用中又开发了 PPP 协议，为在点对点连接上传输多协议数据包提供了一个标准方法。PPP 具有动态分配 IP 地址的能力，解决了个人用户上因特网的问题。它可以支持多种网络层协议，允许在连接时协商 IP 地址，只检错不纠错。

二、网络层

网络层是 TCP/IP 体系结构的第二层，它负责相邻计算机之间的通信。主要功能包括：

（1）处理来自传输层的分组发送请求，收到请求后，将分组形成 IP 数据报，填充报头，并为该数据报进行路径选择，然后将其发送到相应的网络接口。

（2）处理接收到的数据报，首先检查其合法性，如需要转发，则选择发送路径转发出去；如目的地址为本节点 IP 地址，则除去报头，将分组送交传输层处理。

（3）处理路径选择、流量控制、拥塞控制等问题。

网络层协议有：

（1）网络协议（Internet Protocol，IP）：IP 协议负责为计算机之间传输的数据报寻址，并管理这些数据报的分片过程，该协议还对投递的数据报格式有规范、精确的定义，同时还负责数据报的路由。它是网络层的核心，将多个网络连成一个互联网，把高层的数据以多个数据报的形式通过互联网分发出去，各个 IP 数据报之间是相互独立的，同时为 ICMP、TCP、UDP 提供分组发送服务。IP 不保证服务的可靠性，在主机资源不足的情况下，它可能丢弃某些数据报，同时 IP 也不检查被数据链路层丢弃的报文。

在传送时，高层协议将数据传送到网络层，网络层再将数据封装为互联网数据报，并交给数据链路层协议通过局域网传送。若目的主机直接连在本网中，IP 可直接通过网络将数据报传给目的主机；若目的主机在远程网络中，则 IP 对数据报进行路由选择，并把它投递到路由器中，路由器则依次通过下一网络将数据报传送到目的主机或再下一个路由器。也就是说，IP 数据报是通过互联网，从一个 IP 模块传到另一个 IP 模块，直到终点为止。

只要遵守 IP 协议，任何厂家生产的计算机系统都可以与因特网互连互通。正是因为有了 IP 协议，因特网才得以迅速发展成为世界上最大的、开放的计算机通信网络。

（2）控制报文协议（Internet Control Message Protocol，ICMP）：是网络层协议的补充，目的是使互联网能报告差错、报告网络阻塞或提供有关意外情况的信息。分组接收方利用 ICMP 来通知 IP 模块发送方某些方面所需的修改。ICMP 通常是由发现别的站发来的报文有问题的站产生的，例如，可由目的主机或中继路由器来发现问题并产生有关的 ICMP。如果一个分组不能传送，ICMP 便可以被用来警告分组源，说明有网络、主机或端口不可达。ICMP 也可以用来报告网络阻塞。ICMP 是 IP 正式协议的一部分，ICMP 数据报通过 IP 送出，因此它在功能上属于网络第三层，但实际上它是像第四层协议一样编码的。

（3）地址转换协议（Address Resolution Protocol，ARP）：是正向地址解析协议，通过已知的 IP，寻找目的主机的物理地址，以完成数据的传送。在进行报文发送时，如果源网络层给的报文只有 IP 地址，而没有对应的以太网地址，则网络层广播 ARP 请求以获取目的站点信息，而目的站必须回答该 ARP 请求，并将地址放入相应高速缓存。下一次源站点对同一目的站点的地址转换可直接引用高速缓存中的地址内容。地址转换协议使主机可以找出同一物理网络中任一个物理主机的物理地址，只需给出目的主机的 IP 地址即可。这样，网络的物理编址可以对网络层服务透明。在互联网环境下，为了将报文送到另一个网络的主机，数据报先定向发送方所在网络 IP 路由器。因此，发送主机首先必须确定路由器的物理地址，然后依次将数据发往接收端。

（4）反向地址转换协议（Reverse ARP，RARP）：用于一种特殊情况，如果结点 A 初始化以后，只有自己的物理地址而没有 IP 地址，则它可以通过 RARP 协议，发出广播请求，征求自己的 IP 地址，而 RARP 服务器则负责回答，比如无盘工作站还有 DHCP 服务。

三、传输层

传输层位于网络层之上，主要提供可靠的端到端的数据传输。在发送端，它负责把上层传送下来的字节流分成报文段并传递给下层。在接收端，它负责把收到的报文进行重组后递交给上层。TCP 协议还要处理端到端的流量控制，以避免缓慢接收的接收方没有足够的缓冲区接收发送方发送的大量数据。它与 OSI 参考模型的传输层相似。

传输层协议有：

（1）传输控制协议（Transmission Control Protocol，TCP）：是一种面向连接的、可靠的、基于字节流的通信协议。也就是说，在收发数据前，必须和对方建立起连接。TCP 协议把应用层的字节流分割成适当长度的字节段，然后按顺序发送网络层，进而发送到目的主机。当网络层将接收到的字节段传送给传输层时，传输层再将多个字节段还原成字节流传送到应用层。TCP 协议用于控制数据段是否需要重传的依据是设立重发定时器。在发送一个数据段的同时启动一个重传，如果在重传超时前收到确认，就关闭该重传；如果重传超时前没有收到确认，则重传该数据段。在选择重发时间的过程中，TCP 必须具有自适应性。它需要根据互联网当时的通信情况，给出合适的重发时间。TCP 协议还要完成流量控制、协调收发双方的发送与接收速度等功能，以便达到正确传输的目的。

TCP 通信建立在面向连接的基础上，实现了一种"虚电路"的概念。双方通信之前，先建立一条连接，然后双方就可以在其上发送数据流。这种数据交换方式能提高效率，但事先建立连接和事后拆除连接需要开销。TCP 连接的建立采用三次握手的过程，整个过程由发送方请求连接，接收方对连接请求确认，最后发送方确认信息三个阶段组成。三次握手完成，TCP 客户端和服务器端成功地建立连接，就可以开始传输数据了。

（2）用户数据报协议（User Datagram Protocol，UDP）：UDP 是依靠 IP 协议来传送报文的，因而它的服务和 IP 一样是不可靠的。主要用于不要求分组顺序到达的传输中，分组传输顺序检查与排序由应用层完成。该协议有不提供数据报分组、组装，不进行流量控制和不能对数据报进行排序的缺点，也就是说，当报文发送之后，是无法得知其是否安全完整到达的。但是正因为 UDP 协议的控制选项较少，在数据传输过程中延迟小、数据传输效率高，适合对可靠性要求不高的应用程序，或者可以保障可靠性的应用程序，如 DNS、TFTP、SNMP 等。

四、应用层

应用层是 TCP/IP 体系结构的最高层。它与 OSI 模型中的高三层的任务相同，都是用于提供各种网络服务，如文件传输、远程登录、域名服务和简单网络管理等，并为这些服务提供网络支撑。

应用层协议主要有：

（1）文件传输协议（File Transfer Protocol，FTP）：用于实现互联网中文件的传输功能，一般上传、下载用 FTP 服务。工作时建立两条 TCP 连接，一条用于传送文件，另一条用于传送控制。

（2）域名解析服务（Domain Name Service，DNS）：提供域名到 IP 地址之间的转换，允许对域名资源进行分散管理。

（3）网络文件系统（Network File System，NFS）：用于网络中不同主机间的文件共享。

（4）超文本传输协议（Hypertext Transfer Protocol，HTTP）：实现互联网中的 WWW 服务。

尽管 TCP/IP 体系结构与 OSI 参考模型在层次划分及使用的协议上有很大差别，但它们在设计中都采用了层次结构的思想，在传输层定义了相似的功能。两者都是基于独立的协议簇的概念，它们的功能大体相似，在两个模型中，传输层及以上的各层都是为了通信的进程提供端到端、与网络无关的传输服务，OSI 参考模型与 TCP/IP 参考模型传输层以上的层都以应用为主导。

OSI 参考模型与 TCP/IP 参考模型的主要区别：

（1）ISO 最初只考虑到使用一种标准的公用数据网将各种不同的系统互联在一起。而 TCP/IP 一开始就考虑到多种异构网的互联问题，并将 IP 协议作为 TCP/IP 的重要组成部分。

（2）OSI 参考模型在开始时只强调面向连接服务，而 TCP/IP 一开始就对面向连接和无连接并重。

（3）OSI 参考模型没有较好的网络管理功能，而 TCP/IP 参考模型却弥补了这一缺点。

下面以使用 TCP 传送文件为例，如图 2-7 所示，说明 TCP/IP 参考模型的工作原理。

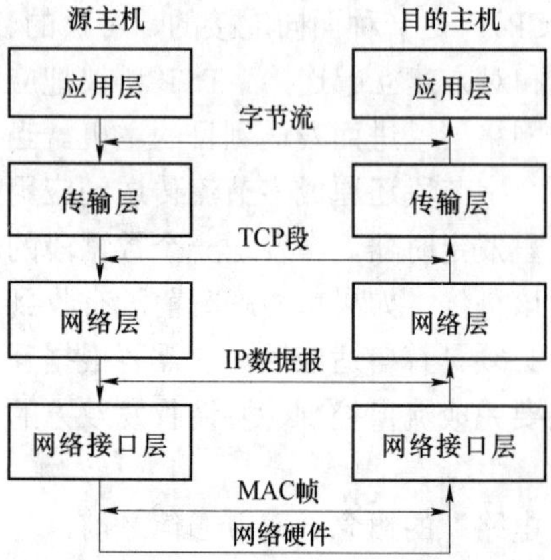

图 2-7 TCP/IP 体系通信

（1）在源主机上，应用层将一串应用字节流传送给传输层。

（2）传输层将应用层的字节流截成分组，并加上 TCP 报头形成 TCP 段，送交网络层。

（3）网络层给 TCP 段加上包括源、目的主机 IP 地址的 IP 报头，生成一个 IP 数据报，然后送交网络接口层。

（4）网络接口层在其 MAC 帧的数据部分装上 IP 数据报，再加相应的帧头及校验位后，发往目的主机或 IP 路由器。

（5）在目的主机，网络接口层将相应的帧头去掉，并将 IP 数据报送交网络层。

（6）网络层检查 IP 报头，如果报头中校验和与计算出的结果不一致，则丢弃该数据报；若校验和与计算出的结果一致，则去掉 IP 报头，将 TCP 段送交传输层。

（7）传输层通过检查顺序号，确定 TCP 分组是否正确，然后检查 TCP 报头数据。若正确，则向源主机发确认信息；若不正确或丢包，则向源主机要求重发信息。

（8）在目的主机，传输层去掉 TCP 报头，将排好顺序的分组组成字节流送给应用程序。

（9）目的主机接收的来自源主机的字节流，就像直接从源主机发送的一样。

2.3.3 IP 地址

IP（Internet Protocol）地址是 IP 协议提供的一种互联网统一的地址格式，它为互联网上的每一个网络和每一台主机分配一个逻辑地址，用于标识主机或其他互联网设备到网络的连接。每条网络连接总是与设备上的一个接口联系在一起，所以也可以说 IP 地址的作用是标识主机或其他互联网设备上的接口，具有唯一性，具有多个网络连接（或接口）的互联网设备就应具有多个 IP 地址。IP 地址就像我们的家庭住址，如果你要寄信给一个人，就要知道对方的家庭住址，这样邮递员才能正确地将信送到。计算机发送信息就像邮递员，它必须知道唯一的"家庭地址"才不至于把信送错人家。只不过家庭地址使用文字来表示，而计算机的地址用二进制数字表示。

IP 地址具有层次结构，由网络 ID（netid）和主机 ID（hostid）两部分组成。网络 ID 表示互联网中的一个特定网络，同一个物理网络上的所有主机使用同一个网络 ID。而主机 ID 则表示该网络中具体的结点（包括网络上的工作站、服务器和路由器等）。作为一种分等级的地址结构，其好处是：第一，IP 地址管理机构在分配 IP 地址时只分配网络 ID，而剩下的主机 ID 则由得到该网络 ID 的单位自行分配，这样就方便了 IP 地址的管理；第二，路由器仅根据目的主机所连接的网络 ID 来转发分组，而不考虑目的主机 ID，这样就可以使路由表中的项目数大幅减少，从而减小了路由表所占的存储空间。当一个主机同时连接到两个网络上时，该主机就必须同时具有两个相应的 IP 地址，其网络 ID 必须是不同的，这种主机称为多接口主机。由于一个路由器至少应当连接到两个网络，这样它才能将 IP 数据报从一个网络转发到另一个网络，因此一个路由器至少应当有两个不同的 IP 地址。用转发器或网桥连接起来的若干个局域网为一个网络，这些局域网都具有同样的网络 ID。

IP 地址是一个 32 位的二进制数，通常被分割为 4 个字节，也就是 4 个"8 位二进制数"。IP 地址通常用"点分十进制"表示成"a.b.c.d"的形式，其中，a、b、c、d 都是 0～255 之间的十进制整数。IP 地址的层次结构如图 2-8 所示。

按照网络规模大小，IP 协议把 IP 地址分成 A、B、C、D 和 E 五类。每一类地址都定义

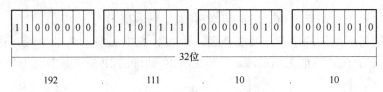

图 2-8 IP 地址的层次结构

了它们的网络 ID 和主机 ID 各占多少位，网络 ID 决定了整个互联网容纳多少个网络，主机 ID 则决定每个网络容纳多少台主机。五类 IP 地址如图 2-9 所示。A 类 IP 地址是由 1 个字节的网络地址和 3 个字节的主机地址组成的，网络地址的最高位必须为 "0"。A 类 IP 地址中网络 IP 的标识长度为 8 位，主机 IP 标识的长度为 24 位，A 类网络地址数量较少。B 类 IP 地址由 2 字节的网络地址和 2 字节的主机地址组成，网络地址的最高位必须是 "10"。B 类 IP 地址中网络 IP 的标识长度为 16 位，主机 IP 标识的长度为 16 位，B 类网络地址适用于中等规模的网络。C 类 IP 地址由 3 字节的网络地址和 1 字节的主机地址组成，网络地址的最高位必须是 "110"。C 类 IP 地址中网络 IP 的标识长度为 24 位，主机 IP 标识的长度为 8 位，C 类网络地址数量较多，适用于小规模的局域网络。D 类 IP 地址的网络地址最高位必须是 "1110"，用于多目的地址发送，支持组播通信，源发送主机可以将一个单一的数据流传送给多个接收者。而 E 类的网络地址最高位必须是 "11110"，不分配给单一主机使用，系统保留为科学研究或将来使用。

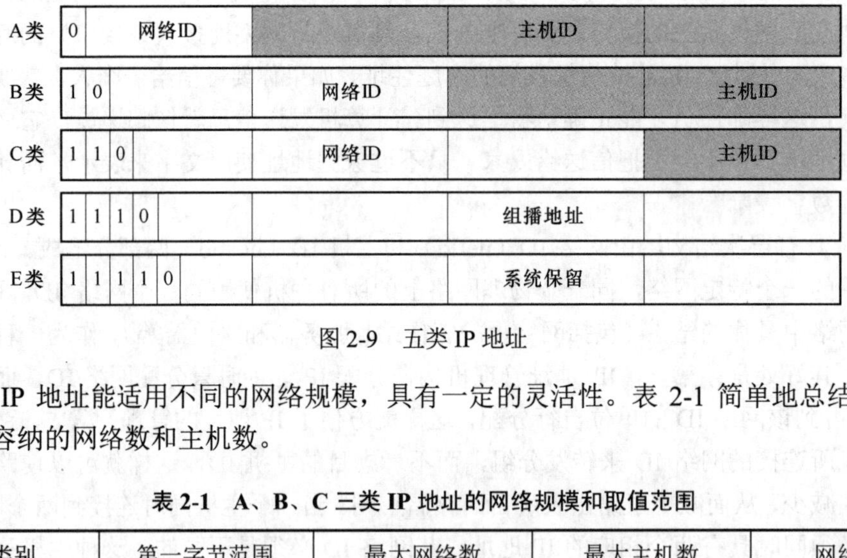

图 2-9 五类 IP 地址

五类 IP 地址能适用不同的网络规模，具有一定的灵活性。表 2-1 简单地总结了各类 IP 地址能够容纳的网络数和主机数。

表 2-1 A、B、C 三类 IP 地址的网络规模和取值范围

网络类别	第一字节范围	最大网络数	最大主机数	网络规模
A	1～126	126	16 777 214	大型网络
B	128～191	16 384	65 534	中型网络
C	192～223	2 097 152	254	小型网络

IP 地址除了可以标识主机的物理连接外，由于网络数据传输的原理和需要，还有几种特殊的 IP 地址形式：

（1）网络地址。在网络中，IP 地址方案规定，主机 ID 每一位都为 0 的 IP 地址作为网络

地址使用，用于表示这个网络。例如，C 类 IP 地址 196.160.1.0，表示网络 ID 为 196.160.1 的这个网络。

（2）广播地址。当一个设备向网络上所有的设备发送数据时，就必须使用广播。广播地址分为直接广播和有限广播两种形式。直接广播包含一个有效的网络号和一个各位全为"1"的主机 ID。如 C 类 IP 地址 193.160.1.255，如果采用这个 IP 地址作为目的地址，那么 193.160.1.0 这个网络中所有的计算机都能接收到这个数据报。有限广播用于本网广播，是 32 位全为"1"的 IP 地址（255.255.255.255），它将广播限制在最小的范围内。

（3）全零地址。32 位都为"0"的 IP 地址被保留，用于对没有 IP 地址的发送端用一种特殊的方式做出应答。

（4）回送地址。A 类网络地址 127.0.0.0 是一个保留地址，用于网络软件测试及本地设备进程间通信。以该地址作为目的地址的数据报，将不被任何网络协议传送，直接返回到发送进程，所以含有网络号 127 的数据报不可能出现在任何网络上。

（5）私有地址。在可供分配的主机 IP 地址资源中，还分有公用 IP 地址和私有 IP 地址两类。公用 IP 地址是连接到公用网络的主机使用的，它必须是唯一的，需要统一管理和分配。私有 IP 地址是保留给机构的内部通信，不能和因特网上的其他主机通信，必须通过网络地址翻译或应用代理方式才能访问 Internet。

表 2-2 私有地址

网络类别	私有 IP 地址范围	网络个数
A	10.0.0.0～10.255.255.255	1
B	172.16.0.0～172.31.255.255	16
C	192.168.0.0～192.168.255.255	256

2.3.4 子网地址与子网掩码

在互联网中，A、B、C 三类 IP 地址是经常使用的。由于 IP 地址是具有层次结构的，它们能适应于不同规模的网络。随着网络技术的进步和计算机的发展，个人计算机的应用迅速普及，小型网络（特别是小型局域网络）越来越多。这些网络多则拥有几十台主机，少则拥有两三台主机。对于这样一些小规模网络，即使采用一个 C 类地址仍然是一种浪费，因此在实际应用中，人们开始采用子网地址来避免 IP 地址的浪费。

子网地址包括网络 ID、子网 ID 和主机 ID 三个部分，其中子网 ID 是网络管理员从标准 IP 地址的主机 ID 部分"借"位并把它们指定为子网 ID，如图 2-10 所示。子网地址可以借用主机 ID 的任何位数，但是至少"借"用 2 位，且必须保证剩余 2 位。B 类网络的主机 ID 部分只有两个字节，所以最多可借用 14 位去创建子网。而在 C 类网络中，由于主机 ID 部分只有一个字节，因此最多可借用 6 位去创建子网。划分子网时，随着子网地址借用主机位数的增多，子网的数目增加，而每个子网

图 2-10 子网地址层次结构

中的可用主机数逐渐减少。例如,一个 C 类网络,它用一个字节表示主机号,可容纳的主机数是 254 台。当把这类网络进行子网划分时,借用 2 位作为子网 ID,那么剩下的 6 位则表示子网中的主机 ID,可容纳的主机数为 62(2^6-2)台。

子网划分的特殊情况:

(1)在利用主机 ID 划分子网时,全部为"0"的表示该子网网络,全部为"1"的表示子网广播,其余的可以分配给子网中的主机。

(2)为了与标准 IP 编制保持一致,二进制全"0"或全"1"的子网号不能分配给实际的子网。全"0"的子网会给早期的路由选择协议带来问题,全"1"的子网与所有子网的直接广播地址冲突。

划分子网后,通过使用掩码,把子网隐藏起来,使得从外部看网络没有变化,这就是子网掩码。子网掩码用于判断 IP 地址中哪些位表示网络、子网或主机部分,它也采用了 32 位二进制数值,分别对应 IP 地址的 32 位二进制数值。子网掩码不能单独存在,必须和 IP 地址一起使用。IP 协议规定,在子网掩码中,与 IP 地址的网络 ID 和子网 ID 部分相对应的位用"1"来表示,与 IP 地址的主机 ID 部分相对应的位用"0"表示。将一台主机的 IP 地址和它的子网掩码按位进行"与"运算,如果产生的两个结果相同,则在同一网段;如果产生的结果不同,则两台主机不在同一网段,这两台计算机要进行相互访问时,必须通过一台路由器进行路由转换。同时也判断出 IP 地址中哪些位表示网络和子网,哪些位表示主机。例如,给出一个经过子网编址的 C 类 IP 地址 192.168.1.200,我们并不知道在子网划分时到底借用了几位主机号来表示子网,但如果给出它的子网掩码 255.255.255.224,就可以根据与子网掩码中"1"相对应的位表示网络的规定,得到 192.168.1.200 的网络 ID 是 192.168.1.192,该子网划分借用了 3 位来表示子网,并且该 IP 地址所处的子网号为 6,子网数为 6,每个子网的主机数为 30。默认子网掩码如表 2-3 所示。

表 2-3 默认子网掩码

IP 地址类型	默认的子网掩码
A	255.0.0.0
B	255.255.0.0
C	255.255.255.0

2.3.5 IP 层服务

IP 协议作为一种因特网协议,屏蔽各个物理网络的细节和差异,使网络层向上提供统一的服务,不要求下层使用相同的物理网络。运行 IP 协议的互联层为上层用户提供三种服务:

(1)不可靠数据投递服务。指数据报的投递不能得到保证,IP 本身没有证实发送的报文是否能被正确接收的能力。数据报可能在线路延迟、数据报分片、路由错误和重组等过程中受到损坏,但 IP 不检测这些错误。在错误发生时,IP 也没有可靠的机制来通知发送方和接收方。

(2)尽最大努力投递服务。尽管 IP 层提供的是面向无连接的不可靠的传输服务,但是 IP

并不是随意丢弃数据报。只有当系统的资源用尽、接收数据错误或网络故障等状态下，IP 才被迫丢弃报文。

（3）面向无连接的传输服务。从源结点到目的结点的每个数据报都有可能经不同的传输路径，不需要先建立好连接，是一种不可靠的服务。它的特点是灵活方便、迅速，特别适用于传送零星的报文，但是却不能防止报文的丢失、重复或失序。

2.3.6 路由选择

路由器（Router，又称路径器）是一种典型的网络层设备，也是互联网的主要结点设备，执行 OSI 参考模型网络层及其下层的协议转换，可用于连接两个或者多个仅在低三层有差异的网络。路由器由中央处理单元、内存和接口等部件构成，具有判断网络地址和选择 IP 路径的功能。

路由器能将数据通过选择好的传输路径传送至目的地，这个过程称为路由。路由选择则是将来自设备的分组通过最佳路径转发的过程。那么路由器是如何进行路由选择的呢？关键是在路由器中有一个保存路由信息的数据库路由表，它包含互联网络中各个子网的地址、到达各子网所经过的路径及与路径相联系的传输开销等内容。每个路由器上都有多个网络接口，可以分别连接网络或者其他路由器。当结点 A 向结点 B 发送数据报时，先要检查目的结点 B 是否与源结点 A 连接在同一个网络上。如果是，就将数据报直接交付给目的结点 B 而不需要通过路由器。但如果目的结点 B 与源结点 A 不连接在同一个网络上，则应将数据报发送给本网络上的某个路由器，由该路由器按照路由表指出的路由将数据报转发给下一个路由器，这就叫间接交付。当路由器在某个接口上收到一个分组时，它就先在该分组中找到目的主机的 IP 地址，再根据此 IP 地址计算出所在网络的网络地址，然后在路由表中查找此地址。路由表中的每个网络地址都对应一个转发接口，通过对比查找，决定该分组应该从哪个接口转发出去。

互联网中路由选择的正确性依赖于路由表的正确性，所以路由表中的信息需要及时更新，建立和更新路由表的算法称为路由算法。网络中的每个路由器都会根据路由算法定时地或者在网络发生变化时更新其路由表。路由表的维护需要通过路由器之间交换路由信息来完成。路由可分为静态路由和动态路由两类。

静态路由是网络管理员预先设置好的，不会随网络拓扑结构的变化而改变，除非手动重新设置，其适应性不好，对于复杂的互联网拓扑结构，静态路由的配置会让网络管理员很头疼，不但工作量大，而且很容易出现数据报在互联网中"兜圈子"的现象。静态路由的主要优点是安全可靠、简单直观，同时还避免了动态路由选择的开销。在静态路由配置完毕后，IP 数据报将沿着固定路径传递到目的网络中，但是一旦该路径出现故障，则无法到达目的网络。默认路由是一种特殊的静态路由，网络管理员手工配置了默认路由后，当路由表中与目的地址之间没有匹配的表项时，路由器将把数据包发送给默认网关。在所有的路由中，静态路由优先级最高，当动态路由与静态路由发生冲突时，以静态路由为准。

动态路由通过自身的学习，能够自动地建立自己的路由表，可以根据网络拓扑结构的变化而自动调整，适合于拓扑结构复杂、网络规模庞大的互联网环境。动态路由机制依赖于对路由表的维护以及路由器间动态的路由信息交换。路由器间的路由信息交换是基于路由协议实现的,交换路由信息的最终目的是通过路由表找到"最佳"路由。主要缺点:占用网络带宽,占用路由器内存和 CPU 处理时间,消耗路由器的资源。如图 2-11 所示,互联网采用动态路由,结点 A 发送的数据报可能通过路径 R1→R2→R3 到结点 B。一旦路由器 R2 发生故障,路由器可以自动调整路由表,通过备份路径 R1→R4→R3 继续发送数据。若路由器 R2 恢复正常,则路由器可再次自动修改路由表,继续使用路径 R1→R2→R3 发送数据。

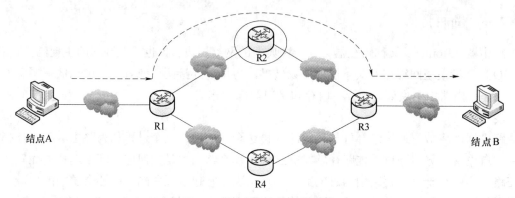

图 2-11 动态路由的数据传输

2.3.7 流量控制

在图 2-11 中,如果结点 A 发送的数据过多或者数据发送速率过快,结点 B 来不及处理,则会造成数据的丢失。为了避免这种现象的发生,通常的处理方法是进行流量控制,即控制发送端数据的发送量及发送速率,使其不超过接收端的缓存和数据处理速度。目前流量控制主要采取的是滑动窗口协议,该协议能有效地控制数据的传输流量,使发送方发送的数据永远不会溢出接收方的缓冲空间。

滑动窗口协议通过动态改变窗口大小来调节两台主机间的数据传输。当一个连接建立时,连接的每一段分配一块缓冲区来存储接收到的数据,并将缓冲区的尺寸发送给另一端。当数据到达时,接收方发送确认,其中包含自己剩余的缓冲区尺寸。我们将剩余缓冲区空间的数量叫做窗口,窗口以字节为单位进行调整,接收方在发送的每一次确认中都含有一个窗口通告。"滑动"的意思是缓存空间中存放的未处理帧数是变化的。每个 TCP/IP 主机支持全双工数据传输,因此 TCP 有两个滑动窗口:接收窗口用于接收数据,发送窗口用于发送数据。不同的滑动窗口,协议窗口大小一般不同。通过调整发送窗口和接收窗口的大小可以实现流量控制,就像通过阀门控制水流速度。如果接收方应用程序读取数据的速度与数据到达的速度一样,接收方将在每一次确认中发送一个非零的窗口通告。但是,如果发送方操作的速度快于接收方,接收到的数据最终将充满接收方的缓冲区,导致接收方通告一个零窗口。发送方收到一个零窗口通告时,必须停止发送,直到接收方重新通告一个非零窗口。

假设发送窗口以每次三个数据报的方式发送数据,则发送窗口大小为 3,发送序列号为 1、2、3。在每个数据段到达时,接收窗口收到确认,发送窗口继续以窗口大小 3 发送数据。当接收方设备要求降低或者增大网络流量时,可以对窗口大小进行减小或者增大。若改变发送窗口大小为 2，则每次发送两个数据段。当接收窗口接收到一个零窗口通告时，表明接收方已经接收了全部数据，或者接收方应用程序没有时间读取数据，要求暂停发送。发送方接收到一个零窗口通告，停止这一方向的数据传输，直到接收到一个非零窗口通告。

滑动窗口协议为端到端设备间的数据传输提供了可靠的流量控制机制。然而，它只能在发送端设备和接收端设备起作用，当网络中间设备（如路由器等）发生拥塞时，滑动窗口协议将不起作用。滑动窗口机制如图 2-12 所示。

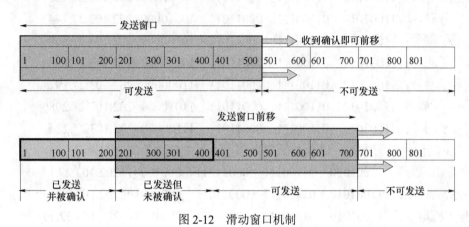

图 2-12　滑动窗口机制

2.3.8　规划 IP 地址

一、实训目的

规划 IP 地址，避免小型或微型网络浪费 IP 地址。

二、实训内容

请为学校网络中心规划 IP 地址，该网络中心有 12 个局域网，每个局域网最多有 14 台主机或网络设备。

三、实训步骤

（1）申请 IP 地址。网络中心有 12 个局域网 168 台主机，如果为网络中心申请 12 个 C 类 IP 地址，那么共有 12×254=3 048 个 IP 地址，而实际上网络中心只需要 168 个地址，因此将有 2 880 个 IP 地址浪费。所以可以用子网划分的方法，让这 12 个局域网共享一个 C 类 IP 地址。把这 12 个子网当作一个整体，申请一个 C 类 IP 地址。假设网络中心申请到的这个 C 类 IP 地址为：202.113.27.0。

（2）确定子网地址的位数与子网地址。子网地址用于标识网络中心内部的不同子网。C 类网的主机 ID 占 8 位，由于该网络中心有 12 个局域网，子网 ID 应占 4 位，其余 4 位是子网中的主机 ID，每个子网可以有 14 个主机地址。各子网地址如下：

1 号子网号：　11001010　01100111　00011011　00010000=202.103.27.16
2 号子网号：　11001010　01100111　00011011　00100000=202.103.27.32

3 号子网号： 11001010　01100111　00011011　00110000=202.103.27.48
4 号子网号： 11001010　01100111　00011011　01000000=202.103.27.64
5 号子网号： 11001010　01100111　00011011　01010000=202.103.27.80
6 号子网号： 11001010　01100111　00011011　01100000=202.103.27.96
7 号子网号： 11001010　01100111　00011011　01110000=202.103.27.112
8 号子网号： 11001010　01100111　00011011　10000000=202.103.27.128
9 号子网号： 11001010　01100111　00011011　10010000=202.103.27.144
10 号子网号： 11001010　01100111　00011011　10100000=202.103.27.160
11 号子网号： 11001010　01100111　00011011　10110000=202.103.27.176
12 号子网号： 11001010　01100111　00011011　11000000=202.103.27.192
13 号子网号： 11001010　01100111　00011011　11010000=202.103.27.208
14 号子网号： 11001010　01100111　00011011　11100000=202.103.27.224

（3）主机地址分配方案。以 1 号子网为例，说明主机地址的分配。

1 号主机地址： 11001010　01100111　00011011　00010001=202.103.27.17
2 号主机地址： 11001010　01100111　00011011　00010010=202.103.27.18
3 号主机地址： 11001010　01100111　00011011　00010011=202.103.27.19
4 号主机地址： 11001010　01100111　00011011　00010100=202.103.27.20
5 号主机地址： 11001010　01100111　00011011　00010101=202.103.27.21
6 号主机地址： 11001010　01100111　00011011　00010110=202.103.27.22
7 号主机地址： 11001010　01100111　00011011　00010111=202.103.27.23
8 号主机地址： 11001010　01100111　00011011　00011000=202.103.27.24
9 号主机地址： 11001010　01100111　00011011　00011001=202.103.27.25
10 号主机地址： 11001010　01100111　00011011　00011010=202.103.27.26
11 号主机地址： 11001010　01100111　00011011　00011011=202.103.27.27
12 号主机地址： 11001010　01100111　00011011　00011100=202.103.27.28
13 号主机地址： 11001010　01100111　00011011　00011101=202.103.27.29
14 号主机地址： 11001010　01100111　00011011　00011110=202.103.27.30

（4）子网掩码的确定。计算中心子网掩码是：
11111111.11111111.11111111.11110000=255.255.255.240

子网规划好后，手动修改局域网内主机的 IP 地址，配制方法如下：

（1）在桌面上鼠标右键单击"网络"→"属性"选项，在"网络和共享中心"窗口中用鼠标单击"更改适配器设置"选项，在弹出的窗口中用鼠标右键单击"本地连接"→"属性"选项，如图 2-13 所示。

（2）在"本地连接 属性"对话框里选择"Internet 协议版本 4（TCP/IPv4）"→"属性"→"使用下面的 IP 地址"选项，如图 2-14 所示，在相应位置填上规划好的 IP 地址和子网掩码，单击"确定"按钮，返回"本地连接 属性"对话框，如图 2-15 所示。

（3）通过单击"本地连接 属性"对话框里的"确定"按钮，完成 IP 地址的修改和配置。

项目 2　计算机网络体系结构

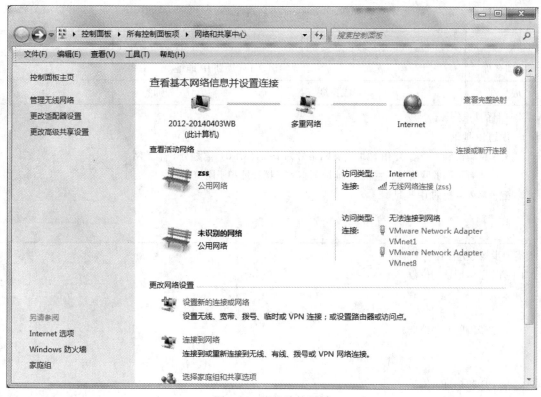

图 2-13　网络连接属性

图 2-14　本地连接属性　　　　　　图 2-15　手动配置 IP 地址

实训报告 2-1

姓 名		学 号		班 级	
实训名称		实训 2-1 规划 IP 地址			
成 绩		完成日期		教师签字	

实训目的与要求：

1. 规划 IP 地址。
2. 某单位申请到一个 C 类 IP 地址，其网络号为 192.168.1.0，需划分 6 个子网。
3. 写出所有子网的网络号、主机 IP 地址范围、广播地址和子网掩码。
4. 配置网内主机的 IP 地址。

实训步骤与方法：

1. 确定子网地址的位数。

2. 确定子网的网络地址。

3. 确定主机地址范围。

4. 确定子网广播地址。

5. 确定子网掩码。

6. 配置网内主机的 IP 地址。

心得体会：

项目 3
局域网的组建

● **知识目标**

（1）了解局域网的定义。
（2）了解局域网的组成。
（3）了解局域网的技术标准。
（4）了解以太网的构成和分类。
（5）了解以太网的原理。

● **能力目标**

（1）学会制作网线。
（2）学会对计算机进行网络设置。
（3）学会组建交换式高速以太网。
（4）学会解决局域网的常见故障。

● **项目背景**

李刚来到信息学院的四楼，这里是学院的计算机实训基地，总共拥有微机教室 20 个，每个教室拥有微机 60 台，要求每个微机教室内所有计算机全部联网，以便进行网络组播授课，并能够下发、上传文件。老师介绍说，对于这种布局固定的微机教室，采用有线连接的局域网最为合适，网线连好后，再配置计算机的名称和地址，很容易就能组建出来。李刚一听很容易，便来了兴趣，想要一口气学会这个技术，可是老师说，虽然组建起来并不难，可真正要理解局域网，还是要下一番功夫的。

任务 1 局域网技术标准

局域网（Local Area Network，LAN）是在一个局部的地理范围内（如学校、工厂和机关内），一般是方圆几千米以内，将各种计算机、外部设备和数据库等互相连接起来组成的计算机通信网，可以实现文件管理、应用软件共享、打印机共享、扫描仪共享、工作组内的日程安排、电子邮件和传真通信服务等功能。局域网强调的是范围的概念，只要在一个有限区域内，就可以定义为局域网，与计算机数量无关，最少可以是两台计算机，也可以多达数千台。决定局域网的主要技术要素为：网络拓扑、传输介质与介质访问控制方法。

3.1.1 认识局域网

为了完整地给出 LAN 的定义，必须使用两种方式：一种是功能性定义，另一种是技术性定义。前一种是将 LAN 定义为一组台式计算机和其他设备，在物理地址上彼此相隔不远，以允许用户相互通信和共享诸如打印机和存储设备之类的计算资源的方式互连在一起的系统。这种定义适用于办公环境下的 LAN、工厂和研究机构中使用的 LAN。

就 LAN 的技术性定义而言，它定义为由特定类型的传输媒体（如电缆、光缆和无线媒体）和网络适配器（亦称为网卡）互连在一起的计算机，并受网络操作系统监控的网络系统。

功能性和技术性定义之间的差别是很明显的，功能性定义强调的是外界行为和服务；技术性定义强调的则是构成 LAN 所需的物质基础和构成的方法。

局域网一般为一个部门或单位所有，建网、维护以及扩展等较容易，系统灵活性高。其主要特点是：

（1）覆盖的地理范围较小，只在一个相对独立的局部范围内连接，如一座或集中的建筑群内。

（2）使用专门铺设的传输介质进行联网，数据传输速率高（10 Mbps～10 Gbps）。

（3）通信延迟时间短，可靠性较高。

（4）局域网可以支持多种传输介质。

局域网的类型很多，若按网络使用的传输介质分类，可分为有线网和无线网；若按网络拓扑结构分类，可分为总线形、星形、环形、树形、混合形等；若按传输介质所使用的访问控制方法分类，又可分为以太网、令牌环网、FDDI 网和无线局域网等。其中，以太网是当前应用最普遍的局域网技术。

3.1.2 局域网常见技术

一、以太网（Ethernet）

以太网指的是由 Xerox 公司创建并由 Xerox、Intel 和 DEC 公司联合开发的基带局域网规范，是现有局域网采用的最通用的通信协议标准。包括标准的以太网（10 Mbps）、快速以太网（100 Mbps）、千兆以太网（1 Gbps）和更快的万兆以太网（10 Gbps）。对于以太网，我们后面将有详细介绍。

二、令牌环网（Token-ring network）

令牌环网是 IBM 公司于 20 世纪 70 年代发展的，在老式的令牌环网中，数据传输速率为 4 Mbps 或 16 Mbps，新型的快速令牌环网速率可达 100 Mbps。令牌环网的传输方法在物理上采用了星形拓扑结构，但逻辑上仍是环形拓扑结构。其通信传输介质可以是无屏蔽双绞线、屏蔽双绞线和光纤等。结点间采用多站访问部件（Multistation Access Unit，MAU）连接在一起。MAU 是一种专业化集线器，它用于围绕工作站计算机的环路进行传输。由于数据包看起来像在环中传输，所以在工作站和 MAU 中没有终结器。

令牌环网的媒体接入控制机制采用的是分布式控制模式的循环方法。在令牌环网中有一个令牌（Token）沿着环形总线在入网节点计算机间依次传递，令牌实际上是一个特殊格式的帧，本身并不包含信息，仅控制信道的使用，确保在同一时刻只有一个节点能够独占信道。当环上节点都空闲时，令牌绕环行进。节点计算机只有取得令牌后才能发送数据帧，因此不会发生冲突。由于令牌在网环上是按顺序依次传递的，因此对所有入网计算机而言，访问权是公平的。

令牌在工作中有"闲"和"忙"两种状态。"闲"表示令牌没有被占用，即网中没有计算机在传送信息；"忙"表示令牌已被占用，即网中有信息正在传送。希望传送数据的计算机必须首先检测到"闲"令牌，将它置为"忙"的状态，然后在该令牌后面传送数据。当所传数据被目的节点计算机接收后，数据被从网中除去，令牌被重新置为"闲"。令牌环网的缺点是需要维护令牌，一旦失去令牌就无法工作，需要选择专门的节点监视和管理令牌。由于以太网技术发展迅速，令牌在整个计算机局域网中已不多见，原来提供令牌网设备的厂商多数也退出了市场，所以在局域网市场中令牌网已很少采用。

三、光纤分布式数据接口网络（FDDI）

光纤分布式数据接口是目前成熟的 LAN 技术中传输速率较高的一种。这种传输速率高达 100 Mbps 的网络技术所依据的标准是 ANSIX3T9.5。该网络具有定时令牌协议的特性，支持多种拓扑结构，传输媒体为光纤。使用光纤作为传输媒体具有多种优点：

（1）具有较长的传输距离，相邻站间的最大长度可达 2 km，最大站间距离为 200 km。

（2）具有较大的带宽，FDDI 的设计带宽为 100 Mbps。

（3）具有对电磁和射频干扰抑制的能力，在传输过程中不受电磁和射频噪声的影响，也不影响其设备。

（4）光纤可防止传输过程中被分接偷听，也杜绝了辐射波的窃听，因而是最安全的传输媒体。

（5）由光纤构成的 FDDI，其基本结构为逆向双环。一个环为主环，另一个环为备用环。一个顺时针传送信息，另一个逆时针传送信息。当主环上的设备失效或光缆发生故障时，通过从主环向备用环的切换可继续维持 FDDI 的正常工作。这种故障容错能力是其他网络所没有的。

FDDI 使用了比令牌环更复杂的方法访问网络。和令牌环一样，也需在环内传递一个令牌，而且允许令牌的持有者发送 FDDI 帧。和令牌环不同，FDDI 网络可在环内传送几个帧。这可能是由于令牌持有者同时发出了多个帧，而非在等到第一个帧完成环内的一圈循环后再发出第二个帧。

令牌接受了传送数据帧的任务以后，FDDI 令牌持有者可以立即释放令牌，把它传给环内的下一个站点，无须等待数据帧完成在环内的全部循环。这意味着，第一个站点发出的数据帧仍在环内循环的时候，下一个站点可以立即开始发送自己的数据。FDDI 标准与令牌环介质访问控制标准 IEEE 802.5 十分接近。

四、异步传输模式网（ATM）

异步传输模式是一种面向连接的技术，是一种为支持宽带综合业务网而专门开发的新技术。当发送端想与接收端通信时，便通过用户网络接口发送一个要求建立连接的控制信号，接收端通过网络收到该控制信号并同意建立连接后，一个虚拟线路就会被建立。ATM 采用异步时分复用技术（统计复用），来自不同信息源的信息汇集在一个缓冲器内排队，列中的信元逐个输出到传输线上，形成首尾相连的信息流。ATM 之所以称其为异步，是因为来自某一用户的、含有信息的信息元的重复出现不是周期性的。

ATM 具有以下特点：

（1）因传输线路质量高，不需要逐段进行差错控制。

（2）ATM 在通信之前需要先建立一个虚连接来预留网络资源，并在呼叫期间保持这一连接，所以 ATM 以面向连接的方式工作。

（3）信头长度小，时延小，实时性较好。

（4）ATM 能够比较理想地实现各种 QoS（服务质量），既能支持有连接的业务，又能支持无连接的业务。

五、无线局域网（WLAN）

20 世纪 80 年代以来，由于人们工作和生活节奏的加快，以及移动通信技术的飞速发展，无线局域网逐渐进入市场。无线局域网提供了移动接入的功能，这就给许多需要发送数据但又不能坐在固定办公地点的人们提供了方便。当一个网络覆盖面积很大，但是节点密度较低时，采用有线连接的成本可能会很高，而且当网络布局发生改变时，修改的成本也很高，这时采用无线局域网，不仅节省投资，而且建网的速度也会很快。另外，当大量持有便携式计算机的用户在一个地方同时要求上网时（如图书馆、展会现场），很难布置线缆，此时采用无线网络是唯一选择。

无线局域网有以下特点：

（1）灵活性和移动性好。在有线网络中，网络设备的安放位置受网络位置的限制，而无线局域网在无线信号覆盖区域内的任何一个位置都可以接入网络。无线局域网另一个最大的优点在于其移动性，连接到无线局域网的用户可以移动且能同时与网络保持连接。

（2）安装便捷。无线局域网可以免去或最大限度地减少网络布线的工作量，一般只要安装一个或多个接入点设备，就可建立覆盖整个区域的局域网络。

（3）易于进行网络规划和调整。对于有线网络来说，办公地点或网络拓扑的改变通常意味着重新建网。重新布线是一个费时费力又琐碎的过程，无线局域网可以避免或减少以上情况的发生。

（4）故障定位容易。有线网络一旦出现物理故障，尤其是由于线路连接不良而造成的网络中断，往往很难查明，而且检修线路需要付出很大的代价。无线网络则很容易定位故障，只需更换故障设备即可恢复网络连接。

（5）易于扩展。无线局域网有多种配置方式，可以很快从只有几个用户的小型局域网扩展到上千用户的大型网络，并且能够提供节点间"漫游"等有线网络无法实现的特性。由于无线局域网有以上诸多优点，因此其发展十分迅速。最近几年，无线局域网已经在企业、医院、商店、工厂和学校等场合得到了广泛的应用。

（6）性能受环境影响大。无线局域网是依靠无线电波进行传输的，这些电波通过无线发射装置进行发射，而建筑物、车辆、树木和其他障碍物都可能阻碍电磁波的传输，所以会影响网络的性能。

（7）速率较低。无线信道的传输速率与有线信道相比要低得多，无线局域网的最大传输速率为 1 Gbps，只适合于个人终端和小规模网络应用。

（8）安全性差。本质上无线电波不要求建立物理的连接通道，无线信号是发散的，从理论上讲，很容易监听到无线电波广播范围内的任何信号，造成通信信息泄露。

任务 2 以太网技术

以太网（Ethernet）（见图 3-1）是美国施乐（Xerox）公司的 Palo Alto 研究中心于 1975 年研制成功的，最初是一种基带总线局域网，使用无源电缆作为总线来传送数据帧，并以曾经在历史上表示传播电磁波的以太（Ether）来命名。1980 年 9 月，DEC 公司、Intel 公司和 Xerox 公司联合提出了 10 Mbps 以太网规约的第一个版本 DIX V1。1982 年又修改为第二版规约（也是最后的版本），即 DIX Ethernet V2，成为世界上第一个局域网产品规约。

在此基础上，IEEE 802 委员会的 802.3 工作组于 1983 年制定了第一个 IEEE 的以太网标准 IEEE 802.3，数据传输率也是 10 Mbps。802.3 局域网对以太网标准中的帧格式做了很小的一点改动，但允许基于这两种标准的硬件实现可以在同一个局域网上互操作。局域网这两个标准 DIX Ethernet V2 和 IEEE 802.3 只有很小的差别，因此也常把 802.3 局域网简称为"以太网"。实际上，由于在 IEEE 802.3 公布之前，DIX Ethernet V2 已被大量使用，因此最后 IEEE 802.3 标准并没有被广泛采用。

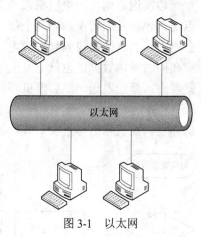

图 3-1 以太网

3.2.1 共享式以太网

早期的以太网是将许多站点都连接到一根总线上的总线形结构，当初认为这种结构是既简单又可靠的。总线的特点是：当一个站点发送数据时，总线上的所有站点都能检测并接收到这个数据，这种就是广播通信形式。但我们并不总是想广播数据，多数情况下还是要一对一地通信。为了实现一对一的通信，以太网使每个站点的适配器拥有一个与其他适配器都不同的地址，在发送数据帧时，在帧的首部写明接收站的地址。当且仅当数据帧中的目的地址与适配器 ROM 中存放的硬件地址一致时，该适配器才能接收这个数据帧，否则就丢弃这个帧，这样就在总线上实现了一对一的通信。

为了通信的简便，以太网还采取了以下两种措施：

第一，采用较为灵活的无连接工作方式，即不必先建立连接就可以直接发送数据。适配器对发送的数据不编号，也不要求对方发回确认。当目的站收到有差错的数据帧时，就把帧丢弃，其他什么也不做。对有差错帧是否需要重传则由高层决定。

第二，以太网采用基带传输，发送的数据都使用曼彻斯特编码的信号，曼彻斯特编码在每个比特信号的正中间有一次电平的跳变，接收端可以很容易地利用这个比特信号的电平跳变来提取信号的时钟频率，并与发送方保持时钟同步。

一、CSMA/CD

前面说过，传统以太网是总线形结构，只要有一个站点发送数据，总线的传输资源就会被占用，因此，在同一时间内只能有一个站点发送数据，如果其他站点也在发送数据，就会互相干扰，此时总线上传输的信号就产生了严重的失真，无法从中恢复出有用的信息，导致所有数据都无法送达，这也被称作"冲突"或"碰撞"。为此，以太网采用了一种特殊的协议来避免这种情况，这就是 Carrier Sense Multiple Access with Collision Detection（载波监听多址接入/冲突检测），简称为 CSMA/CD。

"载波监听"就是每个站点在发送数据前都要检测一下总线上是否有其他站点在发送信息，如果有，就等一下，等到信道空闲时再发送。"多址接入"说明这是一种多址接入协议，多个站点以多址接入的形式连接在一根总线上。"冲突检测"就是边发送边监听，站点的适配器一边发送数据，一边检测信道上信号电压的变化情况，以便判断自己在发送数据时其他站点是否也在发送数据。当几个站点同时往总线上发送数据时，总线上的信号电压变化幅度将会增大。当适配器检测到信号电压变化幅度超过一定的门限值时，就认为总线上不止一个站点在同时发送数据，也就是发生了冲突。所以，某个正在发送数据的站点一旦检测到冲突，就要立即停止发送，然后随机等待一段时间再次发送。

CSMA/CD 的原理（见图 3-2）可以简单总结为：先监听再发送，边发送边监听，遇冲突就停发，随机延迟再重发。其具体流程就是监听、发送、检测、冲突处理的组合。

1. 监听

通过专门的检测机构，在站点准备发送前先监听一下总线上是否有数据正在传送（线路是否忙）？若"忙"则进入"退避"处理程序，进而进一步反复进行监听工作；若"闲"，则决定如何发送。

2. 发送

当确定要发送后，通过发送机构，向总线发送数据。

3. 检测

数据发送后，也可能发生数据冲突。因而，要对数据边发送边检测，以判断是否冲突。

4. 冲突处理

当确认发生冲突后，进入冲突处理程序。一般有两种冲突情况：

（1）监听中发现线路忙。若在监听中发现线路忙，则等待一个延时后再次监听，若仍然忙，则继续延迟等待，直到可以发送为止。每次延时的时间不一致，由退避算法确定延时值。

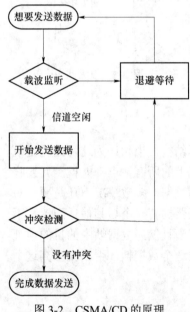

图 3-2　CSMA/CD 的原理

（2）发送过程中发现数据冲突。若有冲突，则立即停止发送数据，但是要发送一个加强冲突的 JAM 信号，以便使网络上所有工作站都知道网上发生了冲突。然后，等待一个预定的随机时间，且在总线为空闲时，再重新发送未发完的数据。

如果一直有冲突，数据始终无法发送，通常在尝试 16 次后放弃。

CSMA/CD 控制方式的特点是：原理比较简单，技术上易实现，网络中各工作站处于平等地位，无须集中控制，不提供优先级控制。但在网络负载增大时，发送时间增长，发送效率急剧下降。

二、星形结构的以太网

传统以太网是总线形结构，最初使用的是粗同轴电缆，然后演化为使用细同轴电缆，现在又发展为使用更加灵活和廉价的双绞线，拓扑结构也相应演化为星形结构，如图3-3所示。星形结构的以太网用集线器（Hub）取代了总线，每个站点需要用两对双绞线连接在集线器上，两对线分别用作发送和接收。由于集线器使用了大规模集成电路，所以可靠性大大提高，比使用大量机械接头的无源电缆要可靠得多。自从 1990 年星形以太网 10Base-T 标准提出后，凭借低成本和高可靠性，已经将同轴电缆完全取代了，同时也奠定了以太网在局域网中的统治地位。

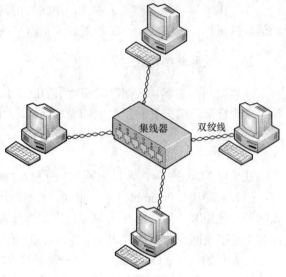

图 3-3 星形以太网

集线器的特点：

（1）从表面上来看，使用集线器的局域网在物理上是一个星形网，但是由于集线器是使用电子器件来模拟实际电缆线的工作，因此整个系统仍然像一个传统的以太网那样运行。也就是说，使用集线器的以太网在逻辑上仍是一个总线网，各站点共享逻辑上的总线，使用的还是 CSMA/CD 协议。网络中的各站点必须竞争对传输介质的控制，并且在同一时刻至多只允许一个站点发送数据。因此这种 10Base-T 以太网又称为星形总线。

（2）一个集线器有很多接口（常见的是 4 的倍数），每个接口通过 RJ45 接头用两对双绞线与一个站点上的适配器相连（双绞线其实是 4 对，只使用其中 2 对，分别用于收发）。集线器所起的作用相当于多端口的中继器，其实，集线器实际上就是中继器的一种，其区别仅在于集线器能够提供更多的端口服务，所以集线器又叫多口中继器。集线器的原理如图3-4所示。

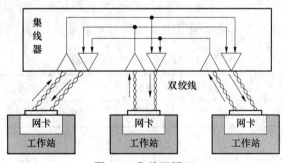

图 3-4 集线器原理

（3）集线器工作在物理层，它的每个接口仅仅是简单地转发比特，它发送数据时都没有针对性，而是采用广播方式发送。也就是说，当它要向某节点发送数据时，不是直接把数据发送到目的节点，而是把数据包发送到与集线器相连的所有节点，若两个接口同时有信号输入，即发生了冲突，那么所有的接口都将收不到正确的帧。

（4）用户数据包向所有节点发送，很可能带来数据通信的不安全因素，一些别有用心的人很容易就能非法截获他人的数据包。

（5）由于所有数据包都是向所有节点同时发送，加上其共享带宽方式（如果两个设备共享 10 Mbps 的集线器，那么每个设备就只有 5 Mbps 的带宽），就更加可能造成网络塞车现象，更加降低了网络执行效率。

（6）由于集线器是非双工模式，集线器的同一时刻每一个端口只能进行一个方向的数据通信，网络执行效率低，不能满足较大型网络通信需求。

三、以太网的帧格式

从以太网诞生起，其帧格式经历了 DIX Ethernet V1（1980 年）和 DIX Ethernet V2（1982 年）两个标准，后来又有了类似的局域网标准 IEEE 802.3（1985 年），不过应用最广的还是 Ethernet V2（以太网 V2）。

1. 以太网 V2

我们以 MAC 帧为例，以太网 V2 的 MAC 帧由 6 个字段组成（见表 3-1），分别为：

（1）前导码（Preamble）——由 0、1 间隔代码组成，用来通知目标站做好接收准备。以太网帧则使用 8 个字节的 0、1 间隔代码作为起始符。IEEE 802.3 帧的前导码占用前 7 个字节，第 8 个字节是两个连续的代码 1，名称为帧开始定界符（SOF），表示一帧实际开始。

（2）目的地址（Destination）——表示接收帧的工作站的 MAC 地址，占据 6 个字节，目的地址可以是单址，也可以是多点传送或广播地址。

（3）源地址（Source）——表示发送站的 MAC、地址，占据 6 个字节。

（4）类型（Type）——这两个字节在以太网帧中表示指定接收数据的高层协议类型。

（5）数据和填充（Data and Pad）——在经过物理层和逻辑链路层的处理之后，包含在帧中的数据将被传递给在类型段中指定的高层协议，该数据段的长度最小应当不低于 46 字节，最大应不超过 1 500 字节。如果数据段长度过小，那么将会在数据段后自动填充至 46 字节；如果数据段长度过大，那么将会把数据段分段后传输。在 IEEE 802.3 帧中该部分还包含 802.2 的头部信息。

（6）帧校验序列（FSC）——包含长度为 4 个字节的循环冗余校验值（CRC），由发送设备计算产生，在接收方被重新计算以确定帧在传送过程中是否被损坏。

表 3-1 以太网 V2 的 MAC 帧

前导码	目的地址	源地址	类型	数据和填充	帧校验序列
8 字节	6 字节	6 字节	2 字节	46~1 500 字节	4 字节

2. IEEE 802.3

在 IEEE 建立标准时，与以太网 V2 规范相比，做了略微的修改，主要的区别有两处，一是把前导码拆分成了前导码加一个帧开始定界符，其实功能与以太网 V2 的前导码完全相同；二是把原地址后面的两个字节改成长度或类型，值小于等于 1 500（因为类型字段值最小的是 0x0600，即 1 536，而长度最大为 1 500），说明是长度字段，此时数据字段必须装入 LLC 子层的 LLC 帧，大于 1 500 就意味着是类型字段，含义与以太网 V2 相同。IEEE 802.3 的 MAC

帧如表 3-2 所示。

表 3-2　IEEE 802.3 的 MAC 帧（1997 年修订）

前导码	帧开始定界符	目的地址	源地址	长度或类型	数据和填充	帧校验序列
7 字节	1 字节	6 字节	6 字节	2 字节	46～1 500 字节	4 字节

IEEE 802.3 标准规定，出现下列情况的帧将被视为无效帧：
（1）数据字段的长度与长度字段的值不一致。
（2）帧的长度不是整数个字节。
（3）用收到的帧检验序列（FCS）查出有差错。
（4）数据字段的长度不在 46～1 500 字节之间，考虑到 MAC 帧首部和尾部的长度共有 18 字节，可以得出，有效的 MAC 帧长度为 64～1 518 字节之间。

对于检查出的无效 MAC 帧就简单地丢弃，以太网不负责重传丢弃的帧。

3.2.2　以太网扩展

无论是传统的总线形以太网还是星形以太网，由于站点之间的距离不能太远，每个网络容纳的主机数是有限的，而且不同网络也需要彼此联系，为此我们就要采取技术手段来扩展以太网的地理覆盖范围。在范围扩展的过程中，需要借助新的设备，也会遇到新的问题，首先我们来了解两个概念。

一、冲突域和广播域

以太网是一种基于争用的介质访问方法，让网络中的主机共享链路带宽，这就带来了如下的问题。

1. 冲突域

我们来看这样一种情况，当网络上一台主机发送数据帧时，该网段的所有其他设备都必须处在监听状态等待，因为同一网段内多个设备同时传输数据会产生冲突，导致所有的数据都失效。冲突就是指多台设备的数字信号在网络上互相干扰，会互相造成冲突的多个设备就构成了一个冲突域，如图 3-5 所示。

无论是总线还是集线器，连接的设备都处在一个冲突域之中，当网络需要扩展时，连接到一起的网络，还是只能有一个主机发送数据帧，结果是需要等待的主机更多了，效率进一步降低。

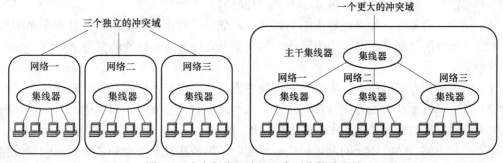

图 3-5　多个集线器连成一个更大的冲突域

2. 广播域

广播是一种信息的传播方式，指网络中的某一设备同时向网络中所有的其他设备发送数据，这个数据所能广播到的范围即广播域（Broadcast Domain）。或者理解为网络中能接收任一设备发出的广播帧的所有设备的集合。

处在同一个冲突域的主机一定也处在同一个广播域，由于许多设备都极易产生广播，如果不维护，就会消耗大量的带宽，降低网络的效率，所以在规划网络设计时，绝对不要让广播域太大，以免失控。

二、使用网桥扩展以太网

网桥（Bridge）也叫桥接器，是连接两个局域网的一种存储/转发设备，用来连接不同网段。网桥的两个端口分别有一条独立的交换信道，不是共享一条背板总线，可隔离冲突域。

1. 网桥的原理

网桥将两个相似的网段连接起来，并对网络数据的流通进行管理。它工作于数据链路层，不但能扩展网络的距离或范围，而且可提高网络的性能、可靠性和安全性。如图 3-6 所示，网段 A 和网段 B 通过网桥连接后，网桥接收网段 A 发送的数据包，检查数据包中的地址，如果地址属于网段 A，它就将其放弃；相反，如果是网段 B 的地址，它就继续发送给网段 B。这样可利用网桥隔离信息，防止其他网段内的用户非法访问。由于网络的分段，各网段相对独立，一个网段的故障不会影响到另一个网段的运行。

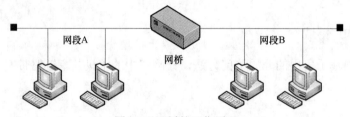

图 3-6　网桥的工作原理

2. 网桥的优缺点

网桥优点：

（1）过滤通信量。网桥可以使局域网的一个网段上各工作站之间的信息量局限在本网段的范围内，而不会经过网桥到达其他网段去。

（2）扩大了物理范围，也增加了整个局域网上工作站的最大数目。

（3）可使用不同的物理层，可互连不同的局域网。

（4）提高了可靠性。如果把较大的局域网分割成若干较小的局域网，并且每个小的局域网内部的信息量明显地高于网间的信息量，那么整个互联网络的性能就变得更好。

网桥缺点：

（1）由于网桥对接收的帧要先存储和查找站表，然后转发，这就增加了时延。

（2）在 MAC 子层并没有流量控制功能，当网络上负荷很重时，可能因网桥缓冲区的存储空间不够而发生溢出，以致产生帧丢失的现象。

（3）具有不同 MAC 子层的网段桥接在一起时，网桥在转发一个帧之前，必须修改帧的某些字段的内容，以适合另一个 MAC 子层的要求，增加时延。

（4）网桥只适合于用户数不太多（不超过几百个）和信息量不太大的局域网，否则有时会产生较大的广播风暴。

3. 透明网桥

目前使用最多的是透明网桥，"透明"的意思是网络里的主机并不需要知道自己的数据如何经过网桥和经过了几个网桥，网桥对于网络里的主机是透明的。透明网桥以混杂方式工作，它接收与之相连的所有网段传送的每一帧。当一帧到达时，网桥必须决定将其丢弃还是转发。如果要转发，则必须决定发往哪个网段。这需要通过查询网桥中一张大型散列表里的目的地址而作出决定。该表可列出每个可能的目的地，以及它属于哪一条输出线路。网桥刚接入时，所有的散列表均为空。由于网桥不知道任何目的地的位置，因而采用扩散算法把每个到来的、目的地不明的帧广播于与此网桥相连的所有网段中(除了发送该帧的网段)，随着时间的推移，网桥将了解每个目的地的位置。一旦知道目的地位置，发往该处的帧就只转发至适当的网段上，而不再广播。透明网桥的转发步骤简单来说就是：

① 如果源网段和目的网段相同，则丢弃该帧。
② 如果源网段和目的网段不同，则转发该帧。
③ 如果目的网段未知，则进行广播。

4. 生成树协议

为了提高可靠性，有时会在两个网段之间设置并行的两个或多个网桥，但是，这种配置引起了另外一些问题，因为在拓扑结构中产生了环路，可能引发无限循环。其解决方法就是下面要讲的生成树（Spanning Tree）算法。

使用生成树，可以确保任两个 LAN 之间只有唯一一条路径。一旦网桥商定好生成树，LAN 间的所有传送都遵从此生成树。由于从每个源到每个目的地只有唯一的路径，故不会再有环路。

为了建造生成树，首先必须选出一个网桥作为生成树的根。实现的方法是每个网桥广播其序列号（该序列号由厂家设置并保证全球唯一），选序列号最小的网桥作为根。接着，按根到每个网桥的最短路径来构造生成树。如果某个网桥或网络故障，则重新计算。

网桥通过网桥协议数据单元（Bridge Protocol Data Unit，BPDU）互相通信，在网桥做出配置自己的决定前，每个网桥和每个端口需要下列配置数据：

① 网桥：网桥 ID（唯一的标识）。
② 端口：端口 ID（唯一的标识）。
③ 端口相对优先权。
④ 各端口的花费。

配置好各个网桥后，网桥将根据配置参数自动确定生成树，这一过程有三个阶段：

（1）选择根网桥。具有最小网桥 ID 的网桥被选作根网桥。网桥 ID 应为唯一的，但若两个网桥具有相同的最小 ID，则 MAC 地址小的网桥被选作根。

（2）在其他所有网桥上选择根端口。除根网桥外的各个网桥需要选一个根端口，这应该是最适合与根网桥通信的端口。通过计算各个端口到根网桥的花费，取最小者作为根端口。

（3）选择每个网段的"指定网桥"和"指定端口"。如果只有一个网桥连到某网段，它必然是该网段的指定网桥；如果多于一个，则到根网桥花费最小的被选为该网段的指定网桥。指定端口连接指定网桥和相应的网段（如果这样的端口多于一个，则低优先权的被选中）。

其余所有端口都将被阻塞,成为阻塞端口。也就是说应用了生成树的网桥,其端口必定为根端口、指定端口或阻塞端口其中之一。

当人为地修改网络拓扑结构或由于线路故障引起网络重新配置,上述过程将重复,产生一个新的生成树。

生成树的计算也需要较大的网络开销,所以不适合太大的网络。

5. 源路由网桥

透明网桥的优点是易于安装,连接上不用配置就能工作。但是从另一方面来说,这种网桥并没有最佳地利用带宽,于是,一种由发送帧的源站负责路由选择的网桥就问世了,这就是源路由网桥。

源路由选择的前提是互联网中的每台机器都知道所有其他机器的最佳路径,这样在源路由网桥发送帧时,就可以把详细的路由信息放在帧的首部中。如何得到这些路径是源路由选择算法的重要部分。获取路由算法的基本思想是:如果不知道目的地地址的位置,源机器就发布一广播帧,询问它在哪里。每个网桥都转发该发现帧(Discovery Frame),这样该帧就可到达网络中的每一个网段。当应答返回时,途经的网桥将它们自己的标识记录在答复帧中,于是,广播帧的发送者就可以得到确切的路由,并可从中选取最佳路径。

透明网桥一般用于连接以太网段,而源路由选择网桥则一般用于连接令牌环网段。由于源路由网桥对主机不是透明的,大大限制了其应用,所以现在已经不多见了。

三、使用交换机扩展以太网

由于网桥的局限性比较大,随着技术的发展,交换机出现了。交换机(Switch)是一种用于电(光)信号转发的网络设备,它可以为接入交换机的任意两个网络节点提供独享的电信号通路。最常见的交换机是以太网交换机,如图 3-7 所示。其他常见的还有电话语音交换机、光纤交换机等。

图 3-7 常见的以太网交换机外形

以太网交换机也称为交换式集线器(Switching Hub),或二层交换机,可明显地提高局域网的性能。以太网交换机工作于 OSI 参考模型的第二层(即数据链路层),是一种基于介质访问控制(Media Access Control,MAC)地址识别完成以太网数据帧转发的网络设备。

交换机上用于连接计算机或其他设备的插口称作端口。计算机借助网卡通过网线连接到交换机的端口上。网卡、交换机和路由器的每个端口都具有一个 MAC 地址,由设备生产厂商固化在设备的 EPROM 中。交换机在端口上接受计算机发送过来的数据帧,根据帧头的目的 MAC 地址查找 MAC 地址表,然后将该数据帧从对应端口上转发出去,从而实现数据交换。

交换机的工作过程可以概括为"学习、记忆、接收、查表、转发"等几个方面:通过"学习"可以了解到每个端口上所连接设备的 MAC 地址;将 MAC 地址与端口编号的对应关系"记忆"在内存中，生成 MAC 地址表；从一个端口"接收"到数据帧后，在 MAC 地址表中"查找"与帧头中目的 MAC 地址相对应的端口编号，然后将数据帧从查到的端口上"转发"出去。

交换机可以分割冲突域，每个端口独立成一个冲突域。每个端口如果有大量数据发送，则端口会先将收到的等待发送的数据存储到寄存器中，在轮到发送时再发送出去。

相比集线器，交换机有非常明显的进步，主要体现在：
（1）以太网交换机的每个端口都直接与主机相连，并且一般工作在全双工方式。
（2）交换机能同时连通许多对端口，使每一对相互通信的主机都能像独占通信媒体那样进行无冲突地传输数据。
（3）共享传输媒体的带宽，对于普通 10 Mbps 的共享式以太网，若共有 N 个用户，则每个用户占有的平均带宽只有总带宽（10 Mbps）的 $1/N$。

正因为优势明显，再加上成本的不断降低，应用交换机的交换式以太网已经基本取代了传统的以太网，现在我们平常所接触的以太网，全都是交换式以太网。

四、虚拟局域网

由于交换机工作在数据链路层，所连的主机都属于一个广播域，所以在交换机上还是不能连接过多的计算机；而且有时并不希望一台交换机上的所有主机都属于一个网段，而用两台交换机又增加了成本，此时就可以使用虚拟局域网（VLAN）技术来解决问题。

IEEE 于 1999 年颁布了用于标准化 VLAN 实现方案的 802.1Q 协议标准草案。虚拟局域网技术的出现，使得管理员根据实际应用需求，把同一物理局域网内的不同用户逻辑地划分成不同的广播域，每一个 VLAN 都包含一组有着相同需求的主机，与物理上形成的局域网（LAN）有着相同的属性。由于它是从逻辑上划分，而不是从物理上划分，所以同一个 VLAN 内的各个工作站没有限制在同一个物理范围中，即这些工作站可以在不同物理 LAN 网段。由 VLAN 的特点可知，一个 VLAN 内部的广播和单播流量都不会转发到其他 VLAN 中，从而有助于控制流量、减少设备投资、简化网络管理、提高网络的安全性。

如图 3-8 所示，如果有 6 台分属三个不同部门的主机连接在两台交换机上，应用 VLAN 技术就可以很容易解决这个问题，即在交换机上应用 VLAN 技术，创建三个 VLAN——VLAN10、VLAN20、VLAN30，将各组主机加入对应的 VLAN 中去。这样在每个 VLAN 中，主机只能与同一 VLAN 的主机进行通信，但不能与其他 VLAN 的主机（哪怕在一台交换机上连着）进行通信。每个 VLAN 在逻辑上就如同一个物理上独立的局域网。

虚拟局域网的优点有：
（1）分割广播域。使用 VLAN，可以将某个交换端口或用户赋予某一个特定的 VLAN 组，该 VLAN 组可以在一个交换网中跨接多个交换机，在一个 VLAN 中的广播不会送到 VLAN 之外。同样，相邻的端口不会收到其他 VLAN 产生的广播。这样可以减少广播流量，释放带宽给用户应用，减少广播的产生。
（2）增强局域网的安全性。含有敏感数据的用户组可与网络的其余部分隔离，从而降低泄露机密信息的可能性。不同 VLAN 内的报文在传输时是相互隔离的，即一个 VLAN 内的用户不能和其他 VLAN 内的用户直接通信，如果不同 VLAN 要进行通信，则需要通过路由器或三层交换机等三层设备。

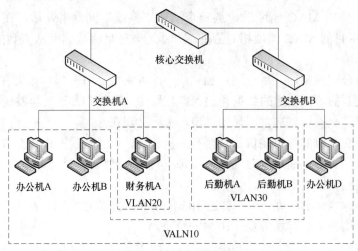

图 3-8　VLAN 的划分

（3）提高局域网的灵活性。借助 VLAN 技术，能将不同地点、不同网络、不同用户组合在一起，形成一个虚拟的网络环境，就像使用本地 LAN 一样方便、灵活、有效。VLAN 可以降低移动或变更工作站地理位置的管理费用，特别是一些业务情况有经常性变动的公司，使用 VLAN 后，这部分管理费用大大降低。

常见的 VLAN 划分方法有：基于端口划分、基于 MAC 地址划分、基于路由划分和基于规则划分等。

3.2.3　新型以太网

随着网络的发展，传统标准的以太网技术已难以满足日益增长的网络数据流量速度需求，于是更快速度的以太网逐渐投入市场，由于历史原因，速率达到或超过 100 Mbps 的以太网被称为高速以太网，虽然现在 100 Mbps 已经不算高速了。

一、快速以太网

快速以太网（Fast Ethernet）是一类新型的局域网，其名称中的"快速"是指数据速率可以达到 100 Mbps，是标准以太网数据速率的 10 倍。1993 年 10 月，Grand Junction 公司推出世界上第一台快速以太网集线器 FastSwitch10/100 和网络接口卡 FastNIC100，快速以太网技术正式得以应用。随后 Intel、SynOptics、3COM、BayNetworks 等公司亦相继推出自己的快速以太网装置。与此同时，IEEE 802 工程组亦对 100 Mbps 以太网的各种标准，如 100Base-TX、100Base-T4、MII、中继器、全双工等标准进行了研究。1995 年 3 月，IEEE 宣布了 IEEE 802.3u 100Base-T 快速以太网标准，从而开始了快速以太网的时代。

快速以太网有四种基本的实现方式：100Base-TX、100Base-FX、100Base-T4 和 100Base-T2。每种规范除了接口电路外都是相同的，接口电路决定了它们使用哪种类型的电缆。为了实现时钟/数据恢复（CDR）功能，100Base-T 使用 4B/5B 曼彻斯特编码机制，是应用最为广泛的快速以太网。

1. 100Base-FX

100Base-FX 使用光纤作为传输介质，传输距离与所使用的光纤类型及连接方式有关。在

100Base-FX 环境中，一般选用 62.5/125 μm 多模光缆，也可选用 50/125 μm、85/125 μm 以及 100/125 μm 的光缆。但在一个完整的光缆段上必须选择同种型号的光缆，以免引起光信号不必要的损耗。对于多模光缆，在 100 Mbps 传输率，在点对点的连接方式和全双工的情况下，系统中最长的媒体段可达 2 km。100Base-FX 也支持单模光缆作为媒体，在全双工情况下，单模光缆段可达到 40 km，甚至更远，但价格要比多模光缆贵得多。在系统配置时，可以外置单模光缆收发器，也可以在多模光缆收发器的连接器上再配置一个多模/单模转换器，以驱动单模光缆。光纤接口仍然采用 MIC、ST 或 SC 光纤接口。

2. 100Base-TX

100Base-TX 使用的传输介质与 10Base-T 一样，都是双绞线。但是由于传输信号的频率较高，需要使用较高质量的双绞线，通常为 UTP-5 类或匹配电阻为 150 Ω 的 STP（屏蔽双绞线），使用 UTP-5 时最大传输距离为 100 m。100Base-TX 是市场上最早使用 100 Mbps 的以太网产品，也是目前使用最广泛的网络产品。

3. 100Base-T4

100Base-T4 是一个 4 对线系统，但是它采用半双工传输模式，传输媒体采用 3 类、4 类、5 类无屏蔽双绞线 UTP 的 4 对线路进行 100 Mbps 的数据传输。其中 3 对双绞线用于数据传输，1 对用于冲突检测。媒体段的最大长度为 100 m。100Base-T4 也使用 RJ45 接口，连接方法与 10Base-T 相同，4 对线（1—2，3—6，4—5，7—8）一一对应连接。但在 10Base-T 系统中仅用了其中的 1—2 和 3—6 两对，一般在布线时 4 对线都会安装连接。对于原来用 3 类线布线的系统，可以通过采用 100Base-T4 把网络从 10 Mbps 升级到 100 Mbps，无须重新布线。

4. 100Base-T2

100Base-T2 采用 2 对 3 类、4 类、5 类 UTP 作为传输介质。它使用 RJ45 中的 2 对线。

100Base-T（T 代表使用双绞线）是一种以 100 Mbps 速率工作的局域网标准，只需使用 100Base-T 适配器（一般指网卡）、UTP（非屏蔽双绞线）和快速以太网集线器或交换机代替传统以太网中的对应设备，而不必修改拓扑结构和软件配置，就可以很容易从 10 Mbps 的以太网升级到 100 Mbps 的快速以太网，速度提高了 10 倍。

100Base-T 适配器有很强的自适应性，能够自动识别 10 Mbps 和 100 Mbps 的网络。自适应是指端口之间 10 Mbps 和 100 Mbps 传输率的自动匹配功能。自适应处理过程具有以下两种情况：

（1）原有 10Base-T 网卡具备自动协商功能，即具有 10 Mbps 和 100 Mbps 自动适应功能，则双方通过 FLP 信号进行协商和处理，最后协商结果在网卡和 100Base-T 集线器的相应端口上均形成 100Base-T 的工作模式。

（2）原有 10Base-T 网卡不具备自动协商功能的，当网卡与具备 10 Mbps 和 100 Mbps 自动协商功能的集线器端口连接后，集线器端口向网卡端口发出 FLP 信号，而网卡端口不能发出快速链路脉冲（FLP）信号。但由于在以往的 10Base-T 系统中，非屏蔽型双绞线（UTP）媒体的链路正常工作时，始终存在正常链路脉冲（NLP）以检测链路的完整性，所以在新系统的自动协调过程中，集线器的 10 Mbps 和 100 Mbps 自适应端口接收到的信号是 NLP 信号。由于 NLP 信号在自动协调协议中也有说明，FLP 向下兼容 NLP，这样集线器的端口就自动形成了 10Base-T 工作模式与网卡匹配。

二、吉比特以太网

吉比特以太网也称为千兆以太网。在1995年，IEEE 802.3委员会就组建了一个工作小组，以研究在以太网的环境下如何使分组包的传输速度达到Gbit（即千兆）级。如今吉比特以太网的技术标准已经成熟，并有了许多成功的应用。吉比特以太网不仅定义了新的媒体和传输协议，还保留了10 Mbps和100 Mbps以太网的协议、帧格式，以保持其向下兼容性。

吉比特以太网用于连接核心服务器和高速局域网交换机。每个局域网交换机都有10 Mbps/100 Mbps自适应端口和1Gbit的上行端口。千兆以太网的协议栈结构包括物理层和介质访问层（MAC），该MAC层是802.3的MAC层算法的增强版本。除了使用非屏蔽的双绞线，对于其他媒介，都可以使用新定义的GMII（Gigabit Medium-independent Interface），GMII是一种8 bit的并行同步收发接口，它用于芯片和芯片的标准接口，可以满足不同芯片供应商对于MAC层和物理层的互连互通。

1．介质访问层

吉比特以太网使用IEEE 802.3定义的10 Mbps/100 Mbps以太网一致的CSMA/CD帧格式和MAC层协议。以太网交换机（全双工模式）中的千兆端口不能采用共享信道方式访问介质，而只能采用专用信道方式，这是因为在专用信道方式下，数据的收发能够不受干扰地同步进行。

由于以太网交换技术的发展，不采用CSMA/CD协议也能全双工操作。吉比特以太网规范发展完善了PAUSE协议，该协议采用不均匀流量控制方法最先应用于100 Mbps以太网中。

2．物理层

吉比特以太网协议定义了以下四种物理层接口：

（1）1000Base-LX：较长波长的光纤，支持550 m长的多模光纤（62.5 μm或50 μm）或5 km长的单模光纤（10 μm），波长范围为1 270～1 355 nm。

（2）1000Base-SX：较短波长的光纤，支持275 m长的多模光纤（62.5 μm）或550 m长的多模光纤（50 μm），波长范围为770～860 nm。

（3）1000Base-CX：支持25 m长的短距离屏蔽双绞线，主要用于单个房间内或机架内的端口连接。

（4）1000Base-T：支持4对100 m长的UTP5线缆，每对线缆传输250 M数据。

3．用于吉比特以太网的数字信号编码技术

除非物理层是双绞线方式，吉比特以太网的数字信号编码方式均是8 b/10 b，这种方式在发送的时候将8 b数据转换成10 b，以提高数据的传输可靠性。8 b/10 b方式最初由IBM公司发明并应用于ESCON（200 Mbps互联系统）中。

这种编码方式具有以下优点：

（1）实现相对简单，并以廉价的方式制造可靠的收发器。

（2）对于任何数字序列，相对平衡地产生一样多的0、1比特。

（3）提供简便的方式实现时钟的恢复。

（4）提供有用的纠错能力。

对于物理层为双绞线的吉比特以太网，编码方式为PAM-5（5 Level Pulse Amplitude Modulation）。PAM-5采用5种不同的信号电平编码来代替简单的二进制编码，可以达到更好

项目 3　局域网的组建

的带宽利用。每四个信号电平能够表示 2 个比特信息，再加上第五个信号电平用于前向纠错机制。

吉比特以太网以前多用于百兆以太网的骨干网，现在正在向桌面连接过渡，即局域网中的主机互相之间都是千兆的连接速度了。

三、10 吉比特以太网和更快的以太网

当千兆以太网还没有大规模应用的时候，人们已经提出万兆以太网的概念。特别是 Internet 和 Intranet 上的业务流量呈爆炸式的增长，随着网络连接数的增加，网络终端连接速率的增加，对带宽要求高的业务的增加，网络主机的增加及主机业务的增加等，10 吉比特以太网的协议研究及工程实现就越发迫切起来。

10 吉比特以太网的标准是由 IEEE 802.3ae 委员会于 2002 年 6 月制定完成的，万兆以太网并非将千兆以太网的速率简单地提高到 10 倍，这里有许多技术上的问题要解决。10 吉比特以太网的主要特点有：

（1）以太网采用 CSMA/CD 机制，即带冲突检测的载波监听多址接入。千兆以太网接口基本应用在点到点线路，不再共享带宽，冲突检测、载波监听和多址接入已不再重要。万兆以太网技术与千兆以太网类似，仍然保留了以太网帧结构，通过不同的编码方式或波分复用提供 10 Gbps 传输速度。就其本质而言，10 吉比特以太网仍是以太网的一种类型，所以在升级到以太网时，仍能和较低速率的以太网方便地通信。

（2）10 吉比特以太网只工作在全双工方式，因此没有争用问题，也不使用 CSMA/CD 协议，这就使得 10 吉比特以太网的传输距离不再受冲突检测的限制而大大提高，也就是说 10 吉比特以太网不再局限于局域网的应用，也可以用于广域网。这种技术同时可以应用于城域网和广域网的建设，这样局域网技术就能够与 ATM 或其他广域网络技术竞争。在大多数情况下，用户需要数据通过 TCP/IP 实现全网的无缝连接，从用户终端到网络业务提供者，而万兆以太网真正做到了这一点。由于不需要将以太网的分组包分拆或重组成 ATM 信元，避免了带宽的浪费，这种网络真正做到端到端的以太网。

（3）IP 技术和 10 吉比特以太网技术的结合不仅能够提供高质量的服务，同时能够进行有效的流量控制，而在以前只有 ATM 能够做到。

根据万兆以太网的应用场合不同，已经定义了不同的光纤接口（光纤的波长和传输距离）。最大的传输距离从 300 m 一直到 40 km，并采用了多种光纤介质，以全双工方式运行。10 吉比特以太网包括 10GBase-X、10GBase-R、10GBase-W 以及基于铜缆的 10GBase-T 等（2006年通过）。

10 吉比特以太网的出现，使以太网的工作范围已经从局域网（校园网、企业网）扩大到城域网和广域网，从而实现了端到端的以太网传输。这种工作方式的好处是：技术成熟，互操作性很好，在广域网中使用以太网时价格便宜，统一的帧格式简化了操作和管理。

以太网从 10 Mbps 到 10 Gbps 乃至更高速率的演进证明了以太网是：

（1）可扩展的（从 10 Mbps 到 10 Gbps）。
（2）灵活的（多种媒体、全/半双工、共享/交换）。
（3）易于安装。
（4）稳健性好。

任务 3 组建局域网实训

经过一番学习，李刚已经对局域网有了初步的认识，局域网就是较小范围内的网络，多数情况下是指以太网，具有速度快、可靠性高、成本低等特点，非常适合企业、学校、机关等的内部网络。可是，仅学习理论知识是不够的，前面学到的集线器、交换机、光纤、双绞线都是什么样的呢？又怎样连接计算机呢？看李刚这么好学，老师决定为他演示一遍局域网的组建过程。

3.3.1 连接计算机

连接局域网，首先要把计算机都连接起来。对于有线网，目前最合适的连接方法就是通过交换机、双绞线和计算机的网卡相连。下面我们就来看一看具体做法。

一、双绞线的制作

双绞线（Twisted Pair，TP）是一种联网中最常用的传输介质，它由两根具有绝缘保护层的铜导线组成。把两根绝缘的铜导线按一定密度互相绞在一起，每一根导线在传输中辐射出来的电波会被另一根线上发出的电波抵消，有效降低信号干扰的程度。双绞线一般由两根22～26号绝缘铜导线相互缠绕而成，"双绞线"的名字也是由此而来。实际使用时，双绞线是由多对双绞线一起包在一个绝缘电缆套管里的。如果把一对或多对双绞线放在一个绝缘套管中，便成了双绞线电缆，但日常生活中一般把"双绞线电缆"直接称为"双绞线"。

与其他传输介质相比，双绞线在传输距离、信道宽度和数据传输速度等方面均受到一定限制，但价格较为低廉。

1. 双绞线的分类

（1）双绞线根据有无屏蔽层，分为屏蔽双绞线（Shielded Twisted Pair，STP）与非屏蔽双绞线（Unshielded Twisted Pair，UTP）。

屏蔽双绞线（见图 3-9）在双绞线与外层绝缘封套之间有一个金属屏蔽层，屏蔽层可减少辐射，防止信息被窃听，也可阻止外部电磁干扰的进入，使屏蔽双绞线比同类的非屏蔽双绞线具有更高的传输速率。

非屏蔽双绞线（见图 3-10）则没有屏蔽层，虽然抗干扰能力和速度差一些，但是具有诸如直径小、节省所占用的空间、成本低、质量小、易弯曲、易安装等优点。因此，在综合布线系统中，非屏蔽双绞线得到广泛应用。

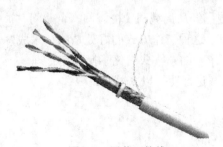

图 3-9 屏蔽双绞线

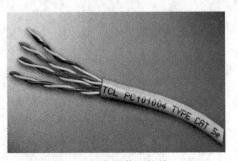

图 3-10 非屏蔽双绞线

（2）按照频率和信噪比进行分类，双绞线常见的有三类线、五类线和超五类线，以及六类线，前者线径细而后者线径粗，具体型号如表 3-3 所示。

表 3-3 双绞线的主要种类和参数

双绞线类型	传输频率	应用范围	备注
一类线	750 kHZ	用于报警系统，或只适用于语音传输，不用于数据传输	一类标准主要用于 20 世纪 80 年代初之前的电话线缆
二类线	1 MHZ	用于语音传输和最高传输速率 4 Mbps 的数据传输	常见于使用 4 Mbps 规范令牌传递协议的旧的令牌网
三类线	16 MHz	主要应用于语音、10 Mbps 以太网（10Base-T）和 4 Mbps 令牌环网	最大链路长度为 100 m，采用 RJ 形式的连接器
四类线	20 MHz	用于语音传输和最高传输速率 16 Mbps 的基于令牌的局域网和 10Base-T/100Base-T	最大链路长度为 100 m，采用 RJ 形式的连接器，未被广泛采用
五类线	100 MHz	用于语音传输和最高传输速率为 100 Mbps 的数据传输，主要用于 100Base-T 和 1000Base-T 网络	最大链路长度为 100 m，采用 RJ 形式的连接器，不同线对具有不同的绞距长度
超五类线	100 MHz	实际传输速度可达 155 Mbps，主要用于百兆以太网	衰减小，串扰少，具有更高的衰减与串扰的比值和信噪比，更小的时延误差
六类线	250 MHz	多用于千兆以太网	改善了在串扰以及回波损耗方面的性能，永久链路的长度不能超过 90 m
超六类线	300～500 MHz	用于千兆、万兆以太网和高速 ATM	传输速度为 10 Gbps，标准外径为 6 mm
七类线	600 MHz	用于万兆以太网	传输速度为 10 Gbps，都是屏蔽线，每一对线都有一个屏蔽层，四对线合在一起还有一个公共大屏蔽层

类型数字越大，版本越新，技术越先进，带宽也越宽，当然价格也越高。无论是哪一种线，衰减都随频率的升高而增大。在设计布线时，要考虑到受到衰减的信号还应当有足够大的振幅，以便在有噪声干扰的条件下能够在接收端正确地被检测出来。双绞线能够传送多高速率（Mbps）的数据还与数字信号的编码方法有很大的关系。

2. 双绞线的序列标准

用于网线的双绞线共有四组共八根电缆，分别是：橘色，橘/白；绿色，绿/白；蓝色，蓝/白；棕色，棕/白。两两一组按一定密度绞合在一起，来抵御外界和自身信号的干扰，但是在应用的时候，需要在接头处解开绞合，按一定顺序接入接头，目前在双绞线标准中应用最广的是 EIA/TIA568A（简称 T568A）和 EIA/TIA568B（简称 T568B）。

T568A 的线序定义依次为绿/白、绿、橘/白、蓝、蓝/白、橘、棕/白、棕，常用于两台计算机的直连和路由器与计算机直连；T568B 的线序定义依次为橘/白、橘、绿/白、蓝、蓝/白、绿、棕/白、棕，用于绝大多数场合。常用线序如表 3-4 所示。

表 3-4 常用线序

标准	1	2	3	4	5	6	7	8
T568A	绿/白	绿	橘/白	蓝	蓝/白	橘	棕/白	棕
T568B	橘/白	橘	绿/白	蓝	蓝/白	绿	棕/白	棕

根据 T568A 和 T568B 标准，RJ45 接头各触点在网络连接中，对传输信号来说，它们所起的作用分别是：1、2 用于发送，3、6 用于接收，4、5 和 7、8 是双向线；对与其相连接的双绞线来说，为降低相互干扰，标准要求 1、2 必须是绞缠的一对线，3、6 也必须是绞缠的一对线，4、5 相互绞缠，7、8 相互绞缠。由此可见，实际上两个标准 T568A 和 T568B 没有本质的区别，只是连接 RJ45 时 8 根双绞线的线序排列不同，在实际的网络工程施工中较多采用 T568B 标准。

3. RJ45 接头的制作

为了和计算机的网卡相连接，网线需要制作成相应的接头，这就是 RJ45 接头，如图 3-11 所示。

RJ45 接头又称水晶头，用于数据电缆的端接，实现设备、配线架模块间的连接及变更。对 RJ45 水晶头要求具有良好的导通性能；接点三叉簧片镀金厚度为 50 μm，满足超五类传输标准，符合 T568A 和 T568B 线序；具有防止松动、插拔、自锁等功能。下面，我们就以非屏蔽五类双绞线制作 T568B 接头为例来说明制作 RJ45 接头的步骤。

（1）用双绞线网线钳把五类双绞线的一端剪齐，或者把两端都剪下来，成为单独一根线，这样便于操作。

（2）如图 3-12 所示，把剪齐的一端插入网线钳用于剥线的缺口中（一边是刀片，一边是缺口），稍微握紧网线钳慢慢旋转一圈（无须担心会损坏网线里面芯线的皮，因为剥线的刀片之间留有一定距离，该距离通常就是里面 4 对芯线的直径），让刀片划开双绞线的保护套，拔下被切掉的保护套。剥线长度应该适中，剥线过长不美观，且因网线不能被水晶头卡住，容易松动；剥线过短，因有外皮存在，太厚，不能完全插到水晶头底部，造成水晶头插针不能与网线芯线完好接触。

图 3-11 RJ45 接头

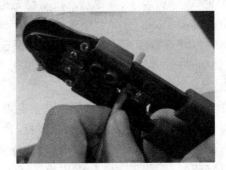

图 3-12 剥线

（3）剥除保护套后即可见到双绞线网线的 4 对 8 条芯线，并且可以看到每对的颜色都不同。每对缠绕的两根芯线是由一根染有相应颜色的芯线加上一根只染有少许相应颜色的白色相间芯线组成。4 根全色芯线的颜色为橘色、绿色、蓝色、棕色，与之相绞合的芯线颜色是橘/白、绿/白、蓝/白、棕/白。

（4）把每对都是相互缠绕在一起的线缆逐一解开，如图 3-13 所示。解开后则根据规则把几组线缆依次排列好并理顺（这里是按照 T568B 的线序），排列的时候应该注意尽量避免线路过多的缠绕和重叠。把线缆依次排列并理顺之后，由于线缆之前是相互缠绕着的，因此线缆会有一定的弯曲，应该把线缆尽量扯直并保持线缆平扁。把线缆扯直的方法十分简单，利用双手抓着线缆然后向两个相反方向用力，并上下扯一下即可。

（5）把线缆依次排列好并理顺压直之后，应该细心检查一遍，之后利用压线钳的剪线刀口（一侧是刀片，另一侧是平的）把线缆顶部裁剪整齐（见图 3-14），线缆长度不一会影响到线缆与水晶头的正常接触。若之前把保护层剥下过多的话，可以在这里将过长的细线剪短，保留去掉外层保护层的部分约为 15 mm，这个长度正好能将各细导线插入各自的线槽。

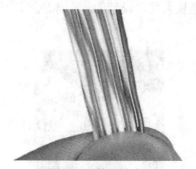
图 3-13　整理线序

图 3-14　剪线

（6）把整理好的线缆插入水晶头内，如图 3-15 所示。正确的方向是，要将水晶头有塑料弹簧片的一面向下，有针脚的一面向上，使有针脚的一端指向远离自己的方向，有方形孔的一端对着自己。此时，最左边的是第 1 脚，最右边的是第 8 脚，其余依顺序排列。插入的时候需要注意缓缓地用力把 8 条线缆同时沿接头内的 8 个线槽插入，一直插到线槽的顶端。

（7）压线，如图 3-16 所示。在最后一步压线之前，此时可以从水晶头的顶部检查，看看是否每一组线缆都紧紧地顶在水晶头的末端，确认无误之后就可以把水晶头插入压线钳的 8P 槽内压线了，把水晶头插入后，用力握紧线钳，若力气不够，可以使用双手一起压，这样压的过程使得水晶头凸出在外面的针脚全部压入水晶头内，施力之后听到一声轻微的"啪"即可。

（8）压线之后水晶头凸出在外面的针脚会全部压入水晶头内，而且水晶头下部的塑料卡扣也压紧在网线的灰色保护层之上。到此，双绞线就制作完毕了，如图 3-17 所示。

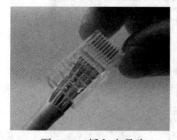
图 3-15　插入水晶头

图 3-16　压线

图 3-17　制作完的双绞线

双绞线的另一端也采用同样的方法制作，如果有条件的话，还应该用测线器对制作好的网线进行检测，如图 3-18 所示。如果有问题及时解决，重新制作，避免接上设备才发现不能使用。

4. 模块的制作

有时，为了简洁美观，便于维护，在布线时会使用 RJ45 模块，如图 3-19 所示。常用的 RJ45 非屏蔽模块高 2 cm、宽 2 cm、厚 3 cm，塑体抗高压、阻燃，可卡接到任何 M 系列模式化面板、支架或表面安装盒中，并可在标准面板上以 90°（垂直）或 45°斜角安装，一般用在桌面上、墙壁上和地板上，一端连接着从交换设备延伸来的网线，另一端用于连接与设备相连的跳线。

模块都采用 T568A 和 T568B 布线通用标签。这种模块是综合布线系统中应用最多的一种模块，无论是从三类、五类，还是超五类和六类，它的外形都保持了相当的一致，我们只需要打开包装，就可以根据模块标注的颜色来确定线序，即哪根线连接在哪个线槽里。

信息模块有打线式与免打线式信息模块。打线式信息模块需用专用的打线工具将双绞线导线压入信息模块的接线槽内。免打线工具设计也是模块人性化设计的一个体现，这种模块端接时无须用专用刀具。

图 3-18 双绞线测试

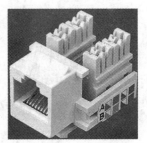

图 3-19 RJ45 模块

有了 RJ45 接头的制作经验，RJ45 模块的制作就简单了。步骤如下：

（1）将双绞线剥皮，把互相缠绕的线缆解开，相当于 RJ45 接头制作的前四步。

（2）参照 RJ45 模块上面的图案，确定线序。以图 3-19 为例，如果是想制作 T568B 线序的模块，就按照图案里字母"B"后面的标识，将绿/白的线压入第一个线槽，绿色的线压入第二个线槽，以此类推，另一面也照此办理。

（3）对于需要打线的模块，要使用专用的打线器（见图 3-20）将线缆嵌入线槽内，当听到"咔嚓"一声后即人为打线到位（见图 3-21），此时多余部分的网线应该被自动切除。

（4）将保护帽安装好。

（5）将模块安装到面板中（见图 3-22）。

图 3-20 常见的打线器

图 3-21 打线

图 3-22 双孔面板

项目 3　局域网的组建

二、连接设备

当网线制作好之后，就要准备连接设备了。通常的局域网中，都是普通的微机或服务器构成资源子网的主要部分，交换机构成通信子网的核心。网线的两端，一端连接着计算机，另一端连接着交换机。无论是计算机还是交换机，都有 RJ45 的接口，也就是俗称插网线的地方，它的外形还是很好辨认的。通常，现在微机的主板上都集成有网络适配器（网卡），至少有一个网卡接口，也有些高级主板集成有两块网卡（见图 3-23）。某些情况，主机上还会出现独立网卡（见图 3-24），但它们的接口外形完全一样，只是位置有些不同。而交换机上的 RJ45 接口就多了，通常为 4 的倍数，至少有 4 个接口。这是因为交换机要承担连接多台计算机联网的任务，集成多个接口可以降低成本。48 口交换机如图 3-25 所示。

图 3-23　集成网卡　　　　图 3-24　独立网卡　　　　　　图 3-25　48 口交换机

我们只需要把做好的网线插入 RJ45 接口中，塑料簧片就会自动卡住，RJ45 接头中的 8 片金属片就会和接口中相应的 8 片金属片接触导通，电信号就可以传递了。

3.3.2　配置计算机

网线连接好后，计算机从物理上已经算是联网了，但是如果此时进行测试，数据是无法正确传输的，就好像路修通了，可是门牌号、单位名还没有，数据根本不知道往哪里传递。联网的计算机要想通信，就必须先设置自己的门牌号和单位名，这就是 IP 地址和主机名。下面我们以目前流行的 Windows 10 操作系统为例，来讲解一下如何对计算机进行基本的网络配置。

一、配置 IP 地址

IP 地址是指互联网协议地址（Internet Protocol Address），是为计算机网络相互连接进行通信而设计的协议。在因特网中，它是能使连接到网上的所有计算机网络实现相互通信的一套规则，规定了计算机在因特网上进行通信时应当遵守的规则。任何厂家生产的计算机系统，只要遵守 IP 协议就可以与因特网互连互通。IP 地址被用来给网络上的电脑一个编号，就好像是建筑物的门牌号，我们发送的数据，就按照这个门牌号去寻找路径。虽然以太网是按照 MAC 地址进行转发的，但是具体到计算机，高层的协议还是需要配置好 IP 地址后才能通信。

1. 配置动态 IP

如果不作任何配置，计算机首先会上网寻找 DHCP（动态主机配置协议）服务器，期望有服务器会给自己分配一个 IP 地址，这种由 DHCP 服务器分配的 IP 地址被称作动态 IP，是服务器随机分配的，可能随时更换，也就是说下一次上网就不一定是这个 IP 地址了。如果计算机找不到 DHCP 服务器，就会给自己分配一个特殊网段的地址，即 169.254.x.x，这是 Windows 操作系统在无法从外界获取 IP 地址时给计算机分配的 IP 地址，如果一个局域网内的所有计算机都是 169.254.x.x，那也是可以互相通信的。

要查看自己的 IP 地址配置，可以使用组合键"Win+R"调出"运行"窗口，输入"cmd"命令，按"确定"按钮打开命令提示符窗口，在窗口中输入"ipconfig"命令，再回车，就可以看到自己的 IP 地址信息了，如图 3-26 所示。

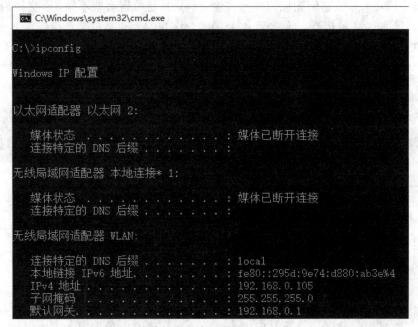

图 3-26 命令提示符窗口中的"ipconfig"命令

动态获取 IP 地址虽然简单，适合初学者使用，但是缺点也很突出，首先要在网段内配置一个 DHCP 服务器（在广域网中不只局限于 DHCP 服务器，VPN、PPPOE 也都可以动态分配 IP），关键是有些网络应用，例如网站发布、文件或数据库服务器等是不适合采用动态 IP 的，这就需要我们手动配置静态的 IP 地址。

2. 配置静态 IP 地址

配置静态 IP 地址，操作流程在不同操作系统中不太一样，但是殊途同归。我们以 Windows 10 为例，单击左下角的"开始"按钮，在弹出的界面里选择"设置"选项；弹出"设置"页面，从中选择"网络和 INTERNET"选项，如图 3-27 所示，进入网络设置；选择其中的"以太网"选项，如图 3-28 所示，就可以看到"更改适配器选项"的按钮（见图 3-29），单击这个按钮，就能进入"网络连接"的页面（见图 3-30）。在这里，有计算机全部的网络适配器，常见的包括有线网卡（显示为"以太网"）、无线网卡（显示为"WLAN"），有时还有虚拟网卡等，学校微机室常用的是有线连接，所以这里我们来配置有线网卡（无线网卡和虚拟网卡的配置也是一样的）。

图 3-27 计算机"设置"界面

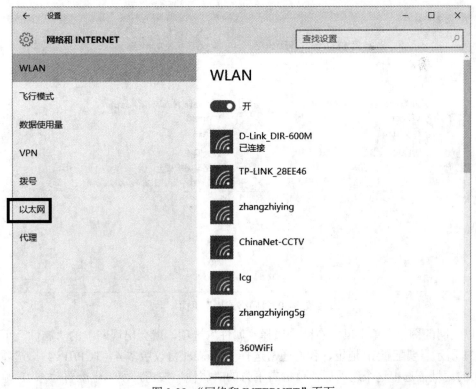

图 3-28 "网络和 INTERNET"页面

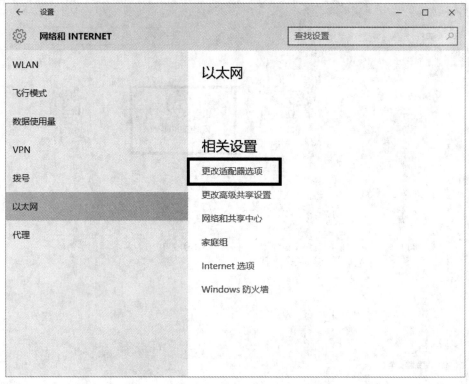

图 3-29 以太网相关设置

图 3-30 "网络连接"页面

在以太网的图标上单击鼠标右键,选择"属性"选项,就会出现网卡的"属性"页面,如图 3-31 所示。要配置 IP 地址,我们通常选择"Internet 协议版本 4(TCP/IPv4)"选项来配置 IPv4 的地址;选中这个选项后,单机右下方的"属性"按钮,便弹出配置静态 IP 地址的页面;在"常规"选项卡里,把系统默认的"自动获得 IP 地址"改为"使用下面的 IP 地址",

就可以手动填入所需的 IP 地址等信息，如图 3-32 所示。由于这里学习的是局域网，只需要 IP 地址和子网掩码两个参数，那就按照管理员分配的地址填进去相应数据，单击"确定"按钮确认修改，再单击"关闭"按钮完成 IP 地址的配置。如果想使计算机连接外网，那还要配置"网关""DNS"等参数。

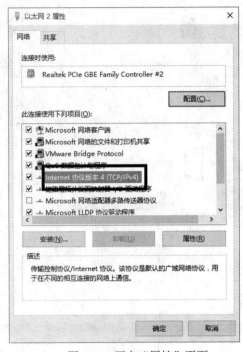

图 3-31　网卡"属性"页面

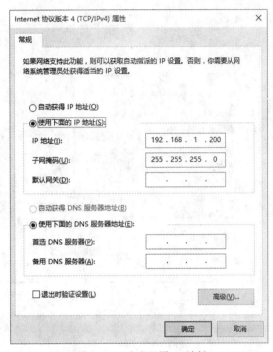

图 3-32　手动配置 IP 地址

二、配置计算机名称

计算机名称是网络中计算机的标识之一，简称主机名。如果把 IP 地址当作单位门牌号，主机名可以理解为单位的名字，比如××街×××号，单位名称是"××公司"，这个就是主机名。一般情况下，主机名是在操作系统安装时生成的，不需要改动。但是某些场合，比如批量克隆操作系统，就需要更改计算机的名称，否则会造成计算机重名；或者配置服务器或个性化的计算机，想要自己指定一个计算机名称，那就需要手动来配置主机名了。

配置主机名，首先使用"Win+E"组合键调出"资源管理器"窗口（见图 3-33），在"此电脑"上单击鼠标右键，选择"属性"选项，便会出现"系统"页面，如图 3-34 所示；在界面的中间偏下位置，能看到"计算机名、域和工作组设置"模块，在它下面就是计算机名，右侧的"更改设置"按钮就是用来更改这些的；单击"更改设置"按钮，进入"系统属性"页面（见图 3-35），在第一个"计算机名"选项卡里，不要被最上面的"计算机描述"所迷惑，这个不是，最下面的"更改"按钮才是；单击"更改"按钮，进入"计算机名/域更改"页面（见图 3-36），在这里就可以修改计算机的名称了（最长 255 个字符）。至于计算机的全名，一般来说是对计算机名的详细描述，不是必需的，可以根据自己的实际情况进行修改或不改。

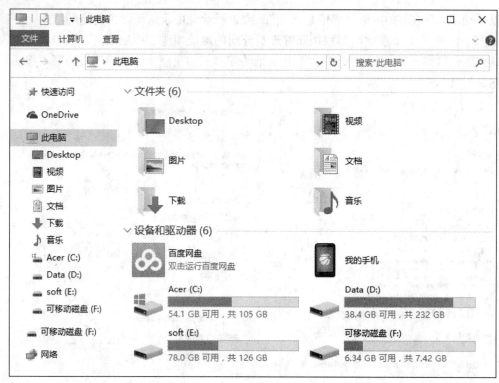

图 3-33 "资源管理器"窗口

图 3-34 "系统"页面

项目 3　局域网的组建

图 3-35　"系统属性"页面

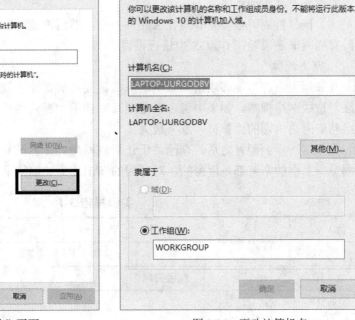

图 3-36　更改计算机名

三、局域网常见故障

虽然李刚将所有的配置都完成了，大多数计算机也都正常通信了，可是有几台计算机却像要和李刚作对一般，存在不同的问题，只得求助老师。网络老师检查后，很快排除了故障，并且给李刚介绍了一些常见故障的解决方法。

1. 网络不通

这是最常见的问题，解决问题的基本原则是先软件后硬件。

（1）先从软件方面去考虑，检查是否正确安装了 TCP/IP 协议，是否为局域网中的每台计算机都指定了正确的 IP 地址。

（2）使用 ping 命令，看其他的计算机是否能够 ping 通。如果不通，则证明网络连接有问题；如果能够 ping 通但是有时候丢失数据包，则证明网络传输有阻塞，或者说是网络设备接触不太好，需要检查网络设备。

（3）当整个网络都不通时，可能是交换机或集线器的问题，要看交换机或集线器是否在正常工作。

（4）如果只有一台计算机网络不通，即打开这台计算机的"网络"时只能看到本地计算机，而看不到其他计算机，可能是网卡和交换机的连接有问题，则首先要看一下 RJ45 接头是不是接触不良，然后再用测线器测试一下线路是否断裂，最后要检查一下交换机上的端口是否正常工作。

2. 网卡故障

（1）网卡的问题不太明显，所以在测试的时候最好是先测试网线，再测试网卡，如果有条件的话，可以使用测线仪或者万用表进行测试。

- 69 -

（2）查看网卡是否正确安装驱动程序，如果没有安装驱动程序，或者驱动程序有问题，则需要重新安装驱动程序。

（3）硬件冲突。需要查看与什么硬件冲突，然后修改对应的中断号和 I/O 地址来避免冲突，有些网卡还需要在 CMOS 中进行设置。

3. 病毒故障

互联网上有许多能够攻击局域网的病毒，某些病毒除了使计算机运行变慢，还可以阻塞网络，造成网络拥塞。如果中毒，一定要及时使用杀毒软件进行清除，否则病毒还可能通过网络感染网络内别的计算机，危害极大。

完成这一系列配置之后，李刚终于让局域网中的计算机互相连通了，看着自己的成果，李刚觉得前面的辛劳都是值得的，对后面的知识就更加期待了。

实训报告 3-1

姓　　名		学　　号		班　　级	
实训名称		实训 3-1　组建局域网			
成　　绩		完成日期		教师签字	
实训目的与要求： 1. 制作 T568B 线序的双绞线。 2. 配置计算机的 IP 地址和机器名。 3. 测试连通性。					
实训步骤与方法： 1. 所选双绞线的类型。 2. T568B 线序。 3. 制作网线的工具。 4. 设置计算机的 IP 地址。 5. 设置计算机名。 6. 连通性测试结果。					
心得体会：					

项目 4
认识无线网络

● 知识目标

（1）了解无线网络的分类和优点。
（2）了解 IEEE 802.11 标准。
（3）理解无线网络的组网模式。
（4）掌握无线局域网络的设备应用。

● 能力目标

能够使用无线设备组建简单的网络。

● 项目背景

李刚走出教学楼，使用手机，通过校园的无线网络，浏览了学院的网络信息，并查看了学院最近的活动通知。他对无线网络接入的灵活和使用的便捷有了体会。无线网络让网络建设更加高效和经济，应用范围也更加广泛。

任务 1 认识无线网络

无线网络是指使用无线通信技术实现计算机互连的网络。无线网络的本质特点就是不再使用通信的线缆将计算机与网络连接起来，因为不受线缆的连接和使用设备端口的限制，网络的使用更加自由，所以是当今通信领域的热点之一。与有线网络相比，无线网络的应用越来越广泛，而且具有建设成本低、组网灵活便捷、易扩展，并受自然环境、地形及灾害影响小的特点。这些良好的特点使无线网络越来越受到用户的欢迎，适用范围也越来越广泛。如局域网中使用无线通信网络，实施起来会更加容易，可以覆盖一个办公室，或者一座建筑，或者一个园区，可以适应多样的网络环境和行业。无线局域网可以作为传统有线网络的有力补充，可以覆盖到有线网络难以涉及的范围。

一、无线网络的分类

与有线网络一样，无线网络也可分为四种不同的类型。

（1）无线广域网：用户通过公共网络或专用网络建立无线网络连接。目前，第四代移动通信 4G 技术被大家熟知。

（2）无线城域网：用户可以在城市区域的多个场所之间创建无线连接，无须利用光缆、电缆和租赁线路等传输方式。它可为用户提供高带宽来访问因特网。

（3）无线局域网：覆盖范围根据环境来定，用户在开放的室内或室外的空间创建无线连接。无线局域网目前应用越来越广泛，已经出现很多办公环境零布线的网络，但是无线局域网不是用来取代有线局域网技术的，更多情况下会混合使用。

（4）无线个人网：用户在小范围内连接几个无线通信设备构成。目前，无线个人网主要技术是蓝牙和红外技术。蓝牙信号可以穿透墙壁、口袋和公文包。红外通信可以通过浅色物体实现漫反射，易于实现网络覆盖，使用设备也简单便宜，但是信号易受阳光或照明光线影响，限制了通信的范围。

目前，流行应用的无线网络分为两种，一种是移动通信网实现的无线网络，例如我们熟知的 4G 移动通信，或 GPRS；另外一种就是无线局域网（WLAN）。无线局域网可以作为传统有线网络的有力补充，可以覆盖到有线网络难以涉及的范围。这里我们将讲解无线局域网。

二、无线网络的组成

通常无线局域网由以下几个部分组成：

（1）客户端：安装有无线网卡的设备或终端。

（2）无线访问点（AP）：执行桥接操作的设备，在客户端和有线局域网之间连接，对无线网络数据帧和以太网的数据帧进行相互转换。AP 目前流行的用法是为客户端提供基于 IEEE 802.11 标准的无线接入服务，同时将无线 802.11 帧格式转换为有线网络的帧，相当于对有线网络的延伸，可以使用 AP 对网络进行扩展。它主要应用在家庭、大楼内部或园区等无线网络的场合，覆盖范围从几十米到上百米，也可用于远距离的信号传输，甚至几十公里。

（3）无线控制管理器（AC）：对无线局域网内所有 AP 进行管理和控制的设备，通过与认证服务器的通信来进行信息过滤。

（4）无线介质：用于客户端间进行帧传输的通信介质。无线局域网里使用无线电频率作为媒介。IEEE 802.11 标准定义了两类物理层：射频物理层（使用 2.4 GHz 或 5 GHz 的工作频率）和红外物理层。目前应用最广泛的是射频方式。

三、无线局域网的组网模式

目前，无线局域网的组网模式基本有两种：独立型无线网络和基础结构型无线网络。

独立型无线网络是一种点对点的连接，不需要有线网络和接入点的支持，为每台计算机安装无线网卡，就可以实现计算机之间的连接，构建成最简单的无线网络，也称为 Ad Hoc 网络，如图 4-1（a）所示。它们之间可以直接相互通信。这种结构的无线网一般是由几个工作主机临时组成的网络，所有主机之间地位平等，每个站点既是工作站，也是服务器，无须设置任何中央控制节点。这种无线网络的特点是安装简单，节约成本，通信距离较近，通信带宽低，匹配最低传输速率，以及与外网连接困难。

独立型无线局域网的传输距离有限，而所有的计算机之间又都必须在有效传输距离内，如果超出有效范围就无法实现彼此之间的通信，通常为 30 m 左右。因此，独立型无线网络的覆盖范围非常有限。另外，由于该方案中所有的计算机之间都共享连接带宽，决定了该网络只适用于接入计算机数量较少，并且对数据传输速率要求不高的小型网络。独立型无线网络方案最适用于小型的办公网络和家庭网络。例如蓝牙技术就是这种类型的应用。

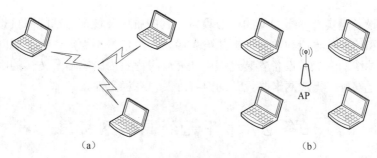

图 4-1 无线局域网的接入方式
（a）独立型无线网络；（b）基础结构型无线网络

  这种结构的网络只适合应用于无线环境或者数量有限的几台计算机之间的对接。组建独立型网络时，用户一定要根据房间结构来设置提供上网服务的台式计算机的位置，尽量选择信号穿墙少的房间，可以加装外置全向天线来改善信号质量。

  基础结构型无线网络是指通过无线访问点实现互连的工作模式，无线网络内的计算机之间构成一个独立的网络，如图 4-1（b）所示。独立型无线网络使用一个无线访问点和若干无线网卡。基础结构型无线网络方案与独立型无线网络方案的主要区别是，基础结构型无线网络方案中加入了一个 AP，以 AP 为中心把所有的无线设备连接起来，无线终端只能通过 AP 访问骨干网络。在实际应用中，当需要把无线局域网络和有线局域网络连接起来，或者有数量众多的计算机需要进行无线连接时，适合采用以无线访问点为中心的基础结构型无线网络。AP 类似于以太网中的桥接设备，组成了一个类似星形结构的网络。基础结构型无线局域网既可以是纯粹的无线局域网，也可以是有线和无线混合局域网结构，为用户提供了更多的选择。

  上述两种模式，都会用到无线局域网的身份标识符号，也是唯一网络名标识，称为 SSID，只允许具有相同 SSID 的无线网络用户终端之间进行通信。用户连接至此网络前，要配置所需设备必须使用相同的网络名 SSID，否则无法连接网络。所以 SSID 名称的保密性是保证无线局域网接入设备安全的一个重要标志。

四、无线干扰

  使用无线网络的过程中，经常遇到网络中断现象。无线设备安装过程中要充分考虑影响信号传输的因素。

1. 信号干扰

  各种无线信号频段都是在空气中传播，无线设备周围其他无线网络用户信号可能带来干扰，其他能产生微波信号的电器也可能带来干扰，这导致网络扰乱了用户发送和接收数据的时间，导致信号冲突或网络中断，造成数据发送失败。可以将无线设备接入不同的信道进行验证，也可以更换一下信道，避开冲突。

2. 用户过多

  因为无线网络的用户是共享网络的带宽，无线设备能够连接的网络用户容量是有限的，如在同一时间段内，有大量的用户同时使用网络，或者用户中有一些正在进行的大文件传输会占用过多的带宽，必定导致传输速率下降，严重时会造成网络中断。应事先根据用户的数量，确定使用相当的无线设备。

3. 无线设备问题

无线网络设备是实现网络通信的中心设备，它的质量及稳定性都能够直接或间接影响到信号覆盖强度和信号传输能力。有问题的设备经常导致信号不稳定，甚至每间隔几分钟会发生使用户自动掉线的情况。设备安装过程中要充分考虑室内影响信号传输的因素，无线设备的稳定性是否足够好，无线网卡与设备的兼容性及自身稳定性。

任务2　常用无线局域网标准

目前，在无线局域网的标准中，由 IEEE 指定的 802.11 系列标准居于主导地位，目前应用最为广泛。这里我们主要介绍几个大家熟知的标准。

4.2.1　IEEE 802.11 系列标准

无线局域网采用的是由 IEEE 802 标准委员会制定的 802.11 系列标准，主要用于解决办公室局域网和校园网中用户的无线接入。

无线局域网技术规范定义在 IEEE 802.11 协议系列中。目前该系列包含 IEEE 802.11、IEEEE 802.11b、IEEE 802.11a、IEEE 802.11g 和 IEEE 802.11n 等，分别应用于不同的传输标准。目前流行的是采用 IEEE 802.11n 标准。802.11n 的接入速率可达到 300 Mbps，协议采用以太网协议和载波监听多路访问/冲突避免技术（CSMA/CA）。无线网络中一直关注的两个问题是安全性和高数据传输速率。

一、IEEE 802.11

最初的无线局域网标准是 IEEE 802.11，于 1997 年正式发布，该标准定义了物理层和数据链路层功能。物理层定义了传输信号的调制和编码，进行载波监听和物理层分组建立的功能，规定工作频段为 2.4 GHz。这一标准主要应用于网络布线困难或可移动的计算机的无线接入，业务主要局限于数据的存取，传输速率最高只能达到 2 Mbps。但随着无线局域网应用的不断深入，它在传输距离和传输速率上远远不能满足人们的需求，于是 IEEE 802 标准委员会又推出了 IEEE 802.11b 和 IEEE 802.11a 两个新标准。

二、IEEE 802.11b

1999 年 9 月正式发布的 IEEE 802.11b，是对 IEEE 802.11 标准的修正，标准传输速率提高到 11 Mbps，与传统以太网络的速率基本持平。它选择了开放的 2.4 GHz 频段，对工业、科学、医疗领域开放，使用时无须特别申请，既可作为有线网络的补充，也可独立组网，灵活性很强。该标准采用点对点模式和基础结构两种模式，与 IEEE 802.11 兼容。

为了保证不同厂商的产品兼容性问题，思科、微软、IBM、Intel、Nokia 和 3Com 等无线局域网厂商成立了无线以太网兼容性联盟（WECA）。该组织通过对不同厂商的产品进行 IEEE 802.11b 规范的验证，以实现多厂商的产品兼容性，对符合该组织认证并经测试认可的产品，颁发"Wi-Fi"证书，因此 IEEE 802.11b 产品又称为"Wi-Fi"。WECA 促进了 IEEE 802.11b 无线局域网产品的兼容性和标准化，并在许多领域得到广泛应用，加速了无线局域网的发展。

三、IEEE 802.11a

虽然 IEEE 802.11b 标准的传输速率得到提高，但在实际应用环境中的有效速率远低于理论值。于是对它进行修正，以解决速度问题，在 2001 年年底发布了 IEEE 802.11a 标准。

IEEE 802.11a 标准使用工作频段为商用的 5.8 GHz 频段，物理层数据传输速率达到 54 Mbps，传输层可达到 25 Mbps，避开了微波、蓝牙技术和大量的工业产品广泛使用的 2.4 GHz 频段，抗干扰性增强，具有非重叠的 12 个信道。IEEE 802.11a 采用正交频分复用（OFDM）的独特扩频技术，支持语音、数据、图像等业务。但是由于 IEEE 802.11a 标准工作于 5 GHz 频段，对市场上 IEEE 80.2.11b 标准设备不兼容，以及成本因素，限制了 IEEE 802.11a 标准的普及。

四、IEEE 802.11g

2003 年，IEEE 推出最新版本 IEEE 802.11g 认证标准。IEEE 802.11g 仍然使用开放的 2.4 GHz 频段，同时引入了 IEEE 802.11a 使用的正交频分复用技术，建构在 IEEE 802.11b 标准的基础上，把最高传输速率提高到 54 Mbps，这样对于已使用 IEEE 802.11b 标准产品的用户来说，可以直接应用 IEEE 802.11g 标准的产品来对网络进行速度升级，可以实现与 IEEE 802.11b 的向前兼容。所以说 IEEE 802.11g 标准同时具有 IEEE 802.11b 和 IEEE 802.11a 两个标准的主要优点，是当时非常流行的无线网络标准。

五、IEEE 802.11n

IEEE 802.11n 是 2009 年 IEEE 正式发布的 802.11 标准。为了实现高带宽、高质量的需求，在 802.11 系列标准旧有技术基础上改进射频稳定性、传输速率和覆盖范围，工作频率为 2.4 GHz 或 5.8 GHz 频段，理论传输速率可以达到 540 Mbps。从这一点可以看出，它对以前的标准有了很大改进，改善了 IEEE 802.11a 与 IEEE 802.11g 在网络流量上的不足。

IEEE 802.11n 结合了多种技术，其中包括 MIMO（空间多路复用多入多出）、20 MHz 和 40 MHz 信道和双频带（2.4 GHz 和 5 GHz），来实现形成很高的传输速率，同时又能与以前的 IEEE 802.11b/g 标准产品设备兼容。MIMO 系统可以创造多个并行空间信道，解决了带宽共享的问题，增加了接收天线的数量。

在 IEEE 802.11n 标准中同样沿用了 IEEE 802.11g 标准中的 OFDM 调制技术，与 MIMO 技术的结合，产生了 MIMO OFDM 技术，提高了信号质量，并增加了容限，实际有效传输速率实现质的提升。该技术的核心是将信道分成许多进行窄频调制和传输正交子信道，并使每个子信道上的信号频宽小于信道的相关频宽，用以减少各个载波之间的相互干扰，同时提高频谱的利用率技术。结合优化 MAC 子层的协议帧结构，大大提升了网络的吞吐量。

IEEE 802.11n 也很好地解决了兼容性问题。它使用软件无线电技术解决不同标准定义工作在不同频段、不同的调制方式导致的不同系统间难以连通及移动性差等兼容性问题。软件无线电技术将根本改变网络结构，实现无线局域网与无线广域网融合并能兼容各种标准、协议，提供更为开放的接口，大大增加了网络的灵活性和适应性，这意味着 WLAN 不但能实现 IEEE 802.11n 向前后标准兼容，而且可以实现 WLAN 与无线广域网的结合，比如与 3 G 网络。

IEEE 802.11n 采用智能天线技术，通过多组独立天线组成的天线阵列系统，覆盖范围可扩展到几平方公里,远远超过了 IEEE 802.11g 标准定义的覆盖范围,对于移动终端用户的适应性大大增强。

表 4-1 所示为部分 IEEE 802.11 协议标准对比情况。

表 4-1　部分 IEEE 802.11 协议标准对比

标准名称	IEEE 802.11a	IEEE 802.11b	IEEE 802.11g	IEEE 802.11n
工作频率	5 GHz	2.4 GHz	2.4 GH 或 5 GHz	2.4 GHz 或 5 GHz
非重叠信道	12	3	3	3
调制技术	OFDM	CCK/DSSS	CCK/OFDM	MIMO/ OFDM
物理发送速率	54 Mbps	11 Mbps	54 Mbps	300 Mbps
兼容性	无	IEEE 802.11	IEEE 802.11b	IEEE 802.11a、IEEE 802.11b、IEEE 802.11g

4.2.2　蓝牙

我们经常提到蓝牙这个词,几年前,蓝牙技术联盟发布了最新的蓝牙 4.1 标准。我们先来看看蓝牙技术发展的概况。

蓝牙技术最初由爱立信公司创建,后来由蓝牙技术联盟制定技术标准。这个无线技术的名称取自古代丹麦维京国王 Harald Blatand 的名字,直接翻译成中文,便是"蓝牙"。如今该组织的成员已经超过 10 000 家公司,而且这 10 000 多家公司涉及电信、计算机、汽车制造、工业自动化和网络行业等多个领域。

第一阶段,蓝牙技术产品作为计算机外设附件应用在移动设备的高端产品,如移动电话耳机、笔记本电脑插卡或 PC 卡等,或应用于特殊要求或特殊场合,而对价格不太敏感,这一阶段的时间在 2001 年年底至 2002 年年底。

1998 年推出蓝牙的首个版本,支持 Baseband 与 LMP 通信协定两部分。

1999 年是蓝牙发展历史上的重要一年,在这一年蓝牙技术联盟的前身——特别兴趣小组(SIG)成立。在同年先后推出了多个后续版本,特别是 7 月发布了 1.0a 版本,确定使用 2.4 GHz 频谱,最高资料传输速率为 1 Mbps,同时开始了大规模宣传。不过蓝牙产品的价格非常昂贵,并未得到广泛的应用。

2001 年,推出蓝牙 1.1 版本作为首个正式商用的版本,但受到同频率产品的干扰,影响通信质量。

第二阶段是蓝牙产品嵌入中高档产品中,如移动电话、笔记本电脑、PDA 等。蓝牙产品的价格进一步下降,有关的测试和认证工作也初步完善。

2003 年,推出蓝牙 1.2 版本,为解决易受干扰的问题,扩充了抗干扰跳频功能。

2004 年,推出蓝牙 2.0 版本,传输速率大幅提升,并开始支持双工模式。既能实现语音通信,同时也可以传输数据。从这个版本开始,蓝牙得到了广泛的应用。

第三阶段是 2005 年以后,蓝牙技术进入家用电器、数码相机及其他各种电子产品中,采用蓝牙技术的网络随处可见,蓝牙技术应用开始普及,产品价格大幅度降低,每人都可能拥有 2~3 个蓝牙产品。

2007 年，推出蓝牙 2.1 版本，改善了配对流程，并降低了功耗。

2009 年，推出蓝牙 3.0 版本，采用了全新的交替射频技术。

2010 年，推出蓝牙 4.0 版本，包括传统蓝牙、低功耗蓝牙和高速蓝牙技术，这三个规格可以组合或者单独使用。其突出的特点是有强大的低耗能模式，可以把蓝牙技术的应用延伸到使用纽扣型电池装置的市场，如医疗保健、运动健身、保安与家庭娱乐等。

2013 年，推出蓝牙 4.1 版本，增加支持与 LTE 共存，支持 IPv6，提升了连接速度并且更加智能便捷，开启物联网新时代。

蓝牙技术是指在世界任何一个地方，为实现短距离无线语音和数据通信而制定的一个开放的技术规范。作为公开性的规范，其设计目标之一就是以极低的传输功耗，能够很好地适用于那些使用电池作为电源的小型便携式个人设备。目前，通过蓝牙技术来连接耳机、键鼠、音箱等设备为我们提供了很大的便利，说明蓝牙技术的应用已经很普遍，同时表明在语音和数据通信多方面都有大量的应用。

蓝牙技术采用 2.4 GHz 频段的无线射频进行通信，这个频段在全世界范围内不需要许可证。随着利用这个频段的通信设备和通信技术标准的应用不断出现，例如 IEEE 802.11n 和微波炉也工作在这个频率范围，相互产生的干扰越来越多。所以蓝牙的设计就是在极低的发射功率下，实现最大的频带利用率，并使 RF 干扰和干扰产生的影响最小。

蓝牙技术采用的是一种对等通信的网络模型，也就是基于邻近组网的原则，两个彼此靠近到一定程度的设备可以自动建立通信连接，就像我们使用的移动电话、蓝牙耳机的连接。这个距离覆盖范围一般在几米以内。但设备比较靠近，并不一定就可自动地开始通信，可以设置成只接受连接或者根本不接受连接。

对等的模式下，如果两个设备建立了蓝牙连接，这两个设备各自扮演主从角色，一个设备是主（Master）角色，另一个设备是从（Slave）角色。蓝牙规定蓝牙无线设备既可以作为一个通信连接的主控设备，又可以作为另一个连接的从属设备，主控设备要控制通信的同步。

蓝牙技术与 WLAN 的传输速率没有可比性。为适应未来的应用需要，目前对蓝牙标准进行了升级更新，以提高数据的传输速度，主要针对可穿戴设备。例如健康手环，通过蓝牙能够更快速地把收集的信息传输到手机等设备上。新标准设计了专用通道，使设备能够通过 IPv6 协议联机使用，通过蓝牙可以连接到互联网中。

4.2.3　蜂窝与漫游

蜂窝和漫游这两个词，是与无线网络的覆盖范围有密切关系的。这里"蜂窝"指的是蜂窝网络，"漫游"是移动的用户设备在蜂窝网络中自由移动时持续保持与网络的连通状态。在移动通信中，"漫游"这个词对于手机用户也已经很熟悉了。目前，在学校、仓库、机场、医院、办公室、会展中心等无线局域网应用环境里，无线网络漫游技术应用已经广泛流行，漫游用户可以方便地进行网络漫游，从而解决有线无法解决的问题。

一、蜂窝网络

移动通信也是通过无线网络实现的。蜂窝网络是一种移动通信硬件架构，在提高无线网络的覆盖率方面起到关键性作用，如图 4-2 所示。移动通信业务是由基站子系统和移动子系

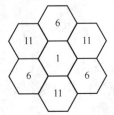

图 4-2 蜂窝网络示意图

统等设备组成的。基站子系统是信号的扩散设备，其覆盖范围和接入的手机用户数量是有限的。当多个基站子系统结合之后，整个通信网络就成了蜂窝式的移动通信网，进而实现用户在多个基站之间活动仍可相互通信。蜂窝网络的主要特征是支持终端的可移动性，并具有越区切换和跨本地网自动漫游的功能。

无线局域网常用的就是与移动通信类似的蜂窝结构来实现网络覆盖。单个无线 AP 只能够连接有限的信息点，通过多个 AP 的组合实现有效地扩大网络覆盖范围。它主要有两方面的应用，即提高覆盖率和增加容量。

实际上，我们通常使用的蜂窝网络就是将多个 AP 各自的无线信号覆盖范围进行部分交叉重叠覆盖，达到整个覆盖区域之间的无缝连接。所有参与的 AP 可通过有线方式与骨干网络相连，实现利用无线网络扩大网络服务区域的目标。无线用户终端可以通过最近的 AP 接入网络，访问整个网络资源。蜂窝结构极大地扩展了覆盖范围，解决了单个 AP 覆盖半径的限制，同时也增加了接入网络的用户数量。

二、漫游

蜂窝结构的网络实质上是一个无线网状网，当移动的终端在这个蜂窝网络中移动时，有可能就是从网络 A 移向网络 B，这样就形成了一个跨网络的移动，这种情况十分类似于移动电话用户在不同的基站覆盖区域内移动，或者从本地移动到异地，随着空间位置的变换，无线信号的连接会由一个基站自动切换到另外一个基站，始终保持与通信网络的连接，这就是漫游技术。简单来说，漫游是指无线终端设备从当前无线接入点换到另一个无线接入点并保持网络连接的过程。整个漫游过程对用户来讲是透明的，虽然提供连接服务的基站发生了切换，但对用户的服务不会被中断。无线漫游示意如图 4-3 所示。

简单来说，漫游过程就是先删除现有与网络 A 中的 AP 关联，因为每个终端不能同时与多个 AP 进行关联，通过信道 1 向网络 A 的 AP 发送解除关联消息，然后终端便可以通过信道 6 向网络 B 的 AP 发送关联请求，接下来网络 B 的 AP 使用关联响应做出应答，完成从网络 A 到网络 B 的漫游。

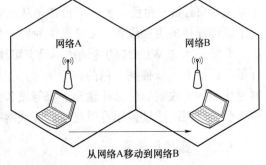

图 4-3 无线漫游示意

漫游技术的实现必须满足相邻 AP 配置为不同的工作信道。例如，遵循 IEEE 802.11n 的 AP 只能使用信道 1、信道 6 和信道 11，同时使用信道 1 的 AP 不能与其他使用信道 1 的 AP 相邻，要确保移动终端在接收附近 AP 的信号时不受来自其他 AP 的信号干扰。

将漫游的终端并不知道下一个 AP 使用的信道，因此它必须通过每个可能的信道发送探针，所以必须调整发射器，使其远离当前 AP 的信道，以便能够扫描其他信道并发送消息。

当终端向网络 B 移动时，发现网络 A 的 AP 的信号不再是最优的，它开始查找更佳的 AP，首先终端发送 IEEE 802.11 请求管理帧，然后监听是否有 AP 使用 IEEE 802.11 响应帧应答发出的请求，以通告新的 AP 是否存在。

当终端移到网络 B 附近时，在各种信道中发送 IEEE 802.11 请求帧。网络 B 的 AP 在信道 6 中收到请求后，通过信道 6 发送应答来进行响应，客户端收到应答后，对其进行评估，确定与最合适的 AP 进行关联。此时客户端必须进行漫游，并切换与 AP 的关联。

要成功实现无线网络漫游，要使所有 AP 共同使用一个扩展服务区标示符（ESSID）。当终端进入附近的一个或多个 AP 时，它会根据信号的强弱和包错误率来自动选择一个 AP 进行关联连接。一旦被一个 AP 接受，终端就会将发送信号的信道切换为关联的 AP 指定信道，进而访问整个网络的资源。

并且相邻 AP 要连接到同一个交换型网络，属于同一个网段或者虚拟局域网中，利用第二层漫游技术。漫游终端的 IP 地址保持不变，当终端关联到网络 B 的 AP 时，不用花时间来获得新的 IP 地址。

在漫游过程中，终端必须先解除原关联才能协商新关联。所以在一段较短的时间内，终端没有与任何 AP 关联，实际上出现了一段无法发送或接收数据的离线时间。第二层漫游的目标是离线时间要尽可能短，以免影响到敏感的应用。

无线微蜂窝覆盖技术的漫游特性，使其成为应用最广泛的无线覆盖方案，适合在学校、仓库、机场、医院、办公室、会展中心等不便于布线的环境，快速简便地建立起区域内的无线网络，用户可以在区域内的任何地点进行网络漫游，从而解决了有线无法解决的问题，为用户带来极大的便利。

然后将多个 AP 分别与有线网络相连，从而形成以有线网络为主干的多 AP 的无线网络，所有 AP 共享同一个扩展服务区标示符（ESSID）。

任务 3　使用模拟软件组建无线网

随着无线技术的快速发展，WLAN 技术也已非常成熟，随着技术的不断升级，上网速度也越来越快，使用将更加便捷。WLAN 的规划与组建也成为网络工程人员的必备技能。

一、无线局域网

在进行无线局域网的安装时，我们对产品的选择不能仅考虑网络的传输速率，还要考虑到对于安全性的基本保障。作为无线网络的关键设备，AP 就成为一个重要的环节，能够有效提高无线网络的性能。需要注意以下几个方面：

1. 注意安装的位置

在使用无线局域网时，我们非常关注信号的强度。信号强度通常受到距离、障碍物、天气和无线网卡的信号处理能力的影响。我们都有过这样的体验，在相同的物理位置，同一台设备，在使用不同的无线设备时，即使接收的信号强度相同，也能明显感觉到上网速度的差异。这说明 AP 接收信号强度是有差异的。两台 AP 无线设备之间也会产生一定的影响，同时发出的信号如果处于同一信道频率的状态下，就会产生相应的信号干扰。所以，两个 AP 要保持合适的距离。

AP 安装位置的选择关系到整个无线网络信号传输的稳定性。在传输过程中，AP 的信号随着距离的增加会产生衰减；遇到障碍物，也会产生衰减；特别是遇到金属障碍物时，将产生大幅度的衰减，直接影响到通信质量，如图 4-4 所示。例如，为了避免障碍物的干扰，可以在安装 AP 时，尽量把它的安装位置设置高一些，例如房间的屋顶、室外的铁塔等，这样可以确保

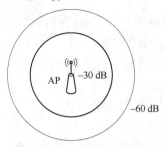

图 4-4 AP 的信号衰减示意图

信号的覆盖范围和减少对信号的遮挡，保证网络的整体通信性能。

AP 的信号覆盖是一个均匀的圆形区域，信号强度是由内到外逐渐降低的。两个移动终端距 AP 的距离不同，那么两者的网络速度体验也是不同的。最好将 AP 放在网络的中心，可以是房间或者办公室的中央位置，也可以把终端围绕 AP 的四周进行放置。无线网络会根据连接距离远近自动控制终端的上网速度，通常终端距离 AP 的距离越近，信号强度越高，上网速度就会越快；距离越远，信号强度越低，上网速度越慢。所以，我们应该把 AP 安装的位置尽量设置在与接收源保持在较近的距离内。如果无法靠近，可以用增加天线的办法，可以安装全向天线或者定向天线来解决。

2. 注意覆盖范围重叠区域

借助有线网络，我们可以将多个无线 AP 有效地连接起来，从而扩大网络的覆盖范围，用户可以利用无线漫游技术在每个 AP 覆盖区域之间自由移动并且不中断连接。使用无线漫游时，要注意无线网络的带宽需求，需要将每个 AP 覆盖的信号区域进行适当的重叠覆盖规划。也就是说，我们从一个 AP 区域进入其他 AP 区域，进入两个 AP 的重叠区域，用户在断开与原网络连接时，会自动连接到新的 AP，始终保持与网络的连接状态，确保在每个 AP 覆盖区域之间能够实现无缝连接。

进行成功的漫游配置，需要对参与的每个 AP 进行适当的统一配置，将所有 AP 的 SSID 设置成相同的名称，能够保证漫游用户无论连接在哪一个 AP 都是连接在同一个网络中；还需修改每个 AP 的 IP 地址，使所有 AP 都处于同一网络地址中；还要修改 AP 的相互重叠区域的信道，互相重叠覆盖的 AP 不能采用相同的信道，我们要利用 1、6、11 这三个互不干扰的信道来实现。

3. 注意共享带宽

网络内的所有移动用户在传输数据时，是要共享 AP 的带宽的。所以，无论 AP 的理论带宽是多少，如果与该 AP 连接的用户越多，那么每个用户能够分享到的带宽就越少。因此，为了保证整个网络的传输速率不受影响，每个无线用户能有稳定的上网速度，就要控制好无线用户的连接数目。当然，如果一个 AP 连接的用户数目较少，组网的成本就会增加，所以要根据 AP 的能力来确定合理的连接用户数目。

二、使用模拟软件组建无线网

下面我们利用 PT 软件来模拟组建一个简单的无线局域网，主要是利用一个无线路由器来实现网络的互连，使主机能够通过 DNS 服务访问到 www.xyz.com 网站。我们通过 PT 的设备选择区域，选择 4 个设备，其中 Server 与无线 AP 之间利用 AP 的 WAN 接口连接，PC1 和 PC2 利用无线网卡与 AP 进行连接。AP 实验拓扑图如图 4-5 所示。

拓扑图准备好后，先设定服务器 Server 的 IP 地址——202.98.1.253，网关地址——202.98.1.254，如图 4-6 所示；再为 Server 配置完成 Web 服务和 DNS 服务，如图 4-7 和图 4-8 所示。配置 Web 服务

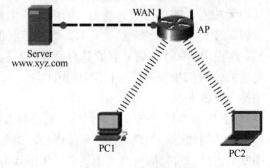

图 4-5 AP 实验拓扑图

时可以选择 Server 操作界面上的"Services"选项卡，再选择进入"HTTP"标签，先编辑一下"index.html"的文件内容，修改为 www.xyz.com 相关的内容；再向 DNS 服务添加主机 A 记录。

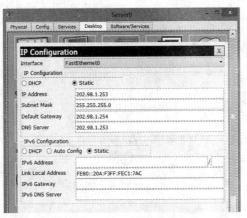

图 4-6 Server 的 IP 地址配置

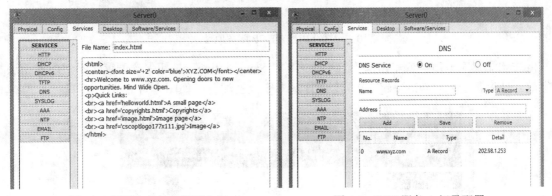

图 4-7 网页文件修改提示内容　　　　　图 4-8 DNS 服务 A 记录配置

完成服务器配置后，开始配置无线路由器。首先对无线路由器的 WAN 接口，设定静态 IP 地址 202.98.1.254 作为无线路由器连接 Internet 的地址，如图 4-9 所示。

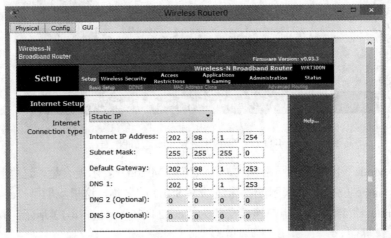

图 4-9 无线路由器 WAN 接口 IP 地址配置

然后，配置无线路由器的 DHCP 服务功能，为通过无线接口或者有线 LAN 接口连接的用户自动分配 IP 地址，这里我们设定地址池起始 IP 地址为 192.168.1.10，如图 4-10 所示。

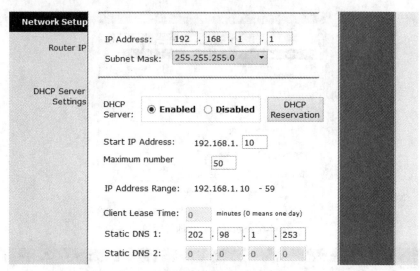

图 4-10　无线路由器 DHCP 服务地址池配置

注意配置完成后，要单击操作界面下方的"Save Setting"按钮保存配置，不然配置无法生效。然后，进入"Wireless"选项卡进行基本安全性配置，如图 4-11 所示。

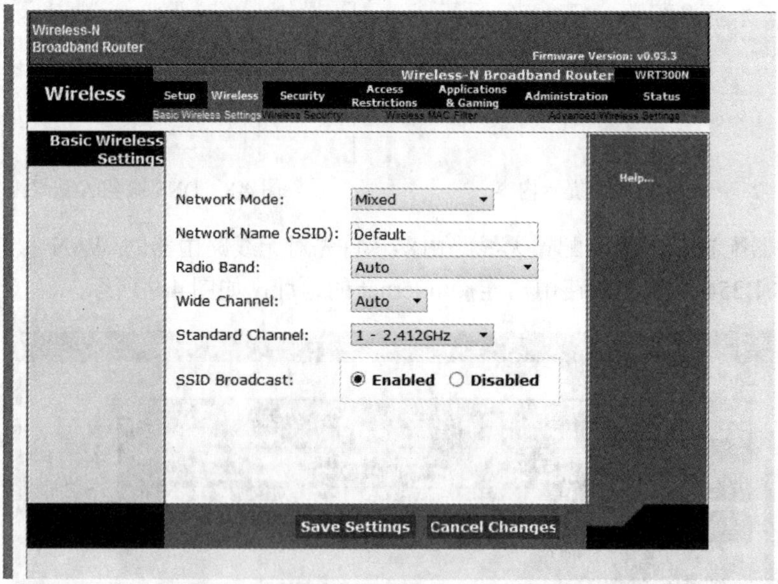

图 4-11　无线路由器 Wireless 功能配置

"Network Mode"代表无线网络模式，默认值是 Mixed，表示混合型，这里我们使用默认值。"Network Name（SSID）"表示配置无线网络 SSID 的名称，这里我们用"cc-01"来命名。选择"PC Wireless"项，设置用户连接密码为"cc123456"，如图 4-12 所示。保存配置后，进入 PC1 的操作界面。

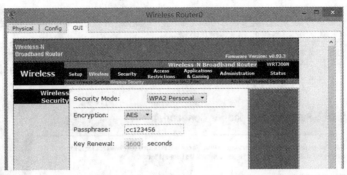

图 4-12　无线路由器 Wireless security 密码配置图

在 PC1 主机选择无线图标后，进入无线网卡的操作提示界面，如图 4-13 所示。选择"Connect"选项卡，随后单击"Refresh"按钮，扫描出"cc-01"的 SSID 名称，如图 4-14 所示，再单击"Connect"按钮，按提示输入连接密码之后，网络连接配置成功，如图 4-15 所示。

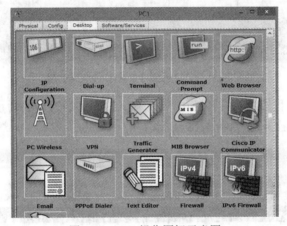

图 4-13　PC1 操作图标示意图

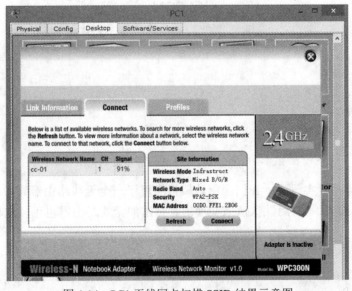

图 4-14　PC1 无线网卡扫描 SSID 结果示意图

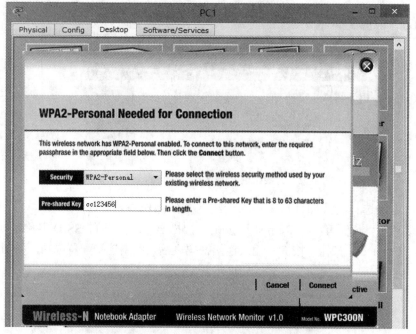

图 4-15　PC1 无线网卡输入密码示意图

完成这些配置后，我们发现拓扑图中的 PC1 和 PC2 已经连接成功了，接下来测试是否能够访问到网址 www.xyz.com，如图 4-16 所示。

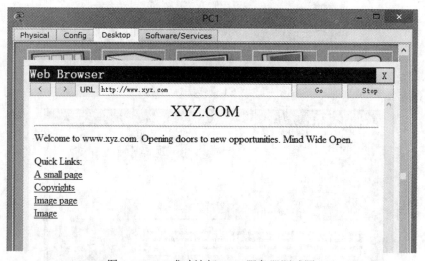

图 4-16　PC 成功访问 Web 服务器测试图

这个任务很容易就实现了。我们简单地模拟实现了一个无线路由器完成连接因特网的功能，完成该任务时，只是利用默认值来实现的。日常的无线路由器也可以这样实现配置。

实训报告 4-1

姓　名		学　号		班　级	
实训名称		实训 4-1　无线局域网应用			
成　绩		完成日期		教师签字	

实训目的与要求：

1. 理解无线局域网的特点。
2. 学会配置无线网络设备 AP。
3. 学会利用 AP 组建局域网。

实训步骤与方法：

1. 通过无线校园网理解无线网络的特点。

2. 无线局域网使用的标准。

3. 利用 AP 实现一个简单的无线网络记录配置步骤。

4. 测试无线网络是否配置成功并记录。

心得体会：

项目 5
服务器的配置与管理

● 知识目标

（1）了解 DNS、DHCP、IIS 的概念及工作原理。
（2）掌握服务器的配置与管理。

● 能力目标

（1）DNS 服务器的配置与管理。
（2）DHCP 服务器的配置与管理。
（3）IIS7.0 的配置与管理。

● 项目背景

李刚通过对服务器的学习，要对 DNS、DHCP、IIS 服务器进行配置与管理，实现 DNS 对客户端的域名解析、自动获取 IP 地址，以及发布网站和上传与下载。

任务 1　DNS 服务器的配置与管理

5.1.1　DNS 概述

DNS（Domain Name System）的全称是域名系统，主要负责将主机名转换为 IP 地址。在 TCP/IP 架构成网络时，DNS 是一个重要且常用的系统，主要功能是将人们易于记忆的 Domain Name（域名或主机名）与人们不容易记忆的 IP 地址进行转换。

我们举一个例子，平时在进入"百度"网站主页（见图 5-1）时，通常输入的都是主机名，也是就说在 IE 浏览中输入"www.baidu.com"即可。

图 5-1　以主机名方式登录百度网址

但计算机只识别二进制信息，如 192.168.1.1、172.16.2.11、10.0.0.9 等 IP 地址，DNS 可以解决此问题，将主机名（如 www.baidu.com）解析为 IP 地址（220.181.111.188 或 220.181.112.244），如图 5-2 所示。

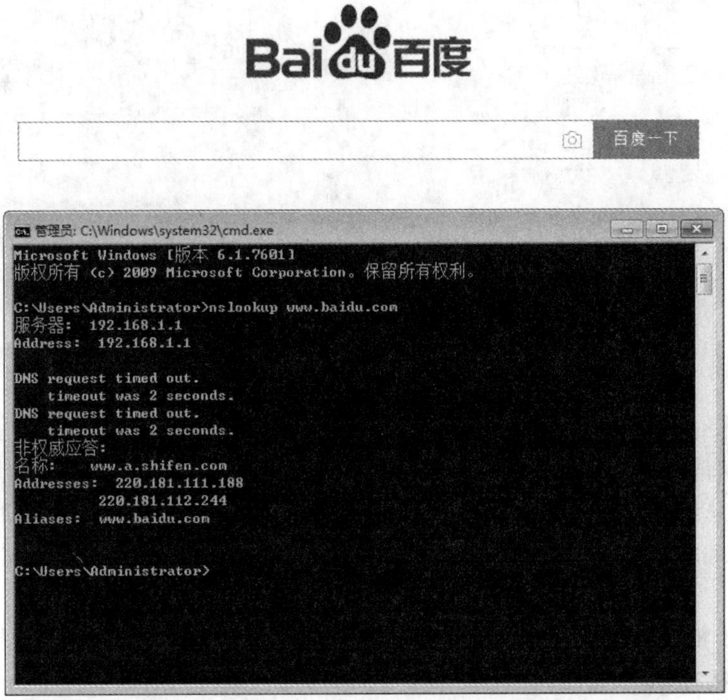

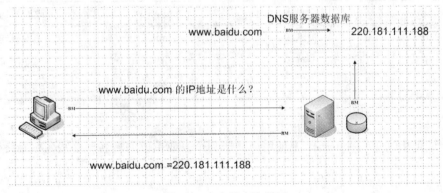

图 5-2 查询百度 IP 地址

也就是说，我们在 IE 或 360 浏览器上，输入 IP 地址 "220.181.111.188" 一样能进入百度网站，换句话说，客户端计算机只识别 IP 地址方式进入相应的网站，而不识别主机名方式，但考虑到为方便客户记忆友好的名字，用 DNS 解析名称。客户端查询举例如图 5-3 所示。

图 5-3 客户端查询举例

5.1.2 DNS 的域名结构

DNS 域命名空间具有层次性，一般可分为根域、顶级域、二级域、子域以及主机名，结构如图 5-4 和图 5-5 所示。

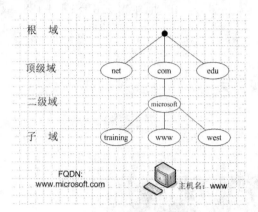

图 5-4 DNS 的层次结构

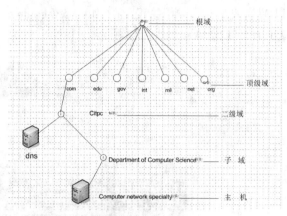

图 5-5 DNS 域命名空间

1. 根域

根域在 DNS 域名中使用时，以圆点"."表示，以指定该名称与域名空间层次结构的最高层，根域在默认情况不需要表示出来。目前分布于全世界的根域服务器只有 13 台，全部由 Internet 网络信息中心（InterNIC）管理，在根域服务器中只保存了其下层的顶级域的 DNS 服务器名称和 IP 地址的对应关系，并不需要保存全世界所有的 DNS 名称信息。

2. 顶级域

顶级域位于根域下层，由 Internet 网络信息中心（InterNIC）管理，用于指示国家/地区或使用名称的机构类型，如表 5-1 所示。

表 5-1 常用顶级域

国家/地区类		机构类	
.cn	中国	.com	公司企业（营利组织）
		.edu	教育机构
.jp	日本	.gov	政府机构
.fr	法国	.mil	军事机构
.de	德国	.net	网络支持组织
		.org	非营利组织

3. 二级域

二级域是指为了在 Internet 上使用而注册到个人或单位的域名，这些名称始终位于顶级域下面。

4. 子域

子域是指按公司的具体情况从已注册的二级域名按部门或地理位置创建的域名，其位于二级域下面。

5. 主机名

位于 DNS 域命名空间的最底层，主要是指计算机的主机名。

5.1.3 DNS 服务器类型

根据管理的 DNS 区域不同，DNS 服务器也具有不同的类型。一台 DNS 服务器可以同时管理多个区域，因此也可以同时属于多种 DNS 服务器类型。

1. 主要 DNS 服务器

当 DNS 服务器管理主要区域时，它被称为主要 DNS 服务器。主要 DNS 服务器是主要区域的集中更新源，可以部署两种模式的主要区域：标准主要区域和 AD DS（Active Directory Domain Server）活动目录集成主要区域。

（1）标准主要区域。标准主要区域的区域数据存放在本地文件中，只有主要 DNS 服务器可以管理此 DNS 区域（单点更新）。这意味着当主要 DNS 服务器出现故障时，此主要区域不能再进行修改，但是，位于服务器上的辅助服务器还可以答复 DNS 客户端的解析请求。标准主要区域只支持非安全的动态更新。

（2）AD DS 活动目录集成主要区域。活动目录集成主要区域仅在域控制器上部署 DNS 服务器时有效，此时，区域数据存放在活动目录中并且随着活动目录数据的复制而复制。在默认情况下，每一个运行在域控制器上的 DNS 服务器都将成为主要 DNS 服务器，并且可以修改 DNS 区域中的数据（多点更新），这样避免了标准主要区域时出现的单点故障。活动目录集成主要区域支持安全的动态更新。

2. 辅助 DNS 服务器

在 DNS 服务设计中，针对每一个区域，总是建议至少使用两台 DNS 服务器来进行管理。其中一台作为主要 DNS 服务器，而另外一台作为辅助 DNS 服务器。

当 DNS 服务器管理辅助区域时，它将成为辅助 DNS 服务器。使用辅助 DNS 服务器的好处在于，实现负载均衡和避免单点故障。辅助 DNS 服务器用于获取区域数据的源 DNS 服务器称为主服务器，主服务器可以由主要 DNS 服务器或者其他辅助 DNS 服务器来担任；当创建辅助区域时，将要求指定主服务器。在辅助 DNS 服务器和主服务器之间存在着区域复制，用于从主服务器更新区域数据。

此时，辅助 DNS 服务器是根据区域类型的不同而得出的概念，而在配置 DNS 客户端使用的 DNS 服务器时，管理辅助区域的 DNS 服务器可以配置为 DNS 客户端的主要 DNS 服务器，而管理主要区域的 DNS 服务器也可以配置为 DNS 客户端的辅助 DNS 服务器。

3. 存根 DNS 服务器

管理存根区域的 DNS 服务器称为存根 DNS 服务器。一般情况下，不需要单独部署存根 DNS 服务器，而是和其他 DNS 服务器类型合用。在存根 DNS 服务器和主服务器之间同样存在着区域复制。

4. 缓存 DNS 服务器

缓存 DNS 服务器既没有管理任何区域的 DNS 服务器，也不会产生区域复制，它只能缓存 DNS 名字并且使用缓存的信息来答复 DNS 客户端的解析请求。当刚安装好 DNS 服务器时，它就是一个缓存 DNS 服务器。缓存 DNS 服务器可以通过缓存减少 DNS 客户端访问外部 DNS 服务器的网络流量，并且可以降低 DNS 客户端解析域名的时间，因此在网络中广泛使用。

例如一个常见的中小型企业网络接入 Internet 的环境，并没有在内部网络中使用域名，所以没有架设 DNS 服务器，客户通过配置使用 ISP 的 DNS 服务器来解析 Internet 域名。 此时就可以部署一台缓存 DNS 服务器，配置将所有其他 DNS 域转发到 ISP 的 DNS 服务器，然后配置客户使用此缓存 DNS 服务器，从而减少解析客户端请求所需要的时间和客户访问外部 DNS 服务的网络流量。

5.1.4 DNS 查询工作原理

Internet 各级域中，都有相应的 DNS 服务器记录域中计算机的域名和 IP 地址。如果想通过域名访问某台计算机，则访问者的计算机必须通过查询域中的 DNS 服务器，得知被访问计算机的 IP 地址，这样才能实现。这时，对于 DNS 服务器而言，访问者的计算机称为 DNS 客户端。

1. 正向解析与反向解析

DNS 客户端向 DNS 服务器提交域名查询 IP 地址，或者 DNS 服务器向另一台 DNS 服务器提交域名（主机名，例如 www.baidu.com）查询 IP 地址，DNS 服务器做出响应的过程称为正向解析。

相反，如果 DNS 客户端向 DNS 服务器提交 IP 地址（例如，百度 IP 地址 220.181.111.188），查询域名，DNS 服务器做出响应的过程则称为反向解析。

2. 递归查询和迭代查询

根据 DNS 服务器对 DNS 客户端的不同响应方式，域名解析可分为两种类型：递归查询和迭代查询。

（1）递归查询。递归查询是指 DNS 客户端发往 DNS 服务器的查询，并要求服务器提供该查询的答案，找到相应的域名和 IP 地址的映射信息，DNS 服务器的响应要么是查询到结果，要么是查询失败。递归查询可以由 DNS 客户端或配置成转发器的 DNS 服务器发起。例如，客户机需要查询 www.baidu.com 所对应的 IP 地址，本地 DNS 服务器接到客户端的 DNS 请求后，返回 www.baidu.com 所对应的 IP 地址 220.181.111.188 给客户端，查询过程如图 5-6 所示。

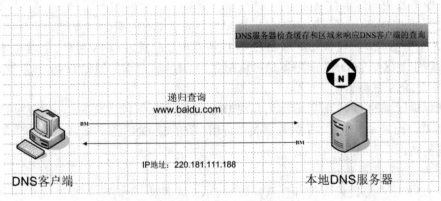

图 5-6 DNS 递归查询过程

（2）迭代查询。迭代查询是指一台 DNS 服务器发往另外一台 DNS 服务器的查询。当前 DNS 服务器收到其他 DNS 服务器发送来的迭代查询请求后，如果不能在该服务器上查询到资源记录，则当前 DNS 服务器将告诉发起查询的 DNS 服务器另外一台 DNS 服务器的 IP 地址。然后再由发起查询的 DNS 服务器向另外一台 DNS 服务器发起迭代查询，以此类推，直到查询到资源记录为止。如果最后一台 DNS 服务器没有查询到相应的资源记录，则查询失败。

虽然一个 DNS 服务器可能不知道某个友好的名字的 IP 地址，但它知道可能具有要找的 IP 地址的名字服务器的 IP 地址，所以它将信息发回。

以下是一个本地名字服务器使用迭代查询为一个客户解析地址的示例，如图 5-7 所示。

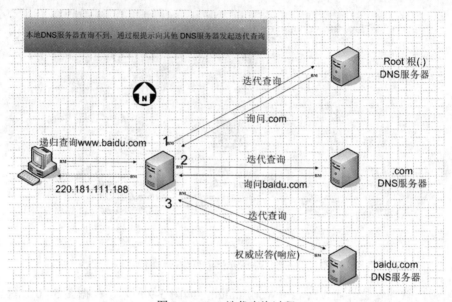

图 5-7 DNS 迭代查询过程

（1）本地名字服务器（DNS 服务器）从一个客户系统接收到一个相对友好的名字（如 www.baidu.com）进行域名解析的请求。

（2）本地名字服务器检查自己的记录。如果找到地址，则返回给客户；如果没有找到，本地名字服务器继续下面的步骤。

（3）本地名字服务器向根（Root）名字服务器发送一个迭代请求。

（4）根名字服务器为本地服务器提供顶级名字服务器（.com、.net 等）的地址。

（5）本地服务器向顶级名字服务器发送一个迭代查询。

（6）顶级名字服务器向本地域名服务器回答管理友好名字（如 baidu.com）的域名服务器的 IP 地址。

（7）本地名字服务器向友好名字的名字服务器发送一个迭代查询。

（8）友好名字的名字服务器提供查找的友好名字（www.baidu.com）的 IP 地址，本地名字服务器将这个 IP 地址传给客户。

如果地址没有找到，就会返回给客户一个"404"错误信息。

5.1.5 DNS 服务器的安装与配置

一、VMware Workstation 的安装及 Windows Server 2008 在 VM 中的安装

在架设 DNS 服务器之前，请读者先了解实例部署的需求和实验环境。实验通过真实机中安装 VMware 虚拟机软件以及 Windows Server 2008 和 Windows XP 镜像文件来实现，其效果与真实机一样。后面将介绍虚拟机的安装和使用方法。

1. VMware Workstation 的安装

双击 VMware-workstation-full-10.0.1-1379776.exe 可执行文件，如图 5-8 所示，并安装。

图 5-8　VMware-workstation 文件

接着弹出软件安装界面 VMware Workstation，如图 5-9 所示。根据图 5-10～图 5-12 的提示完成安装过程。

图 5-9　VMware Workstation 安装界面

图 5-10　VMware Workstation 安装选择

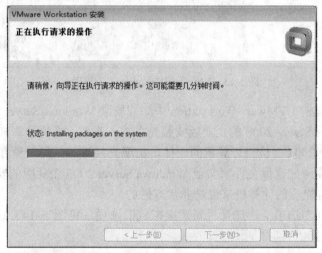

图 5-11　VMware Workstation 安装过程

图 5-12　VMware Workstation 安装完成

2. 通过 VMware Workstation 安装 Windows Server 2008 目录

首先，在桌面上找到  VMware Workstation 的图标快捷方式，双击鼠标左键，弹出 VMware Workstation 的主界面，如图 5-13 所示。

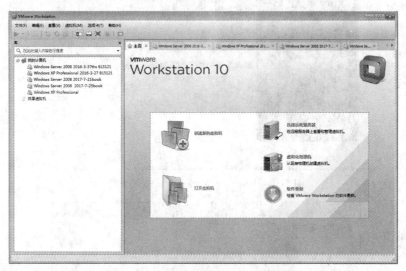

图 5-13 VMware Workstation 主界面

下面，我们将讲述在 VMware Workstation 中如何安装 Windows Server 2008 的企业版。一种方法是将 Windows Server 2008 的企业版安装光盘放入光驱，设置计算机 BIOS 从光驱引导后，Windows Server 2008 会检查计算机的硬件，出现安装界面。另一种方法是利用 VMware Workstation 读取硬盘中的镜像文件来实现 Windows Server 2008 企业版的安装，也是我们要用的方法，这对于没有光驱的计算机来说是非常方便的。

（1）单击"文件"选项卡，选择"新建虚拟机"选项（见图 5-14），弹出新建虚拟机向导（见图 5-15），选择"典型"项即可。

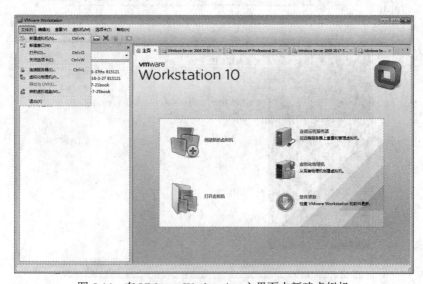

图 5-14 在 VMware Workstation 主界面中新建虚拟机

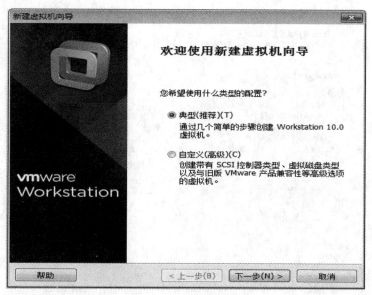

图 5-15 新建虚拟机向导

(2)在安装来源中选择第三项"稍后安装操作系统(S),创建的虚拟机将包含一个空白硬盘"(见图 5-16)。单击"下一步"按钮,在选择客户机操作系统中选择"Microsoft Windows (W)"微软系列(见图 5-17),在下拉列表中选择"Windows Server 2008"项(见图 5-18),便出现虚拟机默认名称和路径(见图 5-19):默认名称为"Windows Server 2008",默认路径为"C:\Users\Administrator\Documents\Virtual Machines\Windows Server 2008"。尽量把名称和路径更改一下,以便于在虚拟机中同名系统较多时容易区分;另一方面安装路径不要放在 C 盘,所以尽量更改。

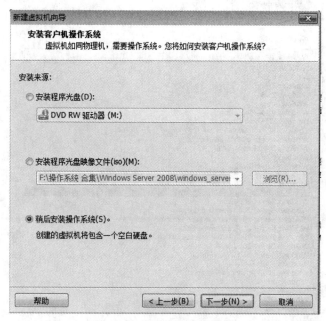

图 5-16 新建虚拟安装来源

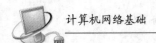

图 5-17 选择客户机操作系统

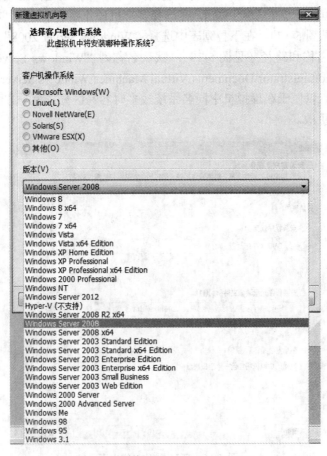

图 5-18 选择 Windows Server 2008

项目 5　服务器的配置与管理

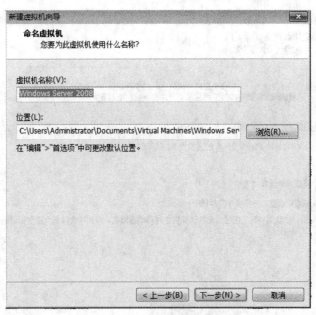

图 5-19　虚拟机默认名称和路径

（3）更改新建 Windows Server 2008 虚拟机的名称和路径。强调一下，位置的路径必须更改，虚拟机名称可随意。默认名称改为"Windows Server 2008 2017-7-25book"，默认路径改为"L：\Virtual Machines\Windows Server 2008　2017-7-25book"（非 C 盘下的路径），如图 5-20 所示。容量默认 40 GB 即可，如图 5-21 所示。选择"将虚拟键盘拆分为多个文件"选项，然后单击"下一步"按钮，弹出图 5-22 所示界面，单击"完成"按钮，完成后如图 5-23 所示。

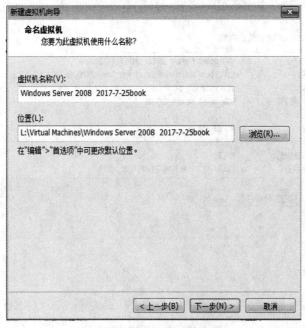

图 5-20　虚拟机新名称和路径

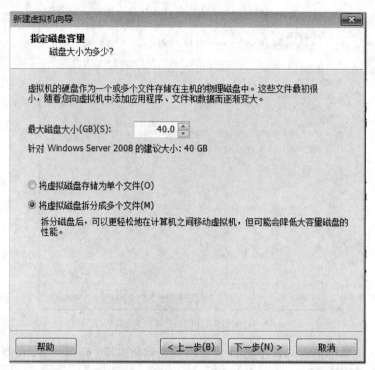

图 5-21　虚拟机容量指定

图 5-22　虚拟机安装准备

项目 5 服务器的配置与管理

图 5-23 安装好后已经出现在目录列表

（4）在 VMware Workstation 主界面中编辑虚拟机设置。选择 "编辑虚拟机设置"，并选择 "CD/DVD（SATA）自动检测" 选项，同时在右侧 "连接" 区域中选择 "使用 ISO 映像文件（M）" 选项，再单击 "浏览" 按钮，如图 5-24 所示。

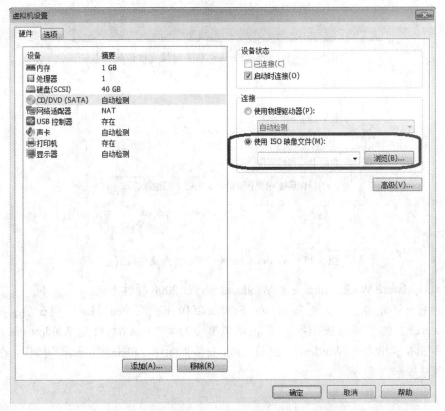

图 5-24 Windows Server 2008 镜像文件的打开

找到 Windows Server 2008 所在镜像文件位置（见图 5-25 和图 5-26），选择后单击"打开"按钮，然后单击"确定"按钮，Windows Server 2008 虚拟机安装完成，如图 5-27 所示。

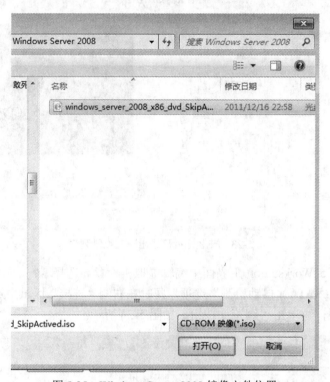

图 5-25　Windows Server 2008 镜像文件位置

图 5-26　Windows Server 2008 镜像文件位置

3. 通过 VMware Workstation 安装 Windows Server 2008 操作系统

（1）前面已经介绍怎样安装 Windows Server 2008 操作系统的目录，现在演示如何安装 Windows Server 2008 企业版操作系统。单击虚拟机中的 开启此虚拟机，弹出 Windows Server 2008 安装界面。在图 5-28 所示 Windows Server 2008 安装界面中，单击"下一步"按钮，在图 5-29 中选择"现在安装"命令。

项目 5　服务器的配置与管理

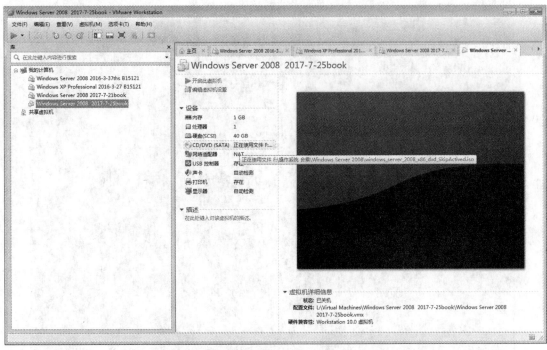

图 5-27　Windows Server 2008 虚拟机安装完成

图 5-28　Windows Server 2008 安装界面

图 5-29 单击"现在安装"命令

（2）在图 5-30"选择要安装的操作系统"区域中选择"Windows Server 2008 Enterprise（安全安装）"企业版，单击"下一步"按钮，并接受"授权协议"（见图 5-31），单击"下一步"按钮，选择"自定义（高级）"选项（见图 5-32），选择图 5-33 中"驱动器选项（高级）"选项，可以对磁盘分区。

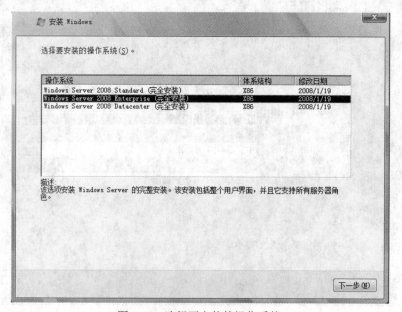

图 5-30 选择要安装的操作系统

项目 5　服务器的配置与管理

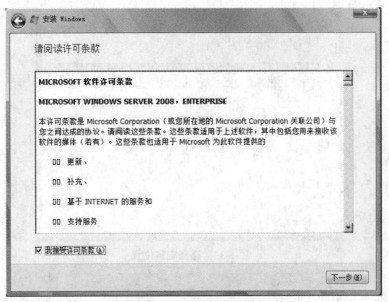

图 5-31　接受"授权协议"

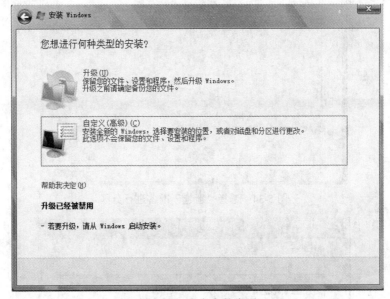

图 5-32　定义安装类型

（3）建立分区。单击图 5-34 中的"新建"按钮，进入图 5-35 中，"大小"中的 40 960 MB 为 Windows Server 2008 虚拟机中硬盘的容量，即 40 GB，因为 1 GB=1 024 MB。为方便，我们可以将 40 GB 划分为两个区，每个区 20 GB，即每个区容量为 20 480 MB。在图 5-36 "大小"框中输入"20 480"并单击"应用"按钮，用同样的方法把"磁盘 0 未分配空间"选中，图 5-37 把其余 20 478 MB 空间划分给另一个分区，并单击"应用"按钮。在图 5-38 选中"磁盘 0 分区 1"选项，即在虚拟机中的 C 盘中安装 Windows Server 2008，单击"下一步"按钮，进入图 5-39 "正在安装 Windows…"对话框。

- 103 -

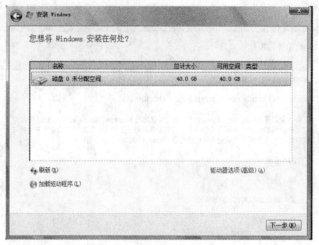

图 5-33 选择安装位置

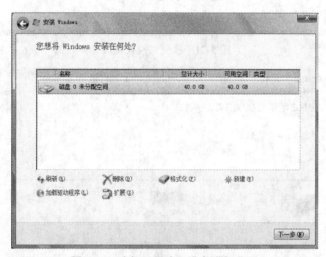

图 5-34 选择"新建"准备进行分区

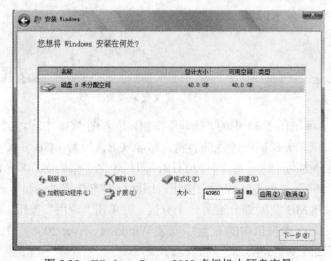

图 5-35 Windows Server 2008 虚拟机中硬盘容量

项目 5 服务器的配置与管理

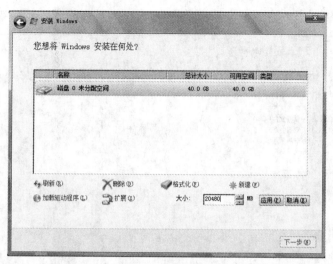

图 5-36 为硬盘分区

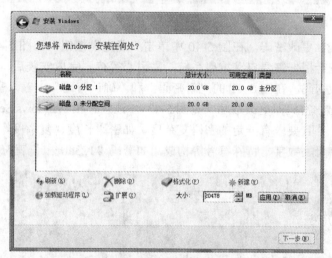

图 5-37 为硬盘分区

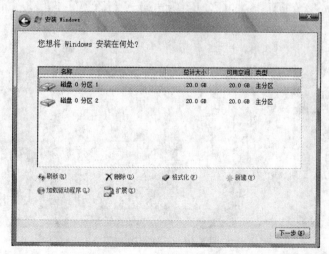

图 5-38 选中"磁盘 0 分区 1"

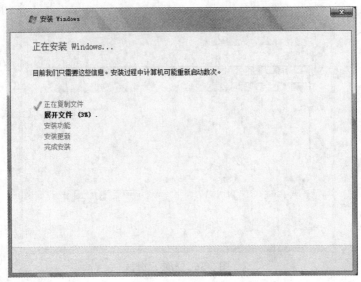

图 5-39 "正在安装 Windows…"对话框

（4）登录系统，更改密码。在图 5-40 中单击"确定"按钮，在图 5-41 中输入密码。在安装过程中，系统会根据需要自动重启系统，需耐心等待。完成安装后，系统要求用户首次登录之前必须更改密码。在图 5-41 的"新密码"和"确认密码"中输入密码（见图 5-42），然后按"Enter"键，密码即更改成功（见图 5-43）。注意，在 Windows Server 2008 操作系统中必须设置密码，并且要求有一定的密码复杂度，如密码长度、复杂度等要求。密码一般由大写字母、小写字母、数字、特殊符号等构成，如密码"123abc…"就符合要求。

图 5-40 首次更改密码

图 5-41　更改密码界面

图 5-42　输入密码

图 5-43 密码更改成功

（5）如图 5-44 所示，首次进入 Windows Server 2008 Enterprise 企业版中，在图 5-45 中进行初始化配置。图 5-46 所示为 Windows Server 2008 界面。

图 5-44 准备登录

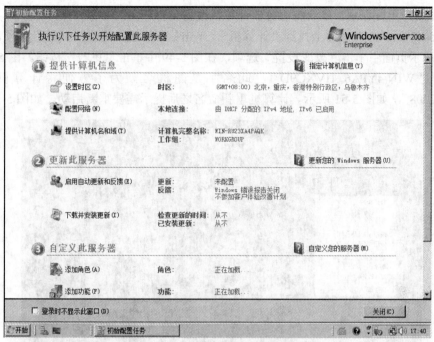

图 5-45 "初始配置任务"窗口

图 5-46 Windows Server 2008 界面

二、Windows Server 2008 的基本配置

1. 更改计算机名

Windows Server 2008 操作系统在安装过程中是由系统随机配置的计算机名,不便于标记,

计算机网络基础

因此，为了用户更好识别，建议将服务器计算机改为具有意义的名称。操作如下：

如图 5-47 所示，在桌面上找到"计算机"，单击鼠标右键，选择"属性"选项，在弹出的图 5-48 所示页面中单击"改变设置"选项，在图 5-49 中单击"更改"按钮。图 5-50 中计算机名为"WIN-4YPA6 HVXC9D"，此名字是随机名，为了方便将计算机名改为"Windows2008"，如图 5-51 所示。计算机重新命名之后提示需要重新启动，如图 5-52 所示。

图 5-47 选择计算机"属性"项

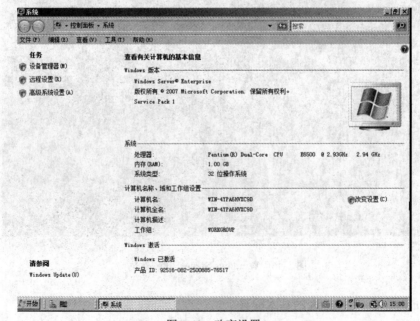

图 5-48 改变设置

项目 5　服务器的配置与管理

图 5-49 "系统属性"对话框　　　　　图 5-50 "计算机名/域更改"对话框

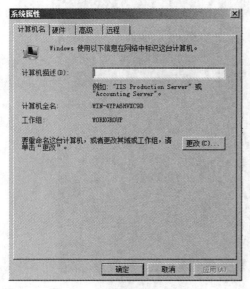

图 5-51 "计算机名/域更改"对话框　　　图 5-52 "计算机名/域更改"重启计算机

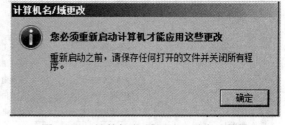

2. 更改 IP 地址

对于网络中的计算机而言，都需要一个 IP 地址以便与其他计算机进行通信。下面将手动指定 IP 地址。

如图 5-53 所示，在桌面上找到"网络"，单击鼠标右键选择"属性"选项，在弹出的如图 5-54 所示界面中选择"管理网络连接"选项。

计算机网络基础

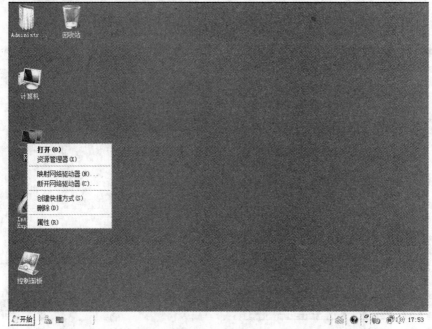

图 5-53 选择网络"属性"项

图 5-54 "网络和共享中心"窗口

在图 5-55 中选中"本地连接",单击鼠标右键选择"属性"选项(见图 5-56),在弹出的图 5-57 所示窗口中,选择"Internet 协议版本 4(TCP/IPv4)"项,如图 5-58 中输入相应的 IP 地址、子网掩码、默认网关、DNS(DNS 暂时不写也可以)。

项目 5 服务器的配置与管理

图 5-55 "网络连接"窗口

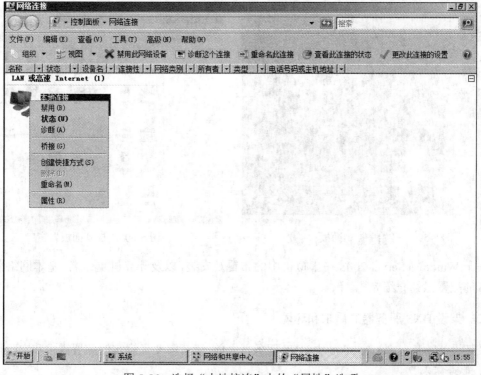

图 5-56 选择"本地接连"中的"属性"选项

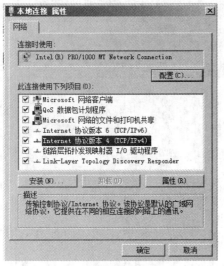
图 5-57 "本地连接属性"对话框

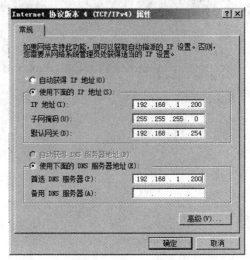
图 5-58 设置 IP 参数

3. 配置 Windows Server 2008 防火墙

Windows Server 2008 防火墙可以有效地防止服务器上未经允许的程序与网络进行通信，保护服务器与网络的安全。但在实验中，为了方便与 Windows XP 客户端测试与 ping 通，建议关闭防火墙。单击桌面左下角的"开始"按钮，在弹出的菜单中选择"控制面板"选项（见图 5-59），在"控制面板"窗口中双击"Windows 防火墙（见图 5-60）"，打开图 5-61 所示页面，单击"更改设置"选项，在弹出的图 5-62 所示对话框中选中"关闭"单选按钮。

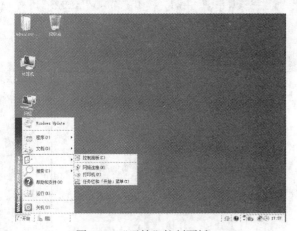
图 5-59 "开始"控制面板

图 5-60 "控制面板"窗口

关于 Windows Server 2008 在虚拟机中的布置及安装，以及计算机重命名、基本网络配置、防火墙的配置已经介绍完毕。

二、架设 DNS 服务器的需求和环境

在架设 Windows Server 2008 中 DNS 服务器之前，读者需要了解实例部署需求和实验环境。

1. 部署需求

（1）设置 DNS 服务器的 TCP/IP 属性，手工指定 IP 地址、子网掩码、默认网关和 DNS

服务器地址等。

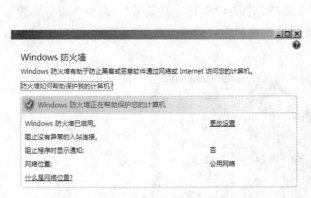
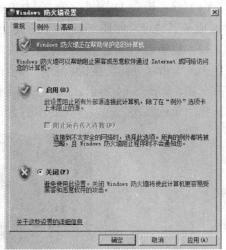

图 5-61 "Windows 防火墙"更改设置　　图 5-62 "Windows 防火墙设置"对话框

（2）部署域名为 baidu.com。

2. 实验环境

域名为 baidu.com，其中 DNS 服务器主机名为"Windows2008"，IP 地址为"192.168.1.200"。DNS 客户机主机名为"XP1"，IP 地址为"192.168.1.1"。这两台计算机的网络拓扑如图 5-63 所示。

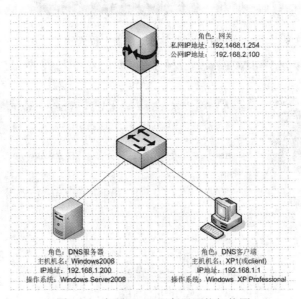

图 5-63　架设 DNS 服务器网络拓扑图

三、安装 DNS 服务器角色

在安装 AD（Active Directory，活动目录）域服务器角色时，可以选择一起安装 DNS 服务器角色，如果那时没有安装 AD，也可以在计算机 Windows Server 2008 系统中通过"服务器管理器"安装 DNS 服务器角色。具体操作步骤如下：

（1）首先设置 DNS 服务器的 TCP/IP 属性，手动配置 IP 地址、子网掩码、默认网关和 DNS 服务器地址，如图 5-57 和图 5-58 所示。

（2）以管理员账号登录到需要安装 DNS 服务器角色的计算机上，在 Windows Server 2008 系统中，单击"开始"按钮，选择"程序"选项，打开"管理工具菜单"，选择"服务器管理器"选项，如图 5-64 所示。在"服务器管理器"窗口中，单击"角色"选项，并单击鼠标右键选择"角色添加"选项，如图 5-65 所示。

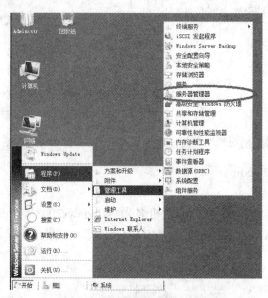

图 5-64 "服务器管理器"位置

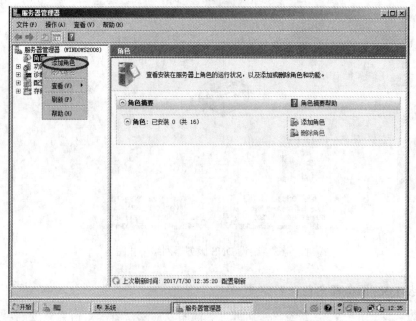

图 5-65 "添加角色"位置

(3) 在"添加角色向导"对话框中，选择"服务器角色"选项，如图 5-66 所示。单击"下一步"按钮。

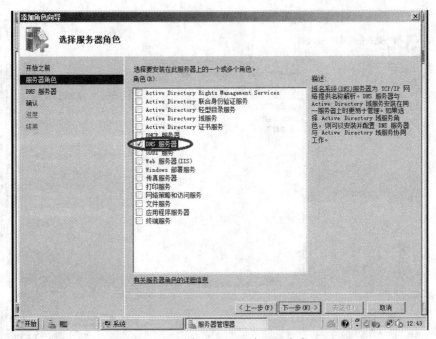

图 5-66 选择"DNS 服务器"角色

(4) 如图 5-67 所示，出现"DNS 服务器"对话框，该对话框中显示 DNS 服务器简介与注意事项，单击"下一步"按钮。

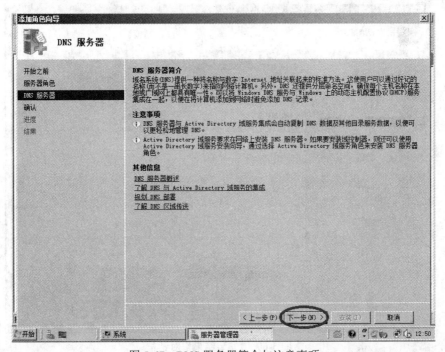

图 5-67 DNS 服务器简介与注意事项

- 117 -

（5）单击"安装"按钮，在域控制器上安装 DNS 服务器角色，区域将与 Active Directory 域服务器集成在一起，如图 5-68 所示。

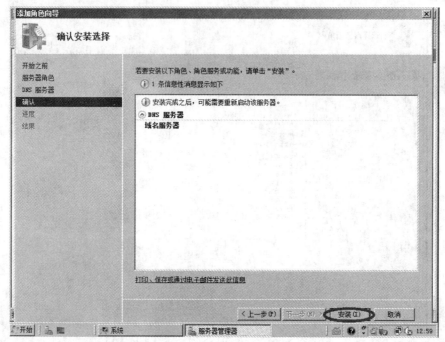

图 5-68 "确认安装选择"对话框

（6）单击"关闭"按钮完成 DNS 服务器的安装，如图 5-69 所示。

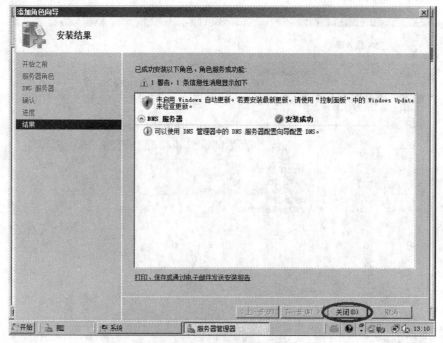

图 5-69 "安装结果"对话框

四、配置 DNS 区域

1. Windows Server 2008 DNS 区域类型

在部署一台 DNS 服务器时，必须提前考虑 DNS 区域类型，从而决定 DNS 服务器类型。DNS 区域分为正向查找区域和反向查找区域两大类。

（1）正向查找区域：用于 FQDN 到 IP 地址的映射，当 DNS 客户端请求解析某个 FQDN 时，DNS 服务器在正向查找区域中进行查找，并返回给 DNS 客户端对应的 IP 地址。

（2）反向查找区域：用于 IP 地址到 FQDN 的映射，当 DNS 客户端请求解析某个 IP 地址时，DNS 服务器在反向查找区域中进行查找，并返回给 DNS 客户端对应的 FQDN。

而每一类区域又可以分为主要区域、辅助区域和存根区域三种类型。

（1）主要区域。当这台 DNS 服务器承载的区域为主要区域时，DNS 服务器为此区域相关信息的主要来源，并且在本地文件或 AD DS 中存储区域数据的主副本。将区域存储在文件中时，主要区域文件默认命名为"zone_name.dns"，且位于服务器的"%windir%System32\Dns"文件中。

（2）辅助区域。当这台 DNS 服务器承载的区域为辅助区域时，该 DNS 服务器则是此区域相关信息的辅助来源。必须从同时承载该区域的另一台远程 DNS 服务器计算机获取些服务器的区域。此 DNS 服务器必须能通过网络访问此服务器提供区域相关更新信息的远程 DNS 服务器。由于辅助区域只是另一台服务器上承载的主要区域的副本，因此不能存储在 AD DS 中。

（3）存根区域。当这台 DNS 服务器承载的区域为存根区域时，该 DNS 服务器只是此区域的权威名称服务器相关信息的来源。必须从承载该区域的另一台 DNS 服务器上获取此服务器上的区域。此 DNS 服务器必须能通过网络访问用于复制区域相关的权威名称服务器的信息的远程 DNS 服务器。创建包括名称服务器（Name Server，NS）、授权启动（Start Of Authority，SOA）及主机（Host，A）记录的区域副本，含有存根区域的服务器无权管理该区域。

2. 创建正向主要区域

在 DNS 服务器上创建正向主要区域为"baidu.com"，具体步骤如下：

（1）在"服务器管理器"对话框中，可以看到我们刚才已安装好的"DNS 服务器"，如图 5-70 所示。

（2）打开"DNS 管理器"控制台。以（域）管理员账户登录到 DNS 服务器上，单击"开始"→"程序"→"管理工具"→"DNS"命令，如图 5-71 所示。弹出图 5-72 所示"DNS 管理器"控制台。

（3）打开新建区域向导。在"DNS 管理器"控制台树中展开服务器节点，鼠标右键单击"正向查找区域"选项（见图 5-73），在弹出的菜单中选择"新建区域"选项，如图 5-74 所示。弹出"新建区域向导"页面，如图 5-75 所示。

（4）选择主要区域类型。如图 5-76 所示，单击"下一步"按钮，在图 5-77 中选中"主要区域"单选按钮。因为在此 Windows Server 2008 中没有安装 Active Directory，所以在图 5-77 中，"在 Active Directory 中存储区域"为不可选项。

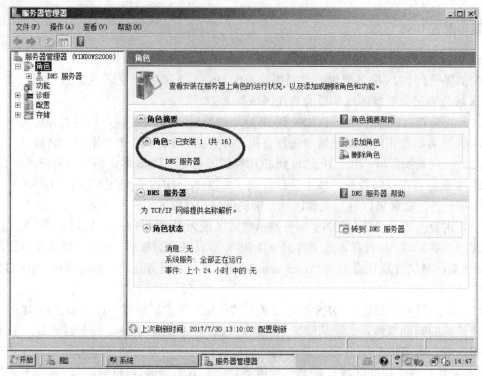

图 5-70 "服务器管理器"对话框

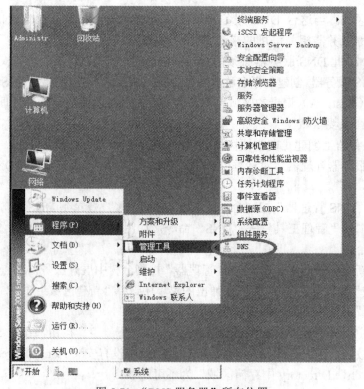

图 5-71 "DNS 服务器"所在位置

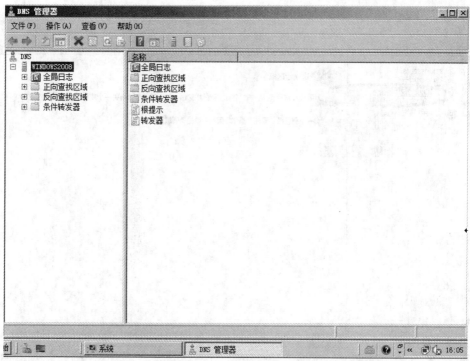

图 5-72 "DNS 管理器"控制台

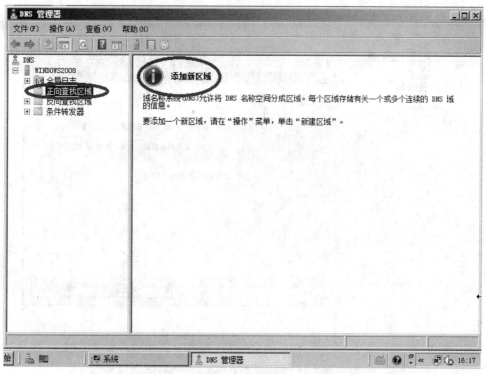

图 5-73 "DNS 管理器"正向查找区域

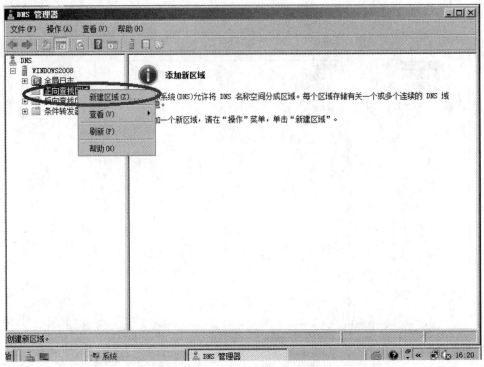

图 5-74 "DNS 管理器"正向查找区域中"新建区域"选项

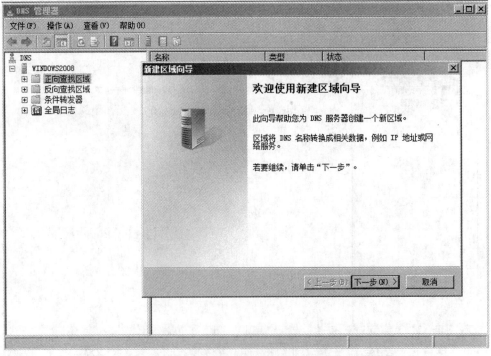

图 5-75 弹出"新建区域向导"页面

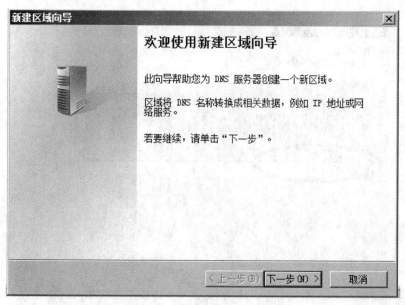

图 5-76 "新建区域向导"页面

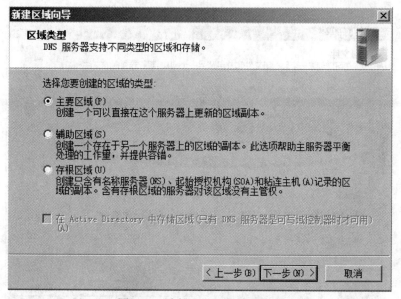

图 5-77 选择"主要区域"选项

(5) 设置区域名称。单击"下一步"按钮，出现"区域名称"对话框，输入正向主要区域的名称，区域名称一般以域名表示，指定了 DNS 名称空间的部分，在本例中输入"baidu.com"，如图 5-78 所示。

(6) 创建区域文件。单击"下一步"按钮，出现"区域文件"对话框，在该对话框中选择创建新的区域文件或使用已存在的区域文件。区域文件也称为 DNS 区域数据库，主要作用是保存区域资源记录。在本例中默认选中"创建新文件，文件名为 baidu.com.dns"单选按钮，如图 5-79 所示。

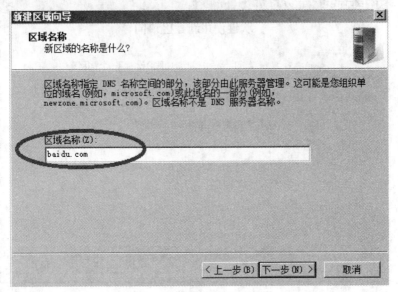

图 5-78 设置区域名称

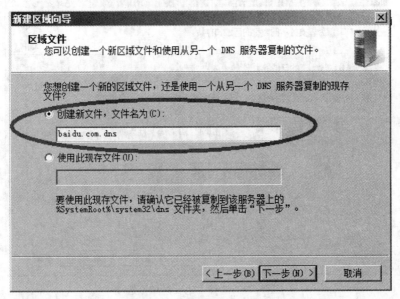

图 5-79 创建区域文件

（7）设置自动更新。单击"下一步"按钮，出现"动态更新"对话框，在该对话框中可以选择区域是否支持动态更新。由于 DNS 不和 Active Directory 域服务器集成使用，所以"只允许安全的动态更新（适合 Active Directory 使用）"单选按钮成为不可选状态。在本例中默认选中"不允许动态更新"单选按钮，如图 5-80 所示。

（8）创建完成。单击"下一步"按钮，出现"正在完成新建区域向导"对话框，单击"完成"按钮，如图 5-81 所示。

项目 5　服务器的配置与管理

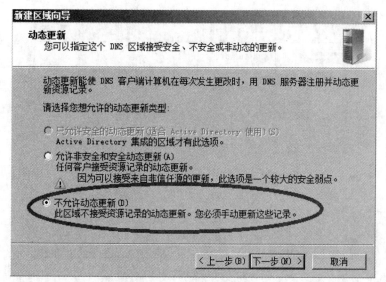

图 5-80　设置动态更新

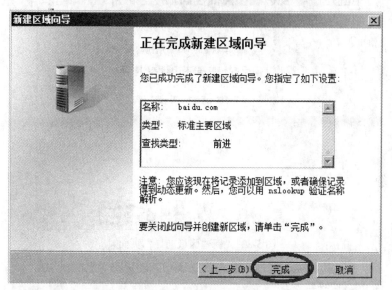

图 5-81　"正在完成新建区域向导"对话框

3. 创建反向查找区域

通过主机名查询 IP 地址的过程称为正向查询；反之，通过 IP 地址查询主机名的过程称为反向查询。反向查找区域可以实现 DNS 客户端用 IP 地址来查询其主机名的功能。反向查询不是必需的，但可以在需要时创建。

实例：在 DNS 服务器上创建反向主要区域"1.168.192.in-addr-arpa"。具体步骤如下：

（1）打开"新建区域向导"页面。以（域）管理员账户登录到 DNS 服务器上，打开"DNS 管理器"控制台，展开服务器节点，鼠标右键单击"反向查找区域"选项，在弹出的菜单中选择"新建区域"选项（见图 5-82），弹出如图 5-83 所示的"新建区域向导"页面。

（2）选择主要区域类型。如图 5-83 所示，单击"下一步"按钮，出现"区域类型"对话框，如图 5-84 所示，选中"主要区域"单选按钮。

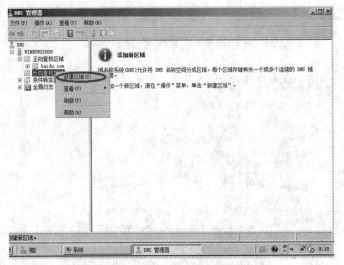

图 5-82 反向区域查找的添加

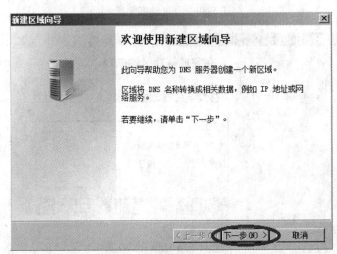

图 5-83 "新建区域向导"页面

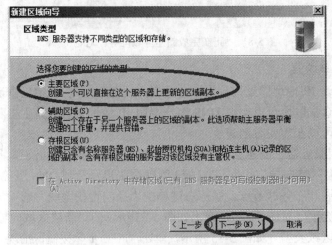

图 5-84 选中"主要区域"单选按钮

（3）设置区域名称。单击"下一步"按钮，出现如图 5-85 所示的"反向查找区域名称"对话框，在此选中"IPv4 反向查找区域"单选按钮为 IPv4 地址创建区域。

单击"下一步"按钮，出现"反向查找区域名称"对话框，在该对话框中输入反向查找区域的名称，需要使用网络 ID。在"网络 ID"文本框中输入"192.168.1"，如图 5-86 所示。

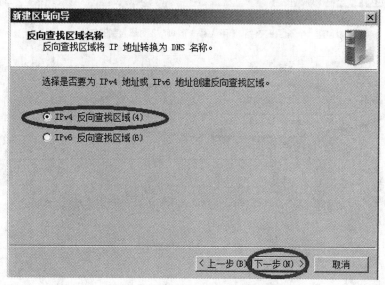

图 5-85　选择 IPv4 反向查找区域

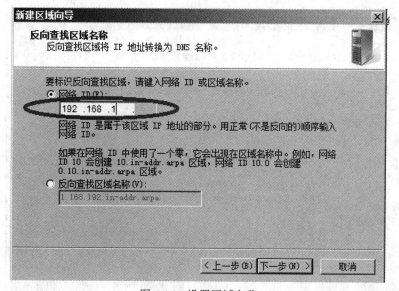

图 5-86　设置区域名称

（4）创建区域文件。单击"下一步"按钮，出现"区域文件"对话框，在该对话框中可以选择创建新的区域文件或使用已存在的区域文件。在本例中默认选中"创建新文件，文件名为 1.168.192.in-addr.arpa.dns"单选按钮，如图 5-87 所示。

(5)设置动态更新。单击"下一步"按钮,出现"动态更新"对话框,在该对话框中可以选择区域是否支持动态更新,由于 DNS 不和 Active Directory 域服务集成,所以"只允许安全的动态更新(适合 Active Directory 使用)"单选按钮成为不可选状态。在本例中默认选中"不允许动态更新"单选按钮,如图 5-88 所示。

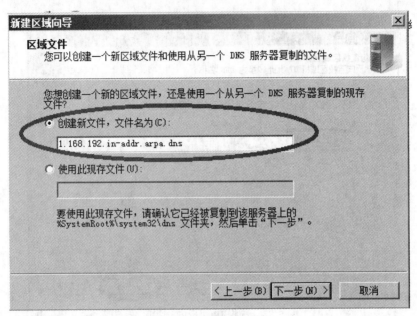

图 5-87 创建区域文件

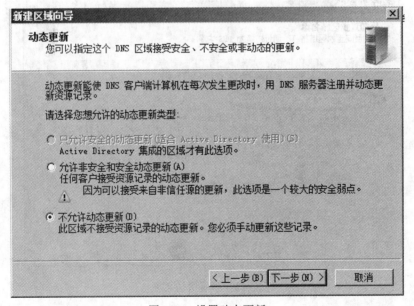

图 5-88 设置动态更新

(6)反向区域创建完成。单击"下一步"按钮,弹出如图 5-89 所示"正在完成新建区域向导"对话框,最后单击"完成"按钮,完成反向主要区域的创建,如图 5-90 所示。

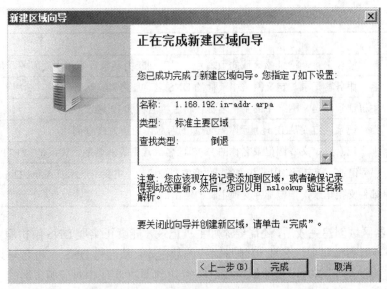

图 5-89 "正在完成新建区域向导"对话框

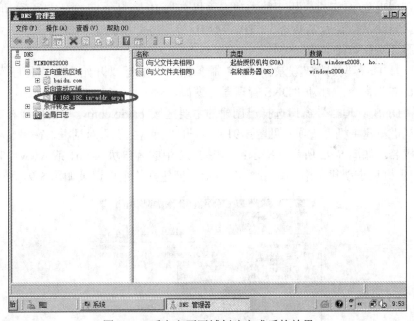

图 5-90 反向主要区域创建完成后的效果

4. 在区域中创建资源记录的实例

区域文件包含一系列"资源记录"（Resource Record，RR），每条记录都包含 DNS 域中的一个主机或服务的特定信息。DNS 客户端需要来自一个名称服务器的信息时，就会查询资源记录。例如，用户需要 www.baidu.com 服务器的 IP 地址，就会向 DNS 服务器发送一个请求，检索 DNS 服务器的"A 记录（也称为主机记录）"。DNS 在一个区域中查找 A 记录，然后将记录的内容复制到 DNS 应答中，并将这个应答发送给客户端，从而响应客户端的请求。常见的资源记录及作用如表 5-2 所示。

表 5-2　常见的资源记录及作用

名称	作用
SOA	起始授权记录，记录该区域的版本号，用于判断主要服务器和次要服务器是否进行复制
NS	名称服务器记录，定义网络中其他的 DNS 名称服务器
A	主机记录，定义网络中的主机名称，将主机名称和 IP 地址对应
PTR	指针记录，定义从 IP 地址到特定资源的对应，用于方向查询
CNAME	别名记录，定义资源记录名称的 DNS 域名，常见的别名是"WWW""FTP"等
SRV	服务记录，指定网络中某些服务提供商的资源记录，主要用于标识 Active Directory 域控制器
MX	邮件交换记录，指定邮件交换主机的路由信息

DNS 服务器区域创建完成后，还需要添加主机记录才能真正实现 DNS 解析服务。换句话说，必须为 DNS 服务器添加与主机名和 IP 地址对应的数据库，从而将 DNS 主机名与其 IP 地址一一对应。这样，当输入主机名时，就能解析成对应的 IP 地址并实现相对应服务器的访问。

1）新建主机记录（A 记录）

主机记录，也称 A 记录，用于静态建立主机名与 IP 地址之间的对应关系，以便提供正向查询服务。因此，需要为 WWW、FTP、MAIL 等服务分别创建一个 A 记录，才能使用主机名对这些服务进行访问。

（1）以（域）管理员账户登录到 DNS 服务器上，执行"开始"→"程序"→"管理工具"→"DNS"命令，打开"DNS 管理器"窗口。

（2）在"DNS 管理器"窗口选择已创建的主要区域 baidu.com，单击鼠标右键，在弹出的菜单中选择"新建主机"选项（见图 5-91），打开"新建主机"对话框，在"名称"文本框中输入某主机名，如图 5-92 所示（提示：如图 5-92 中的客户机名 xp1 或 www，它们只是主机的名字）。主机记录创建完毕，如图 5-93 所示。创建好的主机记录如图 5-94 所示。

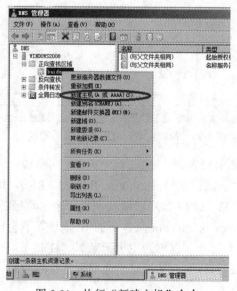

图 5-91　执行"新建主机"命令

项目 5　服务器的配置与管理

图 5-92　"新建主机"对话框

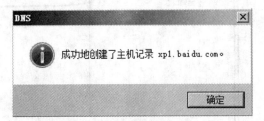

图 5-93　主机记录创建完毕

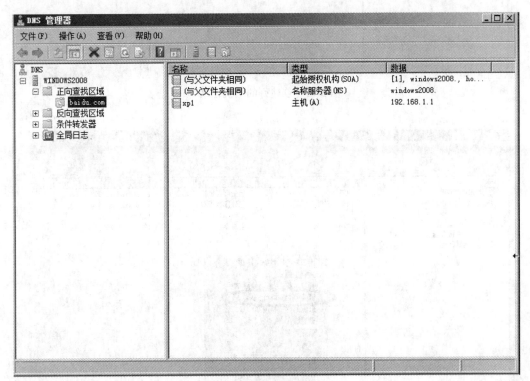

图 5-94　创建好的主机记录

用同样的方法，再为 Windows Server 2008 添加一条正向记录，IP 地址为"192.168.1.200"，主机名为"Windows2008"，如图 5-95 所示。

2）新建别名（CNAME）记录

有时，一台主机可能要扮演多个不同的角色，这时需要给这台主机创建多个别名。之前，在服务器端中有主机记录"Windows2008.baidu.com"，可以再为它设置一个别名"www.baidu.com"，设置方法如图 5-96、图 5-97 和图 5-98 所示。

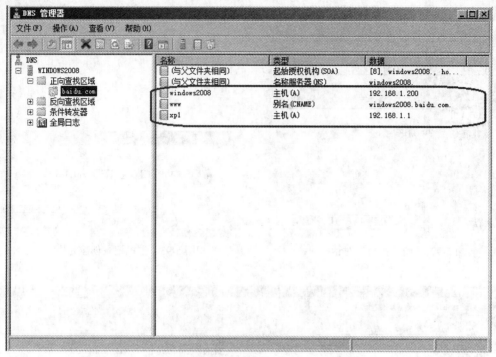

图 5-95 创建好的主机记录

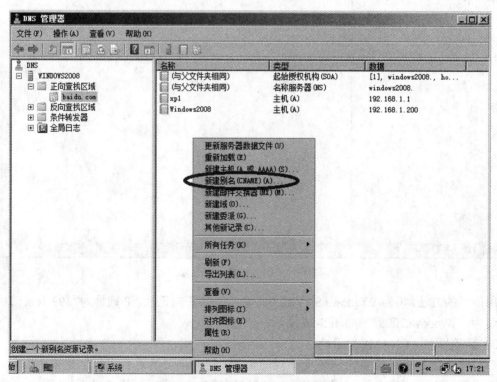

图 5-96 创建别名"CNAME 记录"

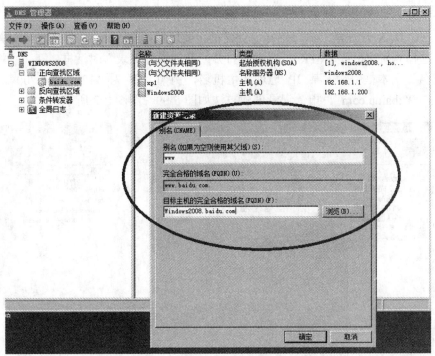

图 5-97 创建别名"CNAME 记录"

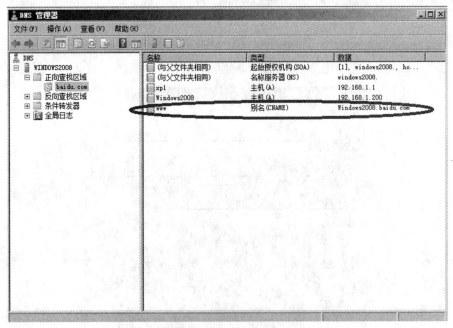

图 5-98 创建别名"CNAME 记录"效果

3）新建指针记录（PTR 记录）

指针记录也称为 PTR 记录，与 A 记录互逆，用于静态建立 IP 地址与主机名之间的对应关系，以便提供反向查询服务。

（1）以（域）管理员账户登录到 DNS 服务器上，执行"开始"→"程序"→"管理工具"→"DNS"命令，打开"DNS 管理器"窗口。

（2）在"DNS 管理器"窗口选择已创建的主要区域 baidu.com，单击鼠标右键，在弹出的菜单中选择"新建指针（PTR）"选项，打开"新建资源记录"对话框，在"主机 IP 地址"和"主机名"文本框中输入某 IP 地址和主机名，例如，IP 为"192.168.1.200"，主机名为"Windows2008.baidu.com"。指针记录创建方法如图 5-99～图 5-102 所示。

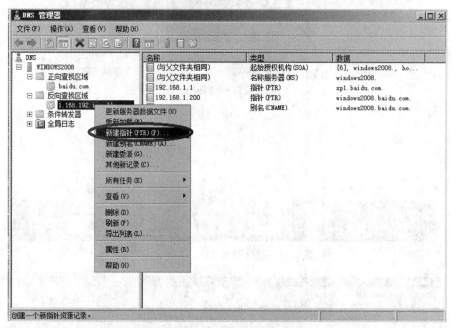

图 5-99 执行"新建指针（PTR）"命令

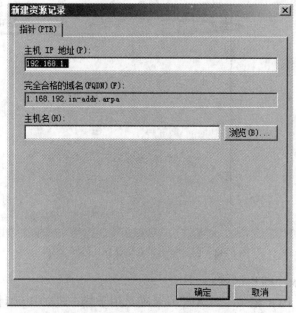

图 5-100 反向查找区域指针记录

项目 5　服务器的配置与管理

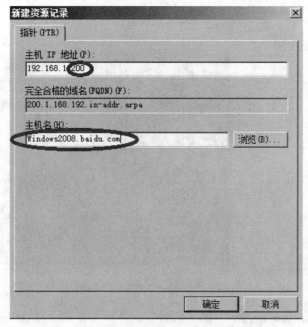

图 5-101　反向查找区域指针记录的创建

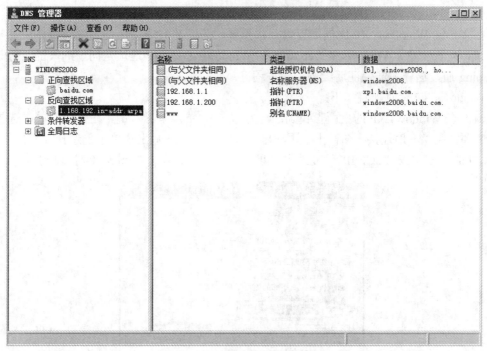

图 5-102　指针记录完成后效果

五、配置客户端

在虚拟机中，可同时看到 Windows Server 2008 和 Windows XP 两个系统的存在，图 5-103 所示为 VM 在 Windows XP Professional 客户端界面中。

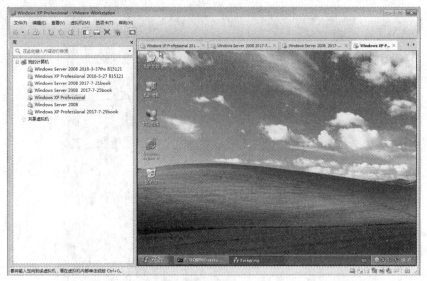

图 5-103　VM 在 Windows XP Professional 客户端界面

客户端要解析 Internet 或内部网的主机名称，必须设置实用的 DNS 服务器，如果企业有自己的 DNS 服务器，可以将其设置为企业内部客户端的首选 DNS 服务器，否则设置 Internet 上的 DNS 服务器为首选 DNS 服务器。

在客户端 Windows XP 中的配置就非常简单，只需在 IP 地址信息中添加 DNS 服务器的 IP 地址即可。注意，Windows Server 2008 和 Windows XP 的 IP 地址是同一网段的，需保证能彼此 ping 通，这样才能保证后续的工作进程。

Windows XP 信息配置如下：

（1）在 Windows XP 的桌面上找到"网上邻居"，单击鼠标右键，在弹出菜单中选择"属性"选项，在"本地连接"图标上，再次单击鼠标右键，在弹出菜单中也选择"属性"选项，选中"Internet 协议（TCP/IP）"复选框，单击"属性"按钮，如图 5-104 所示。

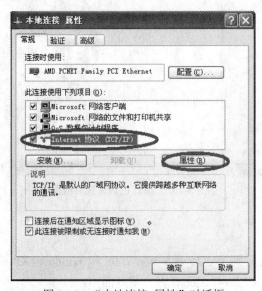

图 5-104　"本地连接 属性"对话框

（2）在"Internet 协议（TCP/IP）属性"对话框中，系统自动默认为"自动获得 IP 地址"，但是我们需要选择静态 IP 地址，也就是选中"使用下面的 IP 地址"单选按钮，在 IP 地址中，输入客户端的 IP 地址为"192.168.1.1"，子网掩码为"255.255.255.0"，默认网关为"192.168.1.254"，如图 5-105 所示。

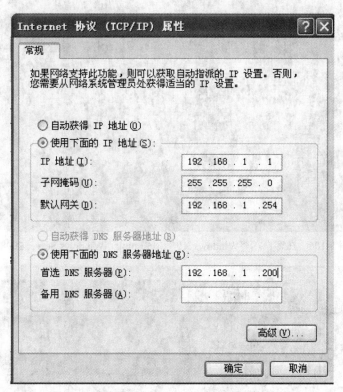

图 5-105　设置 DNS、IP、子网掩码和默认网关

并在"使用下面的 DNS 服务器地址"区域输入 Windows Serve 2008 的 DNS 服务器的 IP 地址"192.168.1.200"。如果网络中还有其他的 DNS 服务器，在"备用 DNS 服务器"文本框中输入这台备用 DNS 服务器的 IP 地址。

六、DNS 客户端的测试

在做配置前，先来测试一下 Windows Server 2008 和 Windows XP 的连通性，用"ping"命令测试一下，Ping 对方的 IP 地址。例如，我们打电话，都是拨对方的电话，网络中的计算机也是如此。

1. 测试 Windows2008（Windows Server 2008）和 XP1（Windows XP）的连通性

（1）在客户端"Windows XP"中去 ping "Windows Server 2008"，ping 通成功，如图 5-106 所示。

（2）在服务器端"Windows Server 2008"中去 ping "Windows XP"，ping 通成功，如图 5-107 所示。注意，在"Windows Server 2008"首次 ping "Windows XP"未通，因为"Windows XP"中防火墙未开启，开启就可以 ping 通。

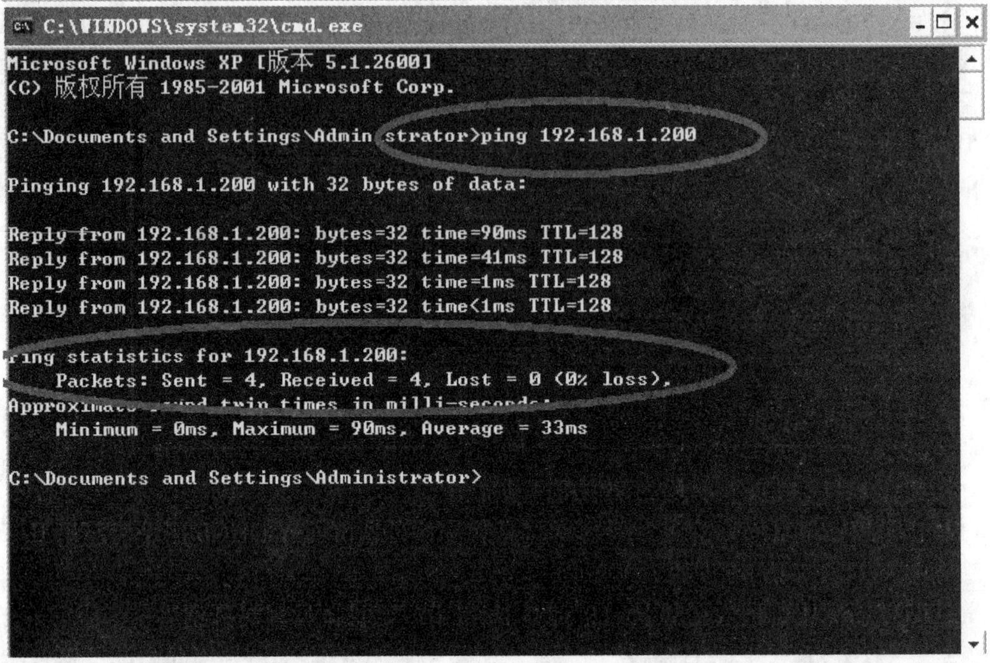

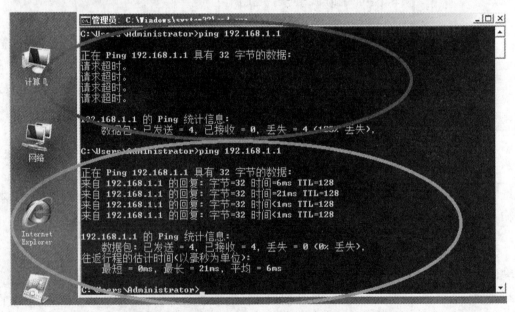

图 5-106 在客户端"Windows XP"中去 ping "Windows Server 2008"

图 5-107 在服务器端"Windows Server 2008"中去 ping "Windows XP"

2. 使用 ping 命令测试

　　DNS 服务器和客户端配置完成后，可以使用各种命令测试 DNS 是否配置正确。如 ipconfig、ping、nslookup 等命令。单击"开始"→"运行"，命令输入"cmd"，按 Enter 键，出现字符界面，如图 5-108 所示，并分别输入"ping Windows2008.baidu.com"和 "www.baidu.com"，会出现图中结果。同理，ping XP1.baidu.com 输出结果如图 5-109 所示。但用ping命令对反向主要区域上的指针记录就不能测试了,所有ping命令都有一定的局限性,所以要用我们将在下面介绍的 nslookup 命令。

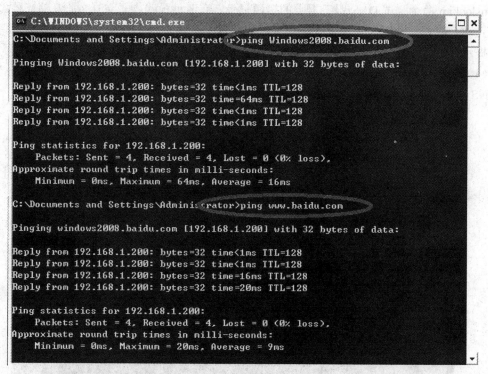

图 5-108　ping Windows2008.baidu.com 和别名 www.baidu.com 输出结果

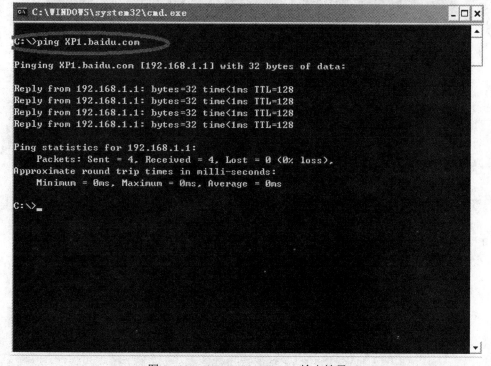

图 5-109　ping XP1.baidu.com 输出结果

3. 使用 nslookup 命令测试

nslookup 命令测试 DNS 服务器上的资源记录，有两种模式：非交互（非互动）模式和交互（互动）模式。区别在于，交互模式可以让用户交互输入相关命令，而非交互模式需要在命令提示符下输入完整的命令。

（1）非交互模式 nslookup 测试。在命令提示符界面输入"nslookup www.baidu.com"，查看 DNS 服务器上资源情况，如图 5-110 和图 5-111 所示。

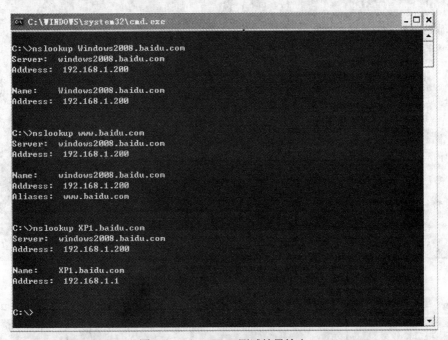

图 5-110　nslookup 测试结果输出

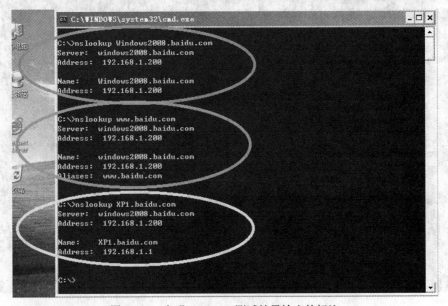

图 5-111　表明 nslookup 测试结果输出的标注

(2）交互模式 nslookup 测试。在命令提示符状态下输入命令进行测试，并输出过程与结果，如图 5-112 和图 5-113 所示。

图 5-112　nslookup 测试结果输出

图 5-113　表明 nslookup 测试结果输出的标注

任务2 DHCP服务器的配置与管理

5.2.1 DHCP概述

在TCP/IP网络中，每一台计算机都必须有一个唯一的IP地址，否则无法与其他计算机进行通信。在同一网络中两台或两台以上的计算机使用相同的IP地址，就会产生IP地址冲突。一旦发生IP地址冲突，对于用户使用网络资源会带来很多不便。因此，管理、分配和配置客户端的IP地址变得非常重要。如果网络规模较小，管理员可以分别对每台机器进行配置。在大型网络中，管理的网络包括成百上千台计算机，为客户端管理和分配IP地址的工作需要大量的时间和精力，如果还是以手工方式设置IP地址，不仅费时费力，还易出错。因此，需要DHCP服务器，才能提高工作效率，并减小发生IP地址故障的可能性。

一、DHCP简介

DHCP是动态主机配置协议（Dynamic Host Configuration Protocol）的简称，是一种简化计算机IP地址分配管理的TCP/IP标准协议。网络管理员可以利用DHCP服务器动态分配IP地址及其他相关的环境配置工作。有两种方法可以用来配置TCP/IP参数。

（1）手动配置TCP/IP。管理员必须在每一个客户的计算机上输入一个IP地址，但费时费力，易出错。

（2）自动配置TCP/IP。利用DHCP服务器自动配置TCP/IP，用户不用从管理员那里获取IP地址，而是由DHCP服务器为DHCP客户机自动提供所有必要的配置。

1. DHCP的优点

（1）安全、可靠。DHCP避免了由于需要手动在每台计算机上输入IP参数而引起的配置错误。DHCP有助于防止由于在网络上配置新的计算机重复使用以前指派的IP地址而引起的地址冲突。

（2）减少配置管理。使用DHCP服务器可以大大降低用于配置客户端计算机的时间。可以配置服务器以便在指派地址租用时提供其他的网络配置的值，如DNS服务器、网关等，这些值都是使用DHCP选项指派的。

（3）便于管理。当网络中的IP地址段改变时，只需修改DHCP服务器的IP地址池即可，而无须逐个修改网络中的所有计算机。

（4）节约IP地址资源。在DHCP服务系统中，只有当DHCP客户端请求时才由DHCP服务器提供IP地址，当计算机关机后，又会自动释放该IP地址。因此，在网络内计算机不同时间段开机的情况下，即使IP地址数量较少，也能够满足较多计算机的IP地址需求。

2. DHCP的缺点

当DHCP服务器配置不当时，也会产生严重的后果。如DHCP服务器设置有问题，将会影响网络中所有DHCP客户端的正常工作。如果网络中只有一台DHCP服务器，当它发生故障时，所有DHCP客户端都将无法获得IP地址，也无法释放已有的IP地址，从而导致网络故障。针对这种情况，可以在一网络中配置两台或两台以上的DHCP服务器，当其中一台DHCP服务器失效时，由另外的DHCP服务器提供服务，而不影响网络的正常运行。如果要在一个由多个网段（子网）组成的网络中使用 DHCP，就需要在每个网段分别安装一台 DHCP 服务器，或保证路由器具有跨网段广播的功能。

3. DHCP 的运行机制

图 5-114 所示为 DHCP 的运行机制，图中有 DCHP 服务器、DHCP 客户机和非 DHCP 客户机。对于 DHCP 客户机，可以从 DHCP 服务器自动获取 IP 地址，而对于非 DHCP 客户机，需要管理员为其分配静态的 IP 地址。

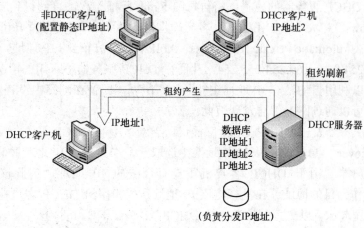

图 5-114　DHCP 的运行机制

二、DHCP 的工作过程

DHCP 客户机使用两种不同的过程来与 DHCP 服务器通信并获得 TCP/IP 配置。租用过程的步骤随客户机是初始化还是刷新其租用而有所不同。当客户机首次启动并尝试加入网络时，执行的是初始化过程，而在客户机拥有 IP 租用之后将执行刷新过程。

1. 初始化过程（IP Request）

DHCP 的客户机首次启动时，会自动执行初始化过程以便从 DHCP 服务器获得 IP 租用，这个过程如图 5-115 所示。主要分为以下 4 个步骤：

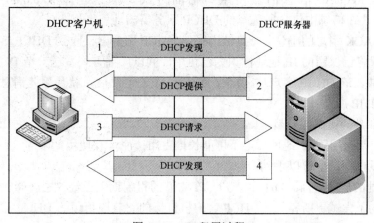

图 5-115　IP 租用过程

（1）计算机发送 DHCP Discover 广播包。计算机被设置为自动获取 IP 地址时，既不知道自己的 IP 地址，也不知道 DHCP 服务器的 IP 地址，它会使用 0.0.0.0 作为自己的 IP 地址，255.255.255.255 作为目标地址，发送 DHCP Discover 广播包。此广播包中还包括客户端网卡的 MAC 地址和 NetBIOS 名称，因此 DHCP 服务器能够确定是哪台客户机发送的请求。当发送第一个 DHCP Discover 广播包后，DHCP 客户端将等待 1 s，如果在此期间没有 DHCP 服务器响应，DHCP 客户端将分别在第 9 s、第 13 s、第 16 s 时重复发送 DHCP Discover 广播包。如果仍没有得到 DHCP 服务器的应答，将再每隔 5 min 广播一次，直到得到应答为止。

同时，Windows 98/Me/2000/XP/7/8/10 客户端将自动从 Microsoft 保留 IP 地址段中选择一个自动私有地址（Automatic Private IP Address，APIPA）作为自己的 IP 地址。自动私有 IP 地址的范围是 169.254.0.1～169.254.255.254。从而在 DHCP 服务器不可用的情况下，DHCP 客户端之间仍然可以利用自动私有 IP 地址进行通信。所以，即使在网络中没有 DHCP 服务器，计算机之间仍然可以通过网上邻居发现彼此。

（2）DHCP 服务器发出 DHCP Offer 广播包。当网络中的 DHCP 服务器收到 DHCP 客户端的 DHCP Discover 信息后，将从 IP 地址池中选取一个未出租的 IP 地址并利用广播方式提供给 DHCP 客户端。由于 DHCP 客户机还没有合法的 IP 地址，因此该消息仍然使用 255.255.255.255 作为目的地址。在没有将该 IP 地址正式租用给 DHCP 客户端之前，这个 IP 地址会暂时被保留起来，以免分配给其他的 DHCP 客户端。DHCP 服务器发出的 DHCP Offer 广播包提供了客户端需要的相关参数，消息中包含如下信息：客户机的硬件地址、提供的 IP 地址、子网掩码和租用期限。

如果网络中有多台 DHCP 服务器，这些 DHCP 服务器都收到了 DHCP 客户端的 DHCP Discover 消息，同时这些 DHCP 服务器都广播了一个 DHCP Offer 给 DHCP 客户端，则 DHCP 客户端将从收到的第一个应答消息中获得 IP 地址及其配置。

（3）DHCP 客户机以广播方式发送 DHCP Request 信息。一旦收到第一个由 DHCP 服务器提供的 DHCP Offer 信息后，DHCP 客户机将以广播方式发送 DHCP Request 信息给网络中所有的 DHCP 服务器。这样，既通知了所选择的 DHCP 服务器，也通知了其他没有被选中的 DHCP 服务器，以便这些 DHCP 服务器释放其原本保留的 IP 地址供其他的 DHCP 客户端使用。此 DHCP Request 信息仍然使用广播的方式，原地址为 0.0.0.0，目标地址为 255.255.255.255，在信息中包含所选择的 DHCP 服务器的地址。

（4）DHCP ACK 消息的确认。一旦被选择的 DHCP 服务器接收到 DHCP 客户端的 DHCP 请求信息后，就将已保留的 IP 地址标识为已租用，并以广播方式发送一个 DHCP ACK 消息给 DHCP 客户端。该 DHCP 客户端在接收 DHCP ACK 消息后，就使用此消息提供的相关参数来配置其 TCP/IP 属性并加入网络。

2. DHCP 租约的更新与释放

DHCP 客户端租用到 IP 地址后，不可能长期占用，而是有使用期限的，也称为租期。IP 地址的更新可以自动，也可以手动。

（1）IP 地址的自动更新。DHCP 客户机在它们的租用期限已经过去一半时，自动尝试更新它的租约。为了尝试更新租约，DHCP 客户机直接向它获取租用的 DHCP 服务器发送一个 DHCP Request 消息。如果该 DHCP 服务器可用，则更新该租约，客户端开始一个新的租用周期，并发送给该客户机一个 DHCP ACK 消息，其中包含新的租约期限和已经更新的配置参数。

如果 DHCP 服务器暂时不可使用，那么客户机可以继续使用原来的 IP 地址及其配置，但是该 DHCP 客户端在租期达到 87.5%时，再次利用广播方式发送一个 DHCP Request 消息，以便找到一台可以继续提供租用的 DHCP 服务器。如果仍然续租失败，则该 DHCP 客户端会立即放弃正在使用的 IP 地址，以便重新向 DHCP 服务器获得一个新的 IP 地址。

以上过程中，当续租失败时，DHCP 服务器会给该 DHCP 客户端发送一个 DHCP NACK 消息，DHCP 客户端在收到该消息后，说明该 IP 地址已经无效或被其他 DCHP 客户端使用。

另外，在 DHCP 客户端重新启动时，不管 IP 地址的租期有没有到期，当 DHCP 客户端重新启动时，都会自动以广播方式向网络中所有 DHCP 服务器发送 DHCP Discover 信息，请求继续使用原来的 IP 地址信息。

（2）IP 地址的手动更新。使用"ipconfig"命令可以进行手动更新。这个命令可以向 DHCP 服务器发送一个 DHCP Request 消息，用于更新配置选项和更新租用时间，也可以用释放已分配给客户端的 IP 地址。

使用"ipconfig /renew"命令更新现有客户端的配置或者获得新配置。在 Windows XP 客户端计算机上执行"开始"→"程序"→"附件"→"命令提示符"命令，在提示符下输入"ipconfig /renew"命令，得到的结果如图 5-116 所示。

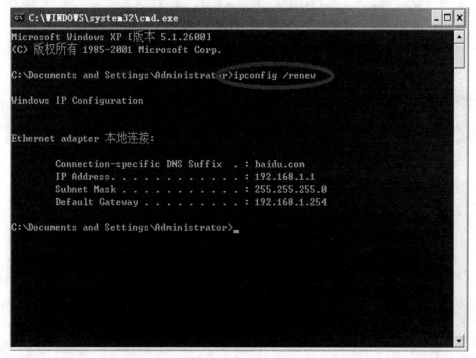

图 5-116 "ipconfig /renew"命令运行结果

使用"ipconfig /all"命令可以看到 IP 地址及其他相关配置是由 DHCP 服务器"192.168.1.200"分配的，如图 5-117 所示。

使用带"ipconfig /release"参数的"ipconfig"命令将立即释放主机的当前 DHCP 配置，客户端的 IP 地址及子网掩码均变为"0.0.0.0"，其他的配置如网关等都将释放掉。在命令提示符下输入"ipconfig /release"命令，结果如图 5-118 所示。

图 5-117 "ipconfig /all" 命令运行结果

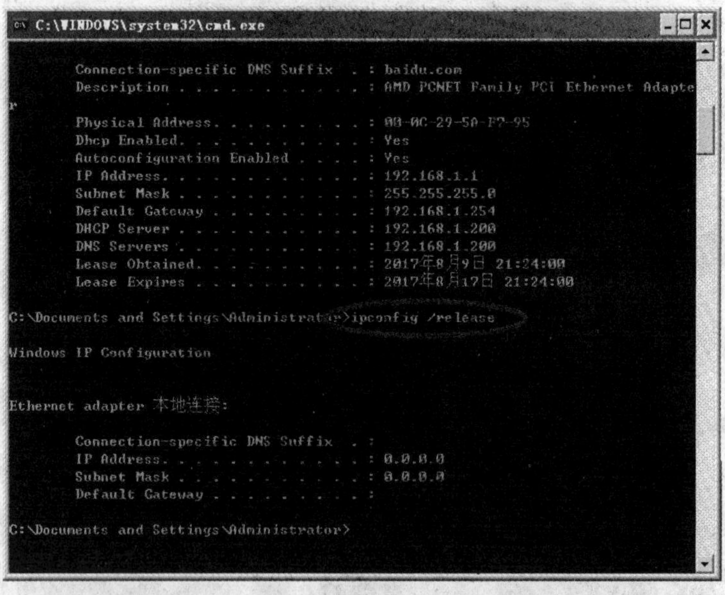

图 5-118 "ipconfig /release" 命令运行结果

5.2.2 DHCP 服务器的安装

一、系统需求

实现 DHCP 的第一步是先安装 DHCP 服务器。安装 DHCP 服务器之前，需要了解清楚使用 DHCP 服务器的环境。DHCP 服务器和客户端的需求如下：

1. DHCP 服务器的要求

（1）运行 Windows Server 2008。

（2）安装 DHCP 服务器。

（3）具有静态的 IP 地址（DHCP 服务器本身不可能是 DHCP 客户机）、子网掩码和默认网关。

（4）一个合法的 IP 地址范围，即 DHCP 区域，用于出租或者分配给客户机。

2．DHCP 客户机的类型

（1）Windows XP 或者 Windows Server 2008。

（2）Windows 2000 Professional 或者 Windows 2000 Server。

（3）Windows NT Server/Workstation 3.51 或者更新版本。

（4）Microsoft Windows 95/98/Me 等。

（5）其他非 Microsoft 的操作系统，如 Linux、UNIX 和 Novell Netware 等操作系统。

二、架设 DHCP 服务器的需求和环境

在架设 Windows Server 2008 中 DHCP 服务器之前，读者需要了解实例部署需求和实验环境。

1．部署需求

部署 DHCP 服务器前需满足以下要求：

（1）以（域）管理员身份登录到需要安装 DHCP 服务器角色的计算机上。

（2）设置 DHCP 服务器的 TCP/IP 属性，手动指定 IP 地址、子网掩码、默认网关和 DNS 服务器地址等。

（3）如果有域的话，部署域环境，域名为 baidu.com。

2．实验环境

注意：本书中没有安装域。其中 DHCP 服务器主机中为"Windows2008"，其本身也是 DNS 服务器，IP 地址为"192.168.1.200"；DHCP 客户机名为"XP1（或 client）"，客户端的 IP 地址是从 DHCP 服务器上动态获取的。这两台计算机具体网络拓扑如图 5-119 所示。

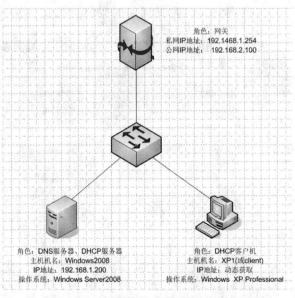

图 5-119　架设 DHCP 服务器网络拓扑图

计算机网络基础

三、安装 DHCP 服务器角色

在 Windows Server 2008 上安装 DHCP 服务器的操作步骤如下：

（1）以（域）管理员身份登录到需要安装 DHCP 服务器角色的计算机上，单击"开始"→"程序"→"管理工具"→"服务器管理器"选项（见图 5-120），在弹出的"服务器管理器"窗口中单击"角色"选项，并单击鼠标右键，在弹出的列表框中选择"添加角色"选项（见图 5-121），并单击"下一步"按钮（见图 5-122）。

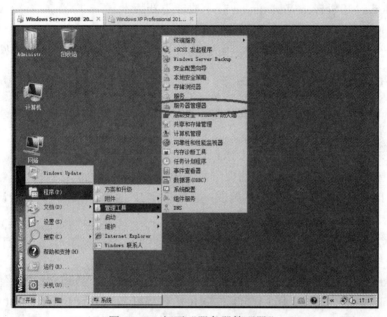

图 5-120　打开"服务器管理器"

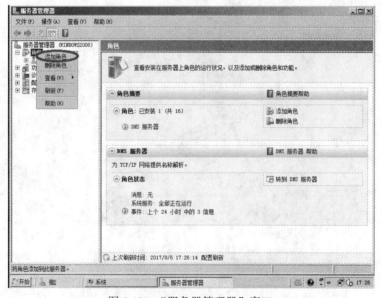

图 5-121　"服务器管理器"窗口

项目5 服务器的配置与管理

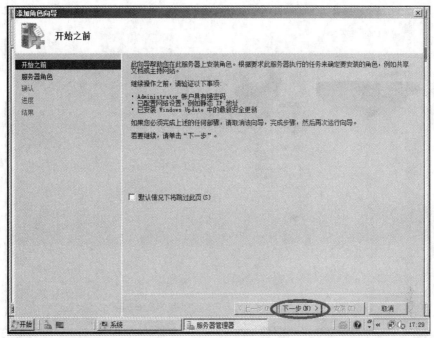

图 5-122 添加角色向导

(2) 在"选择服务器角色"向导中选择"DHCP 服务器"选项(见图 5-123),并单击"下一步"按钮(见图 5-124)。

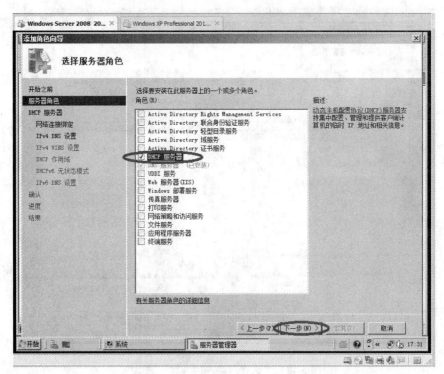

图 5-123 选择服务器角色向导

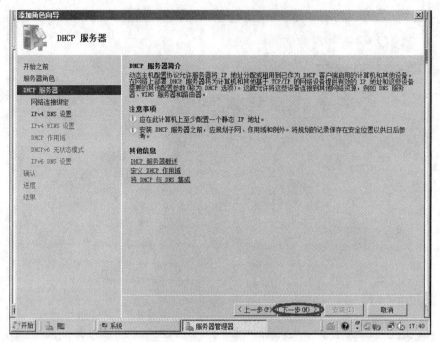

图 5-124 "DHCP 服务器"对话框

（3）出现"选择网络连接绑定"对话框，默认将绑定到使用中 IP 地址"192.168.1.200"，如图 5-125 所示，单击"下一步"按钮，输入父域名称"baidu.com"，如图 5-126 所示。

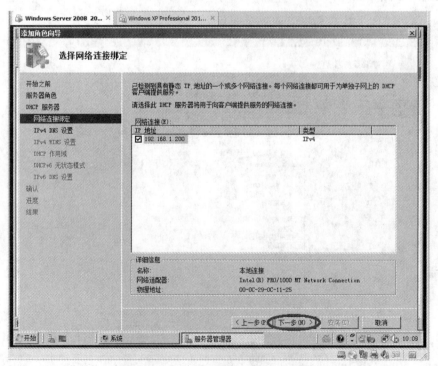

图 5-125 "选择网络连接绑定"对话框

项目 5 服务器的配置与管理

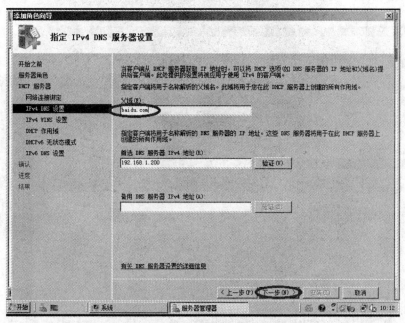

图 5-126 "指定 IPv4 DNS 服务器设置"对话框

（4）单击"下一步"按钮，出现"指定 IPv4 WINS 服务器设置"对话框，在该对话框中选中"此网络上的应用程序不需要 WINS"单选按钮，如图 5-127 所示。单击"下一步"按钮，弹出"添加或编辑 DHCP 作用域"对话框，单击"下一步"按钮即可，我们稍后对"DHCP 作用域"进行配置，如图 5-128 所示。

（5）注意，在图 5-129 中，要选中"对此服务器禁用 DHCPv6 无状态模式"单选按钮，单击"下一步"按钮。开始安装，如图 5-130～图 5-132 所示。

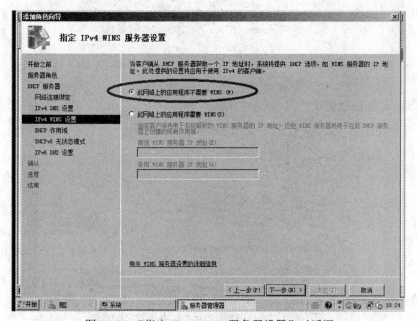

图 5-127 "指定 IPv4 WINS 服务器设置"对话框

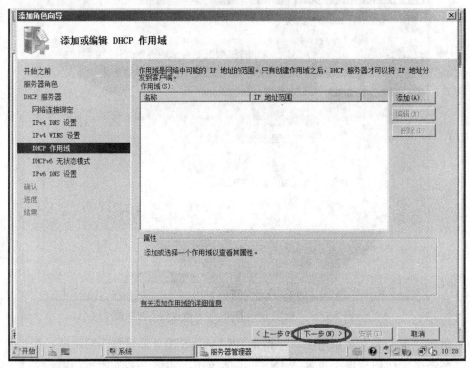

图 5-128 "添加或编辑 DHCP 作用域"对话框

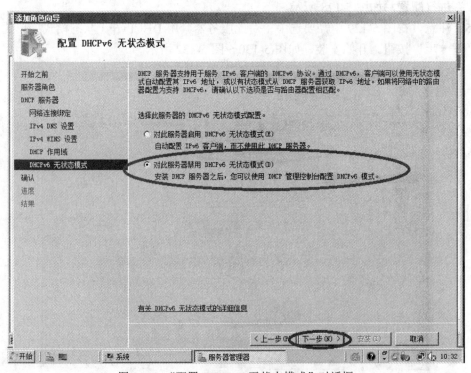

图 5-129 "配置 DHCPv6 无状态模式"对话框

项目 5　服务器的配置与管理

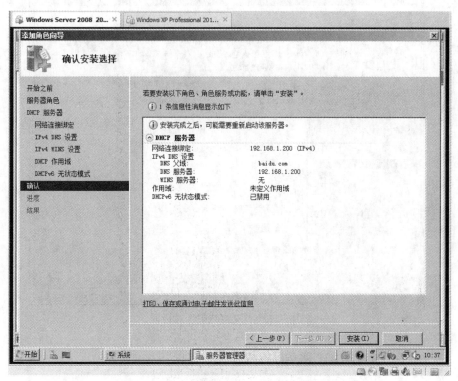

图 5-130　"确认安装选择"对话框

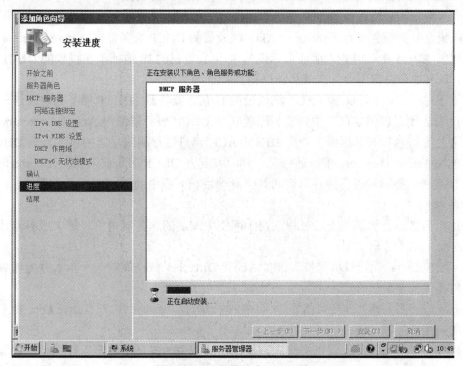

图 5-131　"安装进度"对话框

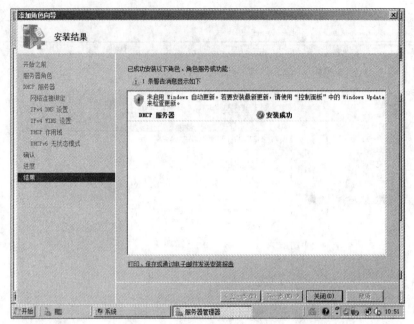

图 5-132 "安装结果"对话框

四、在 AD DS 中为 DHCP 服务器授权

1. DHCP 服务器授权

在 Windows Server 2008 中，DHCP 服务器与 Active Directory 集成，为 DHCP 服务器提供授权。网络上未经授权的 DHCP 服务器可能通过分配不正确的地址或配置选项中断网络操作。作为域控制器或 Active Directory（AD）域成员的 DHCP 服务器向 Active Directory（AD）查询授权服务器列表（通过 IP 地址来标识）。如果它自己的 IP 地址不在授权的 DHCP 服务器列表中，DHCP 服务器不会完成其启动序列并将自动关闭。

对于不是 Active Directory（AD）域成员的 DHCP 服务器，DHCP 服务器将发送一个广播 DHCP Inform 消息以请求在其中安装和配置其他 DHCP 服务器的根 Active Directory 域的信息。网络上的其他 DHCP 服务器使用 DHCP ACK 消息进行响应，其中包含查询 DHCP 服务器用来查找 Active Directory 根域的信息。然后发起方 DHCP 服务器向 Active Directory 查询已授权 DHCP 服务器列表，并且只启动其自身地址在列表中的 DHCP 服务器服务。

2. 授权的工作方式

DHCP 服务器计算机的授权过程取决于网络上安装的服务器角色。每个服务器计算机可安装三种角色或服务器类型：

（1）域控制器：此计算机保持和维护 Active Directory 数据库的一个副本并为域成员用户和计算机提供安全账户管理。

（2）域成员服务器：此计算机不作为域控制器运行，而是已加入 Active Directory 数据库中具有成员账户的域。

（3）独立服务器：此计算机不作为域控制器或域中的成员服务器运行。相反，服务器计算机通过指定的工作组名在网络中公开，工作组名可与其他计算机共享，但只用于计算机浏览目的，不为共享域资源提供安全登录访问权限。

因此，如果部署 Active Directory，作为 DHCP 服务器运行的所有计算机必须成为域控制器或域成员服务器，才能被授权和为客户端提供 DHCP 服务。

可以将独立服务器用作 DHCP 服务器，只要它不是在具有任何已授权 DHCP 服务器的子网上，但不推荐这样做。当独立 DHCP 服务器检测到同一子网上的授权服务器时，它将自动停止将 IP 地址租给 DHCP 客户端。

5.2.3 配置 DHCP 服务器

一、DHCP 作用域简介

1. 作用域

作用域是为了便于管理而对子网上使用 DHCP 服务的计算机 IP 地址进行的分组。管理员首先为每个物理子网创建作用域，然后使用该作用域定义客户机使用的参数。一个 DHCP 作用域（DHCP Scope）是一个合法的 IP 地址范围，用于向特定子网上的客户计算机出租或者分配 IP 地址。作用域可用于对使用 DHCP 服务的计算机进行管理性分组。可以在 DHCP 服务器上配置一个作用域，用于确定 IP 地址池，该服务器可将这些 IP 地址指定给 DHCP 客户机。

DHCP 服务器上的作用域具有以下相关属性：

（1）IP 地址的范围：可在其中包含或排除用于提供 DHCP 服务租用的地址。

（2）子网掩码：它确定给定 IP 地址的子网。

（3）作用域名称：在创建作用域时指定该名称。

（4）租用期限值：这些值被分配到接收动态分配的 IP 地址的 DHCP 客户端，默认的租用期限为 8 天。

（5）为向 DHCP 客户端的分配而配置的所有 DHCP 作用域选项，例如 DNS 服务器、路由器 IP 地址和 WINS 服务器地址。

（6）保留：可以选择用于确保 DHCP 客户端终接收相同的 IP 地址，以用于给网络上指定计算机设备的永久租用分配。

2. 添加作用域之前的规划

DHCP 作用域由给定子网上 DHCP 服务器可以租用给客户端的 IP 地址池组成，例如从"192.168.1.1"到"192.168.1.199"的 IP 地址。

每个子网只能有一个 DHCP 作用域，该作用域带有一组连续的 IP 地址。若要使用单一作用域或子网内的多个地址范围用于 DHCP 服务，必须首先定义作用域，然后设置任何所需的排除范围。

（1）定义作用域。使用组本地 IP 子网（要为其启用 DHCP 服务）的连续 IP 地址的全部范围。

（2）设置排除范围。应为作用域内不希望 DHCP 服务器提供或用于 DHCP 分配的任何 IP 地址设置排除范围。例如，可以通过 192.168.1.66 到 192.168.1.88 的地址创建排除，来排除掉这 23 个 IP 地址。

通过为这些地址设置排除，可以指定在 DHCP 客户端向服务器请求租约配置时，永远不向它们提供这些地址。被排除掉的 IP 地址在网络上可以是活动的，但只能在不使用 DHCP 获取地址的主机上手动配置这些地址。

二、创建 DHCP 作用域

在 DHCP 服务器上创建作用域,该作用域的地址池范围为 192.168.1.1～192.168.1.199,具体步骤如下:

(1)打开"新建作用域向导"页面,以(域)管理员账户登录到 DHCP 服务器并打开"DHCP"控制台。执行"开始"→"程序"→"管理工具"→"DHCP"命令,打开"DHCP"控制台,如图 5-133 所示,在控制台树中展开服务器(见图 5-134),鼠标右键单击"IPv4"选项,在弹出的菜单中选择"新建作用域"选项(见图 5-135),打开图 5-136 所示的"新建作用域向导"页面。

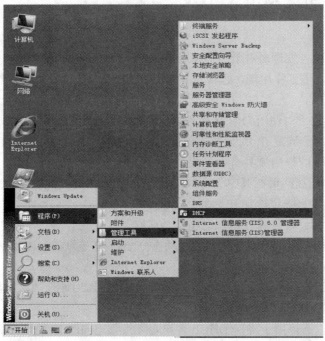

图 5-133 打开"DHCP"控制台

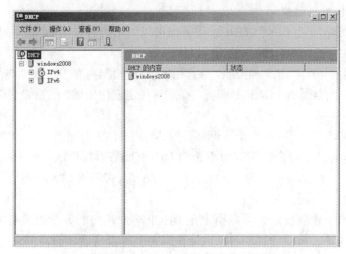

图 5-134 "DHCP"控制台对话框

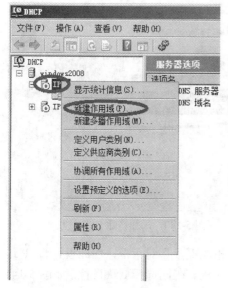

图 5-135　IPv4 中 "新建作用域"

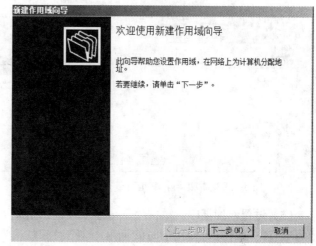

图 5-136　"新建作用域向导"页面

（2）设置作用域名称。单击"下一步"按钮，出现"作用域名称"对话框，在该对话框中设置作用域的名称和描述相关信息，如图 5-137 所示。

（3）设置 IP 地址范围。单击"下一步"按钮，出现"IP 地址范围"对话框，在此对话框中设置作用域的地址范围和子网掩码。在"输入此作用域分配的地址范围"选项区域中设置允许分配给 DHCP 客户端的 IP 地址起始范围，本例中 IP 地址起始范围是 "192.168.1.1～192.168.1.199"。在子网掩码长度中设置分配给 DHCP 客户端的子网掩码，在此选择默认的长度是 "24"，子网掩码为 "255.255.255.0"，如图 5-138 所示。

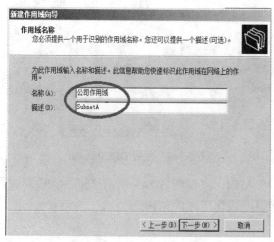

图 5-137　设置作用域名称

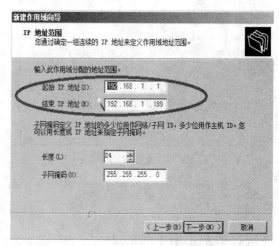

图 5-138　设置作用域 IP 地址范围

（4）添加排除的 IP 地址。单击"下一步"按钮，出现"添加排除"对话框，在此可以设置将作用域的 IP 地址范围中不分配给客户机的 IP 地址排除出去，本例中的排除地址为 "192.168.1.66～192.168.1.88"，如图 5-139 和图 5-140 所示。

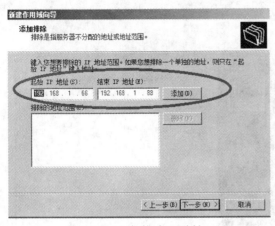
图 5-139 添加排除 IP 地址

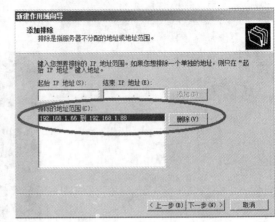
图 5-140 添加排除 IP 地址

（5）设置租约期限。单击"下一步"按钮，出现"租约期限"对话框，在此设置将 IP 地址租给客户端计算机使用的时间期限，这个时间默认为 8 天，在此选择默认设置，如图 5-141 所示。

（6）配置 DHCP 选项。单击"下一步"按钮，出现"配置 DHCP 选项"对话框，在此可以配置作用域，关于如何配置作用域选项稍后讲解，所以在此选中"否，我想稍后配置这些选项"单选按钮，如图 5-142 所示。

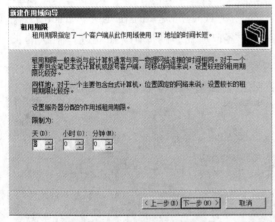
图 5-141 设置租约期限

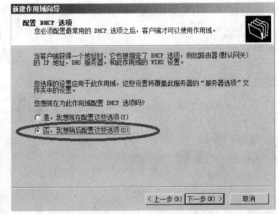
图 5-142 配置 DHCP 选项

（7）DHCP 作用域创建完成。单击"下一步"按钮，出现图 5-143 所示"正在完成新建作用域向导"对话框，最后单击"完成"按钮即可完成作用域的创建。

三、配置 DHCP 作用域

1. 激活 DHCP 作用域

只有 DHCP 作用域激活以后才能给客户端计算机分配 IP 地址，激活所创建的作用域，具体步骤如下：

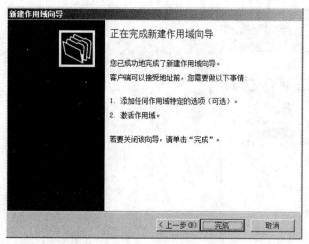

图 5-143 DHCP 作用域创建完成

（1）打开"DHCP"控制台。以（域）管理员账户登录到 DHCP 服务器上，打开"DHCP"控制台，在控制台树中依次展开服务器和"IPv4"节点，可以看到刚才创建的作用域上标识了红色向下箭头，表明该作用域现在还处于不活动状态，不能给客户端计算机自动分配 IP 地址，如图 5-144 所示。

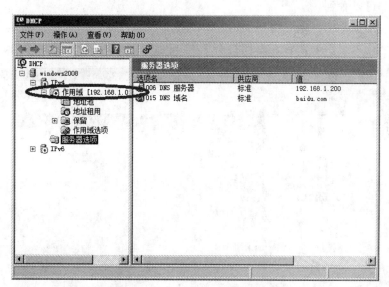

图 5-144 作用域处于不活动状态

（2）激活作用域。鼠标右键单击该作用域，在弹出的菜单中选择"激活"选项，这样就可以激活该作用域了。激活该作用域以后，在"DHCP"控制台树中可以看到当前该作用域处于活动状态，此时，该作用域才可以自动给客户端计算机分配 IP 地址，如图 5-145 所示。

2. 作用域中相关信息

在创建完 DHCP 作用域后，在 DHCP 管理控制台中出现新添加的作用域，如图 5-146 所示。同时在作用域下多了 4 项，通过这 4 项可以得到以下信息：

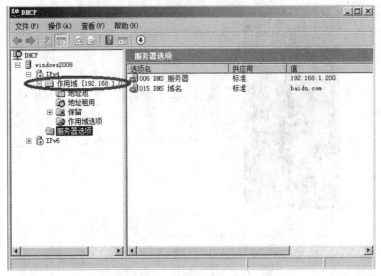

图 5-145　作用域处于活动状态

（1）地址池：用于查看、管理作用域的有效地址范围和排除地址。

（2）地址租用：用于查看、管理当前的地址租用情况。如果已有客户端租用了地址，那么在地址租约中可以看到。

（3）保留：用于添加、删除特定保留的 IP 地址。

（4）作用域选项：用于查看、管理当前作用域提供的选项类型及其设置值。

图 5-146　作用域相关信息

3. 配置 DHCP 选项

1）DHCP 选项

DHCP 选项定义了除 IP 地址和子网掩码外，DHCP 服务器分配给 DHCP 客户端的相关选项。网关地址、DNS 服务器、WINS 服务器等只是常见的几种 DHCP 选项，在 Windows Server

2008 系统的 DHCP 服务器中自带了 70 多种 DHCP 选项，除此之外，还可以定义分配给 DHCP 客户端计算机的 DHCP 选项。

DHCP 提供了用于将配置信息传送给网络上的客户端的内部框架结构。在 DHCP 服务器及其客户端之间交换的协议消息内存储标记数据项中携带的配置参数和其他控制信息，这些数据项被称作"选项"。

2）选项分类

可通过为每个管理的 DHCP 服务器进行不同级别的指派来管理这些选项。

（1）服务器选项。在此赋值的选项默认应用于 DHCP 服务器中的所有作用域和客户端或由它们默认继承。此处配置的选项值可以被其他值覆盖，但前提是在作用域、选项类别或保留客户端级别上设置这些值。

（2）作用域选项。在此赋值的选项仅应用于"DHCP"控制台树中选定的适当作用域中的客户端。此处配置的选项值可以被其他值覆盖，但前提是在选项类别或保留客户端级别上设置这些值。

（3）保留选项。为那些仅应用于特定的 DHCP 保留客户端的选项赋值。要使用该级别的指派，必须首先为相应客户端在向其提供 IP 地址的相应 DHCP 服务器和作用域中添加保留。这些选项为作用域中使用地址保留配置的单独 DHCP 客户端而设置。只有在客户端上手动配置的属性才能替代在该级别指派的选项。

（4）类别选项。使用任何选项配置对话框（"服务器选项""作用域选项"或"保留选项"）时，均可配置和启用标识为指定用户或供应商类别的成员客户端的指派选项。

根据所处环境，只有那些根据所选类别标识自己的 DHCP 客户端才能分配到为该类别明确配置的选项数据。例如，如果在某个作用域上设置类别指派选项，那么只有在租约活动期间表明类别成员身份的作用域客户端才使用类别指派的选项值进行配置。对于其他非成员客户端，将使用设置的作用域选项值进行配置。

此处配置的选项可能会覆盖在相同环境（"服务器选项""作用域选项"或"保留选项"）中指派和设置的值，或从在更高环境中配置的选项继承的值。但在通常情况下，客户端指明特定选项类别成员身份的能力是能否使用此级别的选项指派的决定性标准。

3）DHCP 选项冲突优先级

当不同级别的 DHCP 选项出现冲突时，DHCP 客户端应用 DHCP 选项的完整优先级顺序如下：

（1）DHCP 客户端的手动配置具有最高的优先级，覆盖从 DHCP 服务器获得的值。

（2）如果具有保留选项，则保留选项覆盖作用域选项和服务器选项。

（3）如果具有作用域选项，则作用域选项覆盖服务器选项。

（4）如果具有服务器选项，则服务器选项的优先级是最低的。

（5）如果在服务器、作用域、保留选项上设置了类别选项，则类别选项覆盖标准选项。

由于不同级别 DHCP 选项配置适用的范围和对象不同，在考虑部署 DHCP 选项时，请根据不同级别选项配置的特性来进行选择。

4）常用选项

在为客户端设置了基本的 TCP/IP 配置设置障碍（如 IP 地址、子网掩码和默认网关）之后，大多数客户端还需要 DHCP 服务器通过 DHCP 选项提供其他信息。其中最常见的如下：

（1）路由器：DHCP 客户端所在子网上路由器的 IP 地址首选列表。客户端可根据需要与这些路由器联系以转发目标为远程主机的 IP 数据包。

（2）DNS 服务器：可由 DHCP 客户端用于解析域主机名称查询的 DNS 名称服务器的 IP 地址。

（3）DNS 域：指定 DHCP 客户端在 DNS 域名称解析期间解析不合格名称时应用的域名。

（4）WINS 节点类型：供 DHCP 客户端使用的首选 NetBIOS 名称解析名称（如仅用于广播的 B 节点或用于点对点和广播混合模式的 H 节点）。

（5）WINS 服务器：供 DHCP 客户端使用的主要和辅助 WINS 服务器的 IP 地址。

5）主要的 DHCP 选项

主要的 DHCP 选项如表 5-3 所示。DHCP 设置选项中的范围和优先级比对如表 5-4 所示。

表 5-3　DHCP 设置选项

选项	描述
003 路由器	路由器的 IP 地址、默认网关的地址
006 DNS 服务器	DNS 服务器的 IP 地址
015 DNS 域名	用户的 DNS 域名
044 WINS/NBNS 服务器	用户可以得到的 WINS 服务器的 IP 地址。如果 WINS 服务器的地址是在用户机器上手动配置的，则它覆盖此选项的设置值
046 WINS/NBT 结点类型	运行 TCP/IP 的客户机上用于 NetBIOS 名称解析的结点类型。选项有： 1-B 结点（广播结点） 2-P 结点（点对点结点） 3-M 结点（混合结点） 4-H 结点（杂交结点）
047 NetBIOS 领域 ID	本地的 NetBIOS 领域 ID。在 TCP/IP 网络中，NetBIOS 只与使用相同 ID 的 NetBIOS 宿主机通信

表 5-4　DHCP 设置选项中的范围和优先级比对

作用域	范围	优先级
保留	小	高
作用域选项	↑	↓
服务器选项	大	低

4. 配置 DHCP 作用域选项实例

在 DHCP 服务器上配置 DHCP 作用域选项，如路由器、DNS 服务器、DNS 域名服务器，具体步骤如下：

（1）打开"作用域选项"对话框。以（域）管理员账户登录到 DHCP 服务器上，打开"DHCP"控制台，依次展开服务器、"IPv4"和"作用域"节点，在弹出的菜单中选择"配置选项"选项，将打开如图 5-147 所示"作用域选项"对话框。

（2）设置作用域选项。

① 在"作用域选项"对话框中，选中"003 路由器"复选框，路由器就是局域网网关，

在"IP 地址"文本框中输入网关地址,此处输入"192.168.1.254",然后单击"添加"按钮,如图 5-147 所示,单击"应用"按钮(再单击"确定"按钮)即可。

② 在"作用域选项"对话框中,选中"006 DNS 服务器"复选框,在"IP 地址"文本框中输入 DNS 服务器的 IP 地址,此处输入"192.168.1.200",然后单击"添加"按钮,如图 5-148 所示,最后单击"应用"按钮即可。

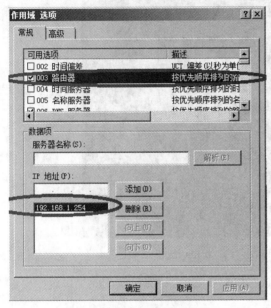
图 5-147 设置路由器 IP 地址

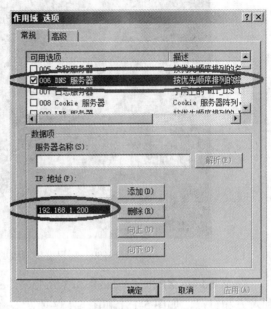
图 5-148 设置 DNS 服务器 IP 地址

③ 在"作用域选项"对话框中,选中"015 DNS 域名"复选框,在"字符串值"文本框中输入 DNS 域名,此处输入"baidu.com",如图 5-149 所示,最后单击"应用"按钮即可,可以到客户端看一下结果,如图 5-150 所示。

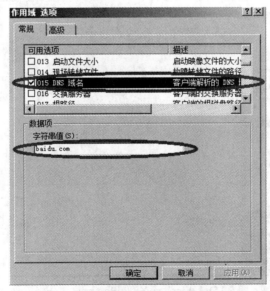
图 5-149 设置 DNS 域名

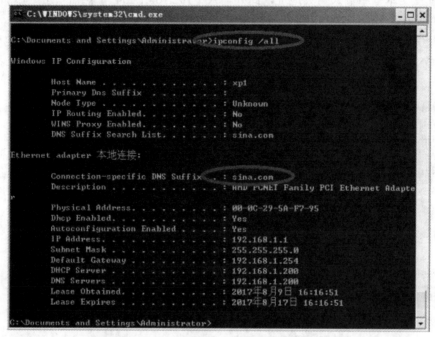

图 5-150　客户端申请到的 IP 域名为 "baidu.com"

在 Windows XP Professional 和 Windows Server 2008 中，两台计算机在彼此工作组中要看到对方和自己，如图 5-151 和图 5-152 所示。

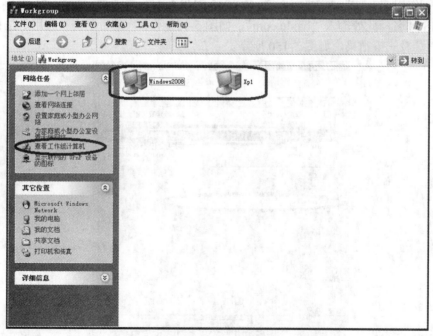

图 5-151　Windows XP Professional 工作组

项目 5 服务器的配置与管理

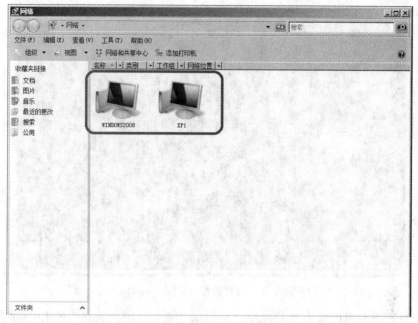

图 5-152　Windows Server 2008 工作组

注意：如果在"作用域选项"对话框中，选中"015 DNS 域名"复选框，在"字符串值"文本框中输入 DNS 域名，如输入"Changchun.com"或其他域名，会在客户端体现出不同的效果。也就是说，在 XP 客户端，在字符界面下，输入"ipconfig /all"时，"baidu.com"会变成"Changchun.com"，如图 5-153 和图 5-154 所示。

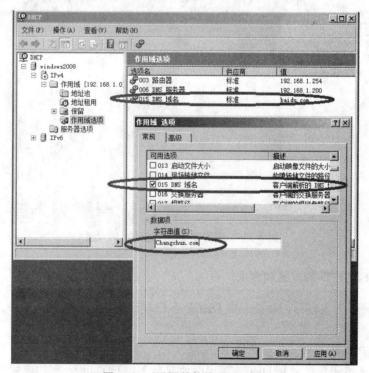

图 5-153　设置其他的 DNS 域名

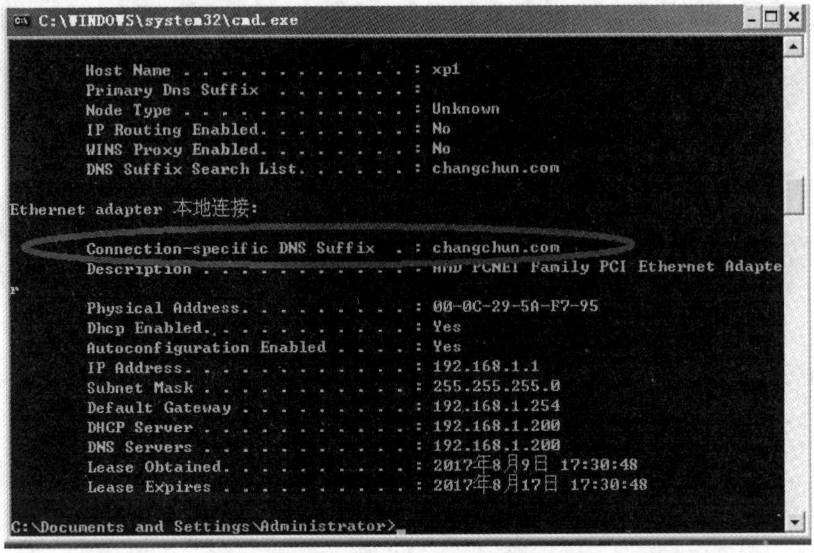

计算机网络基础

图 5-154 客户端申请到的 IP 域名为 "changchun.com"

在客户端,字符界面输入 "ipconfig /release" 命令,把之前获取的 IP 地址信息释放掉,然后再输入 "ipconfig /renew" 命令,重新获取 IP 地址,再输入 "ipconfig /all" 命令。

全部设置完成以后,单击"作用域选项"中的"确定"按钮,返回到"DHCP"控制台,在控制台左侧展开"作用域选项",可以看到所创建的服务器选项,如图 5-155 所示。

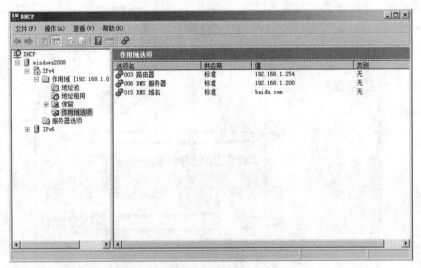

图 5-155 配置完作用域选项后的效果

四、DHCP 客户端的配置和测试

DHCP 服务器配置好后,就该配置 DHCP 客户端计算机了,使其从 DHCP 服务器上动态获取 IP 地址,具体步骤如下:

1. 设置客户端计算机"自动获得 IP 地址"

以(域)管理员账户登录到 DHCP 客户端计算机上,打开"Internet 协议版本 4(TCP/IPv4)"

项目 5　服务器的配置与管理

对话框，选中"自动获得 IP 地址"和"自动获得 DNS 服务器地址"单选按钮，如图 5-156 所示，单击"确定"按钮关闭对话框。

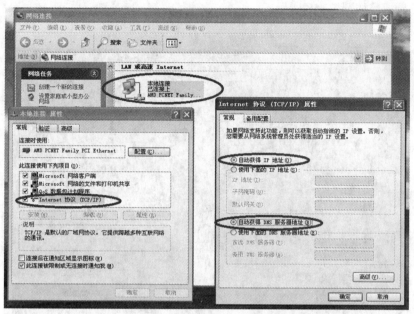

图 5-156　"Internet 协议版本 4（TCP/IPv4）"对话框

2. 在客户端计算机上申请并查看 IP 地址

在 DHCP 客户端计算机上打开命令提示符界面，输入"ipconfig /release"命令，把之前获取的 IP 地址信息释放掉，然后再输入"ipconfig /renew"命令，从 DHCP 服务器上重新获取 IP 地址，再输入"ipconfig /all"，如图 5-157 所示。

图 5-157　申请 IP 地址

3. 关于有/无 DHCP 选项情况

（1）没有设置 DHCP 选项情况。当没有设置 DHCP 选项时，在客户端获取 IP 地址时，网关无信息显示，如图 5-158 所示。

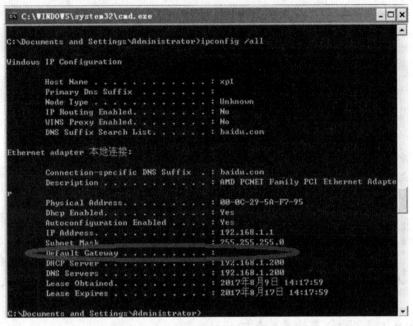

图 5-158　申请后 IP 地址无网关信息

（2）有设置 DHCP 选项情况。当有设置 DHCP 选项时，在客户端获取 IP 地址时，网关有信息显示，如图 5-159 所示。

图 5-159　申请后 IP 地址有网关信息

项目 5 服务器的配置与管理

任务 3 IIS 7.0 的配置与管理

IIS 7.0（Internet Information Service，Internet 信息服务）是 Windows Server 2008 中的一个重要服务组件，它提供了 Web、FTP、SMTP 和 NNTP 等主要服务，同时还提供了可于 Intranet、Internet 上集成的 Web 服务器能力，这种服务具有可靠性、可伸缩性、安全性以及可管理性的特点。

5.3.1 IIS 7.0 概述

IIS 7.0 是 Windows Server 2008 中的 Web 服务器角色，可以使用 IIS 7.0 管理工具来配置 Web、FTP、SMTP、POP8 服务。

一、IIS 7.0 的功能

接下来介绍 Windows Server 2008 系统中的 Web 平台 IIS 7.0 的功能和改进之处。

1. 全新的管理工具

IIS 7.0 提供了基于任务的全新 UI，新增了功能强大的命令行工具。借助这些全新的管理工具，Web 网站管理员可以实现以下功能：

（1）通过统一的工具来管理 IIS 和 ASP.NET。
（2）查看运行状况和诊断信息，包括实时查看当前所执行的请求的能力。
（3）为站点和应用程序配置用户和角色权限。
（4）将站点和应用程序配置工作委派给非管理员。

2. 配置存储

IIS 7.0 引入了新的配置存储，该存储集成了针对整个 Web 平台的 IIS 和 ASP.NET 配置设置。借助新的配置存储，Web 管理员可以现实以下功能：

（1）在一个配置存储中配置 IIS 和 ASP.NET 设置，该存储使用统一的格式并可通过一组公共 API 进行访问。
（2）以一种准确可靠的方式将配置委派给驻留在内容目录中的分布式配置文件。
（3）将特定站点或应用程序的配置和内容复制到另一台计算机中。
（4）使用新的 WMI 提供程序编写 IIS 和 ASP.NET 的配置脚本。

3. 诊断和故障排除

通过 IIS 7.0 Web 服务器，可以更加轻松地诊断和解决 Web 服务器上的问题。利用新的诊断和故障排除功能，可以实现以下目的，即 Web 管理员可以现实以下功能：

（1）查看有关应用程序池、工作进程、站点、应用程序域和当前请求的实时状态信息。
（2）记录有关通过 IIS 请求-处理通道的请求的详细跟踪信息。
（3）将 IIS 配置为基于运行时间或错误响应代码记录详细跟踪信息。

4. 模块式体系结构

在 IIS 7.0 中，Web 服务器由多个模块组成，可以根据需要在服务器中添加或删除这些模块。借助新的体系，Web 管理员可以实现以下功能：

（1）通过仅添加需要使用的功能对服务器进行自定义，这样可以最大限度地减少 Web 服务器的安全问题和内存需求量。

（2）可在同一个位置配置以前在 IIS 和 ASP.NET 中重复出现的功能（例如身份、授权和自定义错误）。

（3）将现有的 Forms 身份验证或 URL 授权等 ASP.NET 功能应用于所有请求类型。

5．兼容性

IIS 7.0 Web 服务器可以保证最大限度地实现现有应用程序的兼容性。通过 IIS 7.0，Web 管理员可以实现以下功能：

（1）继续使用现有的 Active Directory 服务接口（ADSI）和 WMI 脚本。

（2）在不更改代码的情况下运行 Active Server Pages（ASP）应用程序。

（3）在不更改代码的情况下运行现有的 ASP.NET 1.1 和 ASP.NET 2.0 应用程序（当在 IIS 7.0 中以 ISAPI 模式在应用程序池中运行时）。

（4）在不进行更改的情况下使用现有的 ISAPI 扩展。

（5）使用现有的 ISAPI 筛选器（依赖 READ RAW 通知的筛选器除外）。

二、IIS 7.0 中的可用角色服务

Web 服务器在 IIS 7.0 中经过重新设计，将能够通过添加或删除模块来自定义服务，以满足企业特定需求，如图 5-160 所示。

图 5-160　IIS 7.0 的体系结构

1．常见 HTTP 功能

（1）静态内容：允许 Web 服务器发布静态 Web 文件格式。

（2）默认文档：允许配置当用户未在 URL 中指定文件时供 Web 服务器返回默认文件。

（3）目录浏览：允许用户查看 Web 服务器上目录的内容。

（4）HTTP 错误：可以自定义当 Web 服务器检测到故障情形时返回到用户的浏览器的错误信息。

（5）HTTP 重定向：支持将用户请求重定向到特定目标。

2．应用程序开发功能

（1）ASP.NET：提供了一种面向对象的服务器端编程环境，用于构建使用托管代码的网站和 Web 应用程序。

（2）.NET 扩展性：托管代码开发人员能够在请求管道、配置和 UI 更改、添加和扩展 Web 服务器功能。

（3）ASP：提供了一种服务器端服务编写环境，用于构建网站和 Web 应用程序。

（4）CGI：定义 Web 服务器如何将信息传递到外部程序。

（5）ISAPI 扩展：支持使用 ISAPI 扩展进行动态 Web 内容开发。

（6）ISAPI 筛选器：支持使用 ISAPI 筛选器的 Web 应用程序。

（7）在服务器端的包含文件（SSI）：是一种脚本编写语言，用于动态地生成 HTML 页面。

3．运行状况和诊断功能

（1）HTTP 日志：可以对此服务器的网站活动进行记录。

（2）日志工具：提供了用于管理 Web 服务器日志和自动执行常见日志记录任务的基础结构。

（3）请求监视器：提供了基础结构，通过捕获有关 IIS 工作进程中的 HTTP 请求的信息来监视 Web 应用程序的运行状况。

（4）跟踪：提供了用于诊断和解决 Web 应用程序疑难问题的基础结构。

（5）自定义日志：支持采用与 IIS 生成日志文件的方式不同的格式记录 Web 服务器活动。

（6）ODBC 日志记录：提供了支持将 Web 服务器活动记录到 ODBC 相容数据库的基础结构。

4．安全功能

（1）基本身份验证：与浏览器良好兼容，这种身份验证方法适合于小型内部网络，在公共 Internet 上很少使用。

（2）Windows 身份验证：是一种低成本的身份验证解决方案，这种身份验证方案允许 Windows 域中的管理员利用域基础结构来对用户进行身份验证。

（3）摘要式身份验证：将密码哈希发送到 Windows 域控制器以对用户进行身份验证。

（4）客户端证书映射身份验证：使用客户端证书对用户进行身份验证，客户端证书是来自可信来源的数字 ID。

（5）IIS 客户端证书映射身份验证：使用客户端证书对用户进行身份验证，客户端证书是来自可信来源的数字 ID。

（6）URL 授权：允许创建对 Web 内容访问进行限制的规则。

（7）请求筛选：将检查所有传入服务器的请求，并根据管理员设置的规则对这些请求进行筛选。

（8）IP 和域限制：可以根据请求的原始 IP 地址或域名启用或拒绝内容。

5. 性能功能

（1）静态内容压缩：提供了基础结构来配置静态内容的 HTTP 压缩。

（2）动态内容压缩：提供了基础结构来配置动态内容的 HTTP 压缩。

6. 管理工具

（1）IIS 管理控制台：提供了基础结构，可以通过使用图形用户界面来管理 IIS 7.0。

（2）IIS 管理脚本和工具：提供了基础结构，可以通过在"命令提示符"窗口中使用命令或通过运行脚本以编程方式管理 IIS 7.0 Web 服务器。

（3）管理服务：提供了基础结构来配置 IIS 7.0 用户界面（IIS 管理器），用于在 IIS 7.0 中进行远程管理。

（4）IIS 6.0 管理兼容性：为使用管理基本对象（ABO）和 Active Directory 服务接口（ADSI），API 的应用程序和脚本提供了向前兼容性。

（5）IIS 元数据库兼容性：提供了基础结构来查询和配置元数据库，以便能够运行在 IIS 的早期版本中编写的、使用管理基本对象（ABO）和 Active Directory 服务接口（ADSI）API 的应用程序和脚本。

（6）IIS 6 WMI 兼容性：提供了 WMI 脚本接口，以便通过使用一组在 WMI 提供程序中创建的脚本以编程方式管理和自动执行 IIS 7.0 的任务。

（7）IIS 6 脚本工具：将能够在 IIS 7.0 中继续使用为管理 IIS 6.0 而构建的 IIS 6.0 脚本工具。

（8）IIS 6 管理控制台：提供了用于此计算机中管理远程 IIS 6.0 服务器的基础结构。

7. Windows Process Activation Service 功能

（1）进程模型：承载 Web 和 WCF。

（2）.NET Environment：支持在进程模型中激活托管代码。

（3）配置 API：使用.NET Framework 构建的应用程序将能够以编程方式配置 WAS。

8. 文件传输协议（FTP）发布服务功能

（1）FTP 服务器：提供了基础结构来创建 FTP 站点，用户可以使用 FTP 协议和适当的客户端软件在 FTP 站点中上传和下载文件。

（2）FTP 管理控制台：可以管理 FTP 站点。

9. 并发连接限制

允许连接到 Web 服务器上的连接数量的限制。

5.3.2 安装 Web 服务器 IIS 7.0 角色

一、架设 Web 服务器的需求

在架设 Web 服务器之前，请读者了解实例部署的需求。

（1）设置 Web 服务器的 TCP/IP 属性，手工指定 IP 地址、子网掩码、默认网关和 DNS 服务器地址等。

（2）部署域名。域名为"baidu.com"，其中 Web 服务器主机名为"Windows2008"，其本身也是 DNS 服务器（也可以做域控制器），IP 地址为"192.168.1.200"。Web 客户机主机名为"XP1"（如果 Windows2008 是域控制器的话，也可以将 XP1 加入域中），IP 地址为

"192.168.1.1"。这两台计算机的网络拓扑如图 5-161 所示。

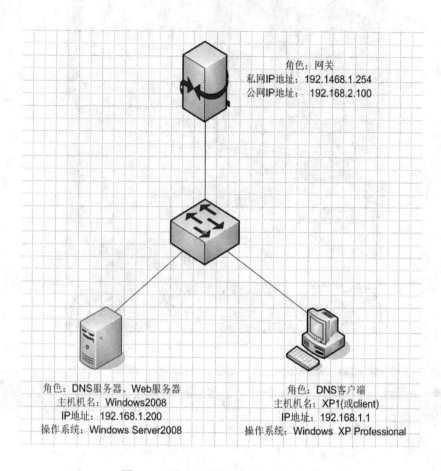

图 5-161　架设 Web 服务器网络拓扑图

二、安装 Web 服务器 IIS 角色实例

首先，在安装了 Windows Server 2008 系统的计算机上设置本机的 TCP/IP 属性，手动指定 IP 地址、子网掩码、默认网关、DNS 服务器地址等。

在 Windows Server 2008 上安装 Web 服务器 IIS 角色的操作步骤如下：

（1）以（域）管理员身份登录到需要安装 DHCP 服务器角色的计算机上，单击"开始"→"程序"→"管理工具"→"服务器管理器"选项（见图 5-162）弹出"服务器管理器"页面，单击选中其中的"角色"选项，并单击鼠标右键，在弹出的对话框中选择"添加角色"选项（见图 5-163），单击"下一步"按钮（见图 5-164），打开"添加角色向导"页面，然后选中"Web 服务器（IIS）"复选框，并单击"添加必需的功能"按钮，如图 5-165 所示。

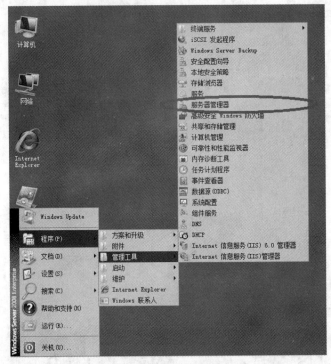

图 5-162 打开"服务器管理器"

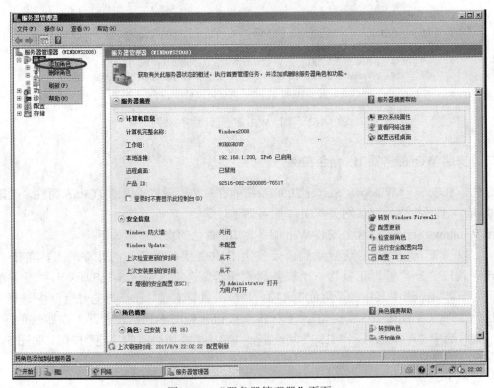

图 5-163 "服务器管理器"页面

项目 5 服务器的配置与管理

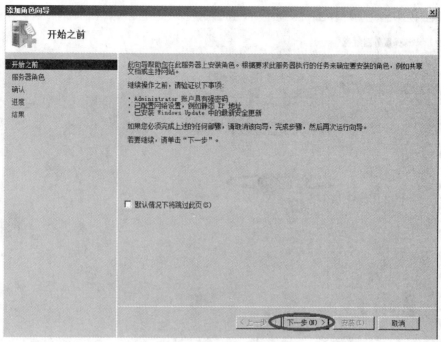

图 5-164 添加角色向导

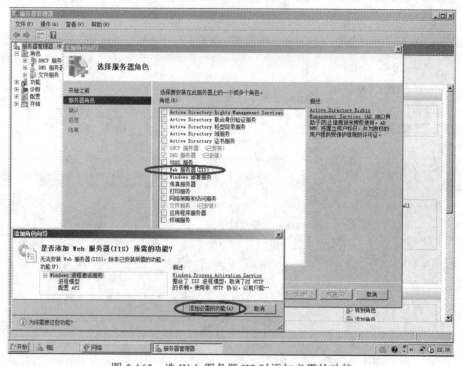

图 5-165 选 Web 服务器 IIS 时添加必需的功能

（2）如图 5-166 所示，单击"下一步"按钮，出现"Web 服务器（IIS）"对话框（见图 5-167），继续单击"下一步"按钮，出现"选择角色服务"对话框（见图 5-168），在此选择除 FTP 发布服务外的所有角色服务，如图 5-169 和图 5-170 所示。

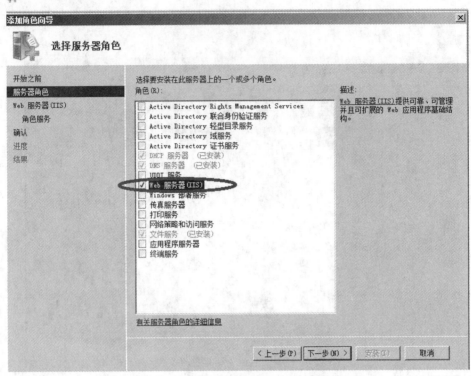

图 5-166　选择 Web 服务器（IIS）角色

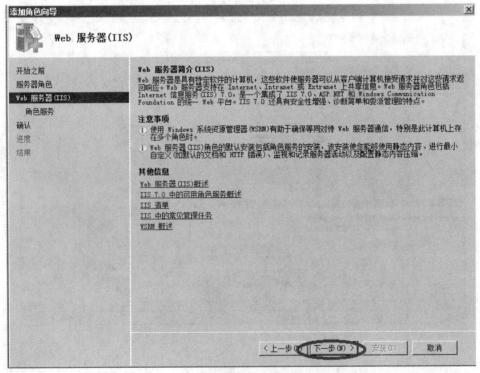

图 5-167　Web 服务器（IIS）简介和注意事项

项目 5 服务器的配置与管理

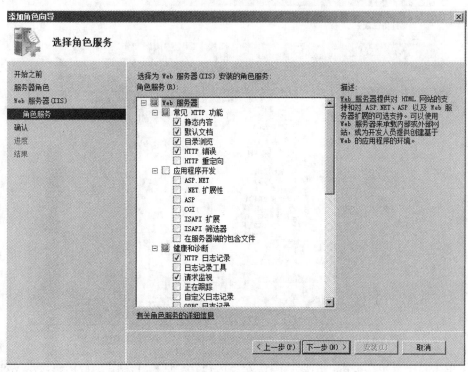

图 5-168 选择 Web 服务器（IIS）角色服务（选择前）

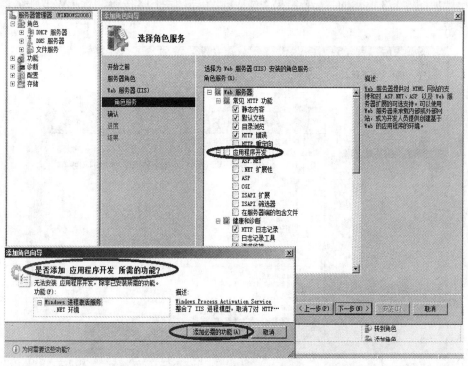

图 5-169 选择 Web 服务器（IIS）角色服务（选择"应用程序开发"）

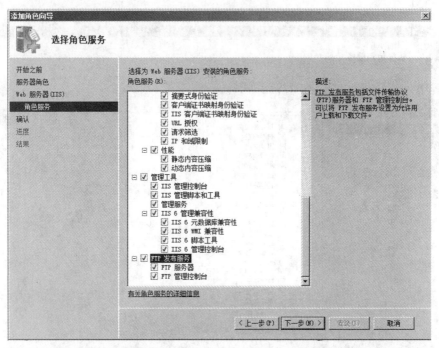

图 5-170 选择角色服务（把角色服务都选中，根据需求选择）

（3）单击"下一步"按钮，出现"确认安装选择"对话框（见图 5-171），显示 Web 服务器（IIS）角色的信息，单击"安装"按钮开始安装 Web 服务器 IIS 角色（见图 5-172），安装完毕后出现如图 5-173 所示的"安装结果"对话框，单击"关闭"按钮，完成 Web 服务器（IIS）角色的安装。

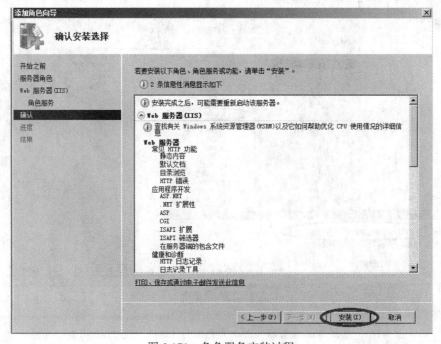

图 5-171 角色服务安装过程

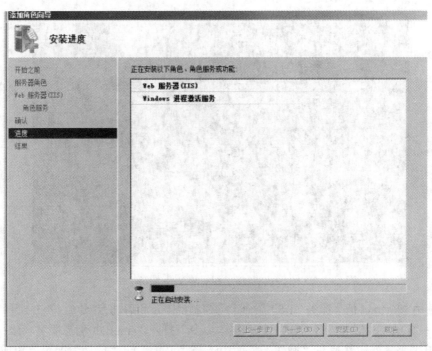

图 5-172　角色服务安装过程

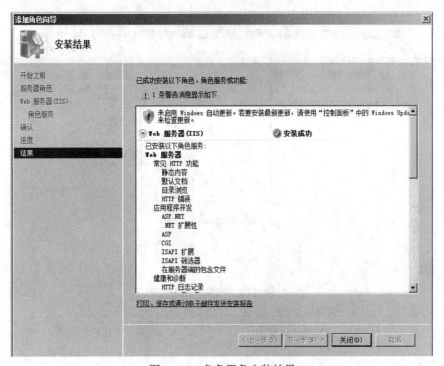

图 5-173　角色服务安装结果

（4）使用"net"命令停止和启动万维网。在命令行提示符界面输入"net stop w3svc"和"net start w3svc"，可以停止和启动 Web 服务，如图 5-174 所示。

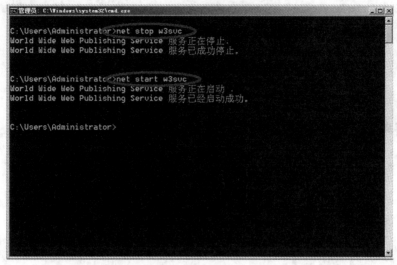

图 5-174 停止和启动 Web 服务

（5）使用"Internet 信息服务（IIS）管理器"控制台停止和启动万维网。单击"开始"→"管理工具"→"Internet 信息服务（IIS）管理器"命令，打开"Internet 信息服务（IIS）管理器"控制台，单击服务器，然后在"操作"界面中选择"停止"或"启动"即可停止或启动万维网，如图 5-175 所示。

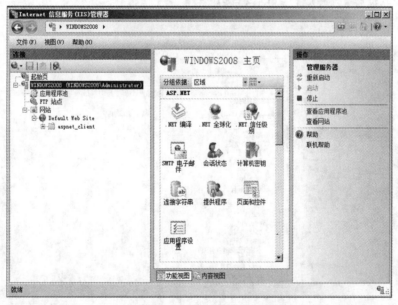

图 5-175 使用"Internet 信息服务（IIS）管理器"控制台停止和启动万维网

三、创建 Web 网站、客户端的测试

在安装了 IIS 7.0 服务器后，系统会自动创建一个默认的 Web 站点，该站点使用默认设置，但内容为空，执行"开始"→"管理工具"→"Internet 信息服务（IIS）管理器"命令，可以看到默认网站，如图 5-176 所示，"Default Web Site"也称为默认网站或 Web 站点。

项目 5 服务器的配置与管理

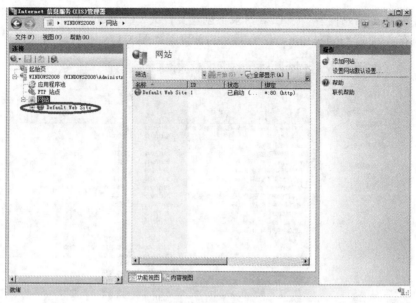

图 5-176 系统默认网站

1. 实例：创建使用 IP 地址访问的 Web 网站

在 Web 服务器上创建一个新网站"Web"，使得用户在客户端计算机上通过 IP 地址进行访问，具体步骤如下：

（1）停止默认网站（Default Web Site）。以（域）管理员账户登录到 Web 服务器上，打开"Internet 信息服务（IIS）管理器"控制台。在控制台树中依次展开服务器和"网站"节点。在安装完 Web 服务器（IIS）角色之后会在 Web 服务器上自动创建一个默认网站（Default Web Site）。右键单击网站"Default Web Site"，在弹出的菜单中选择"管理网站"→"停止"选项，即可停止正在运行的默认网站，停止后的效果如图 5-177 所示，其状态为"已停止"。

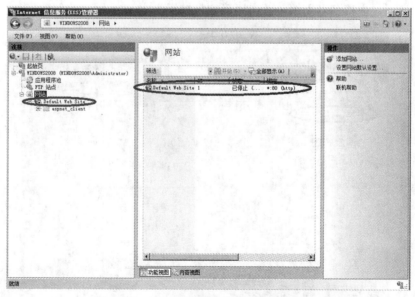

图 5-177 停止默认网站（Default Web Site）

（2）准备 Web 网站内容。在 C 盘目录下创建文件夹"C:\Web"作为网站的主目录，并在其文件夹内存放网页"index.htm"作为网站的首页，如图 5-178 所示。

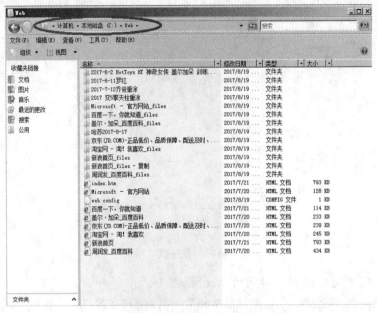

图 5-178　创建网站首页

（3）创建 Web 网站。在"Internet 信息服务（IIS）管理器"控制台树中，展开服务器节点，右键单击"网站"选项，在弹出的菜单中选择"添加网站"选项（见图 5-179），打开"添加网站"对话框。在该对话框中可以指定网站名称、应用程序池、网站内容目录、传递身份验证、网站类型、IP 地址、端口号、主机名以及是否启动网站。在此设置网站名称为"Web"，物理路径为"C:\Web"，类型为"http"，IP 地址为"192.168.1.200"，端口默认为"80"，如图 5-180 所示，主机名可不填，单击"确定"按钮完成 Web 网站的创建。

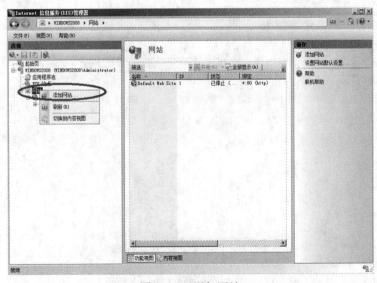

图 5-179　添加网站

项目 5　服务器的配置与管理

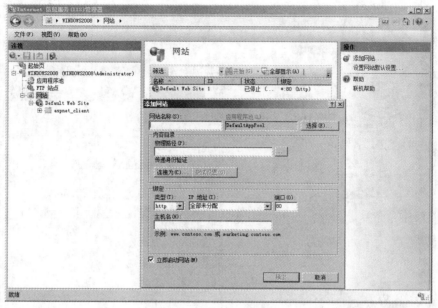

图 5-180　添加网站

注意事项：如果在 XP 客户端或 Windows Server 2008 中，在 IE 浏览器中输入"192.168.1.200"时查不到 Web 中共享的内容，请在"Internet 信息服务（IIS）管理器"控制台树中找到新建的"Web"网站，鼠标右键单击"Web"网站，在弹出的菜单中选中"网站管理"→"浏览"选项，即可弹出图 5-181 所示菜单，由此可以得知，Web 网站发布没有问题。

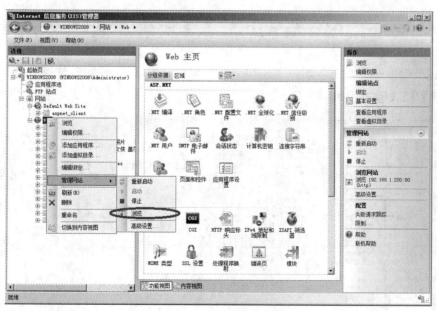

图 5-181　添加网站

返回如图 5-182 所示的"Internet 信息服务（IIS）管理器"控制台，可以看到刚刚创建的网站已经启动，用户在客户端计算机上可以访问。

- 183 -

图 5-182 访问 Web 网站

(4) 在客户端计算机上访问网站。以（域）管理员账户登录到 Web 客户端计算机上，打开 IE 浏览器，在"本地"文本框上输入 Web 网站的 URL 路径为"http://192.168.1.200"，即可访问该 Web 网站，如图 5-183～图 5-185 所示。可以正常访问，表明 Web 网站创建成功。

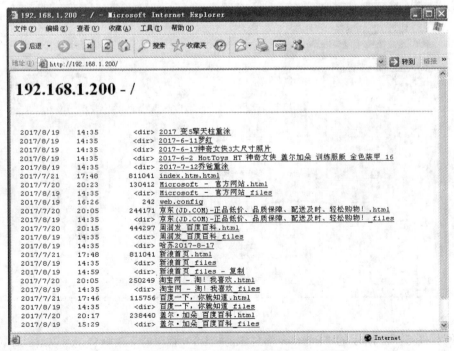

图 5-183 在客户端上用 IP 地址访问 Web 网站

图 5-184　在客户端上用主机名（别名）访问 Web 网站

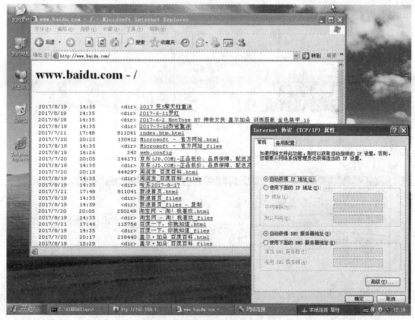

图 5-185　在客户端上用主机名（别名）访问 Web 网站

2．实例：创建使用域名访问的 Web 网站

若要访问 Web 网站，必须具有唯一的 IP 地址以便标识网络上的计算机。该 IP 地址由一长串数字组成，如服务器端 IP 地址为 192.168.1.200，但因为数字的 IP 地址不便于人们记忆，所以平时上网都使用域名，例如 www.baidu.com。在用户将域名（主机名）输入 IE 浏览器并且访问 Web 网站前，该名称必须已指定了相应的 IP 地址。将域名（主机名）转换成 IP 地址的过程称为域名解析。

在 DNS 服务器上创建别名使得用户在客户端计算机上通过域名访问 Web 网站，具体步骤如下：

（1）打开"DNS 管理器"控制台。以（域）管理员账户登录到 DNS 服务器上，打开"DNS 管理器"控制台，依次展开服务器和"正向查找区域"节点，单击区域"baidu.com"，如图 5-186 所示。

（2）创建别名（CNAME）记录。"Windows2008.baidu.com"为服务器的主机名，别名为"www.baidu.com"，如图 5-186 所示。这在 5.1.5 节配置 DNS 区域中已经讲过。

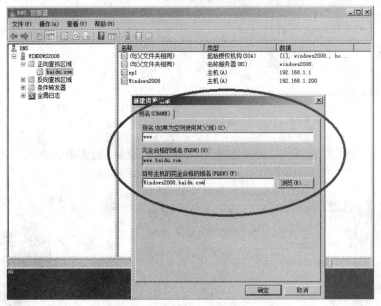

图 5-186　创建别名"CNAME 记录"

（3）客户端访问 Web 网站测试，如图 5-187 和图 5-188 所示。

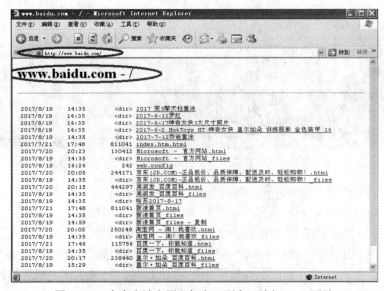

图 5-187　在客户端上用主机名（别名）访问 Web 网站

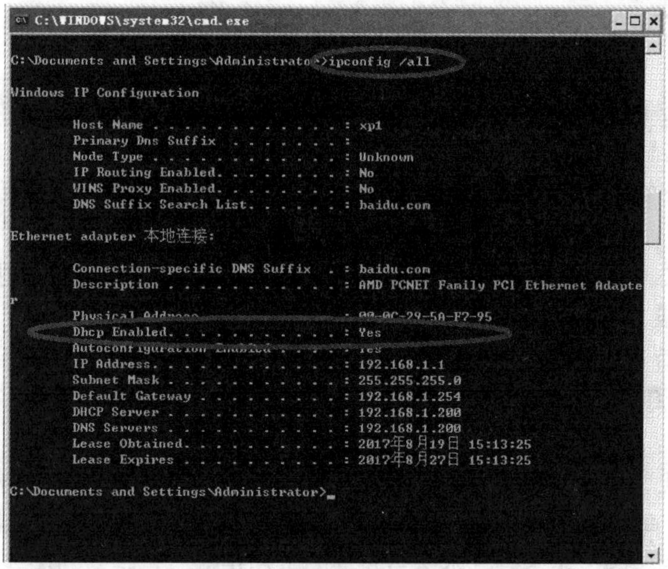

图 5-188 在客户端 IP 地址详细信息

（4）客户端设置 DNS 服务器静态 IP 和 DHCP 自动获取 IP 均可。

5.3.3 FTP 服务器的安装与配置

一、FTP 简介

1. FTP 概述

在当前企业网络环境中，文件传输使用的最主要的传输方式是 FTP 协议，该方式将文件存储在 FTP 服务器上的主目录中以便用户可以建立 FTP 连接，然后通过 FTP 客户端进行文件传输。

FTP 是 File Transfer Protocol（文件传输协议）的缩写，专门用于文件传输服务。FTP 可以传输文本文件和二进制文件，还可以在网络中传输文档、图像、音频、视频和应用程序等多种类型的文件。如果用户需要将文件从自己的计算机发送给另一台计算机，可以使用 FTP 进行上传操作，而在更多的情况下，则是用户使用 FTP 从服务器上传和下载文件。

一个完整的 FTP 文件传输需要建立两种类型的连接，一种为控制文件传输的命令，称为控制连接；另一种为实现真正的文件传输，称为数据连接。

（1）控制连接。客户端希望与 FTP 服务器建立上传、下载的数据传输时，它首先向服务器的 TCP21 端口发起一个建立连接的请求，FTP 服务器接受来自客户端的请求，完成连接的建立过程，这样的连接就称为 FTP 控制连接。

（2）数据连接。FTP 控制连接建立之后，即可开始传输文件，传输文件的连接称为 FTP 数据连接。FTP 数据连接就是 FTP 传输数据的过程，它有主动传输模式和被动传输模式两种。

2. FTP 数据传输原理

用户在使用 FTP 传输数据时，整个 FTP 建立连接的过程经过以下几个步骤：

（1）FTP 服务器会自动地默认端口（21）进行监听，当某个客户端向这个端口请求建立连接时，便激活了 FTP 服务器上的控制进程。通过这个控制进程，FTP 服务器对连接用户名、密码以及连接权限进行身份验证。

（2）当 FTP 服务器身份验证完成以后，FTP 服务器和客户端之间还会建立一条传输数据的专有连接。

（3）FTP 服务器在传输数据过程中的控制进程将一直在工作，并不断发出指令控制整个 FTP 传输数据，传输完毕后控制进程给客户端发送结束指令。

以下就是 FTP 建立连接的整个过程，在建立数据传输的连接时一般有两种方法，即主动模式和被动模式。

（1）主动模式。主动模式的数据传输专有连接是在建立控制连接（用户身份验证完成）后，首先由 FTP 服务器使用 20 端口主动向客户端进行连接，建立专用于传输数据的连接，这种方式在网络管理上比较好控制。FTP 服务器上的 21 端口用于用户验证，20 端口用于数据传输，只要将这两个端口开放就可以使用 FTP 功能了，此时客户端只是处于接收状态。

（2）被动模式。与主动模式不同，数据传输专有连接是在建立控制连接（用户身份验证完成）后由客户端向 FTP 服务器发起连接的。客户端使用哪个端口以及连接到 FTP 服务器哪个端口都是随机产生的。服务器并不参与数据的主动传输，只是被动接受。

3. FTP 用户隔离

FTP 用户隔离可以为用户提供上传文件的个人 FTP 目录。FTP 用户隔离将用户限制在自己的目录中，以此防止用户查看或覆盖其他用户的内容。因为顶层目录就是 FTP 服务器的根目录，用户无法浏览目录树的上一层。

FTP 用户隔离支持 3 种隔离模式，每一种模式都会启动不同的隔离和身份验证等级。

（1）不隔离用户。该模式不启用 FTP 用户隔离。该模式的工作方式与以前版本的 IIS 类似。由于在登录到 FTP 站点的不同用户间的隔离尚未实施，该模式最适合于只提供共享内容下载功能的 FTP 站点或不需要在用户间进行数据访问保护的 FTP 站点。

（2）隔离用户。该模式在用户访问与其用户名匹配的主目录前，根据本机或域账户验证用户。所有用户的主目录都在单一 FTP 主目录下，每个用户均被安放和限制在自己的主目录中。不允许用户浏览自己主目录外的内容。如果用户需要访问特定的共享文件夹，可以再建立一个虚拟目录。该模式不使用用户 Active Directory 目录服务进行验证。

（3）用 Active Directory 隔离用户。该模式根据相应的 Active Directory 容器验证用户身份，而不是搜索整个 Active Directory，那样做需要大量的处理时间。该模式将为每个用户指定特定的 FTP 服务器实例，以确保数据完整性及隔离性。

二、架设 FTP 服务器的需要和环境

在架设 FTP 服务器之前，请读者了解实例部署的需求。

（1）设置 FTP 服务器的 TCP/IP 属性，手工指定 IP 地址、子网掩码、默认网关和 DNS 服务器地址等。

（2）部署域名。域名为"baidu.com"，其中 FTP 服务器主机名为"Windows2008"，其本身也是 DNS 服务器（也可以做域控制器），IP 地址为"192.168.1.200"。Web 客户机主机名为"XP1"（如果"Windows2008"是域控制器的话，也可以将"XP1"加入域中），IP 地址为"192.168.1.1"。这两台计算机的网络拓扑如图 5-189 所示。

项目 5 服务器的配置与管理

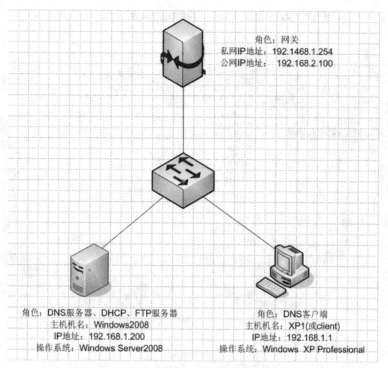

图 5-189 架设 FTP 服务器网络拓扑图

三、安装 FTP 服务器角色服务

1. 添加 FTP 服务器角色

在 5.3.3 节中已经安装过 FTP，这里不再讲述。选择角色服务和角色服务安装结果如图 5-190 和图 5-191 所示。

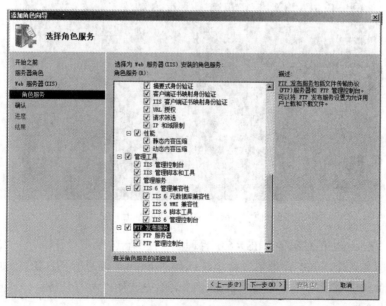

图 5-190 选择 FTP 角色服务

- 189 -

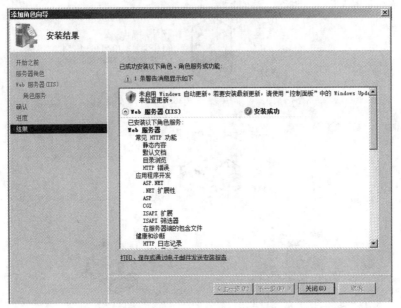

图 5-191 角色服务安装结果

2. FTP 服务器的启动和停止

要启动或停止 FTP 服务，可以使用"net"命令、"Internet 信息服务（IIS）6.0 管理器"控制台或"服务"控制台，具体步骤如下：

（1）使用"net"命令。以（域）管理员账户登录到 FTP 服务器上，在命令提示符界面中输入命令"net start msftpsvc"启动 FTP 服务，输入命令"net stop msftpsvc"停止 FTP 服务，如图 5-192 所示。

图 5-192 使用"net"命令启动和停止 FTP 服务

（2）使用"Internet 信息服务（IIS）6.0 管理器"控制台。单击"开始"→"管理工具"→"Internet 信息服务（IIS）6.0 管理器"命令，打开"Internet 信息服务（IIS）6.0 管理器"控制台，在控制台树中右键单击服务器，在弹出的菜单中选择"所有任务"→"重新启动 IIS"选项，如图 5-193 所示。

项目 5 服务器的配置与管理

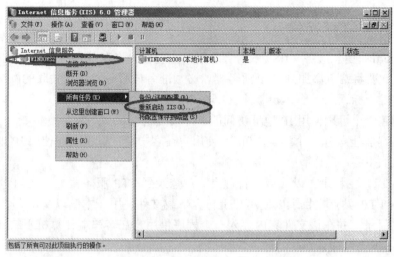

图 5-193　Internet 信息服务（IIS）6.0 管理器

（3）使用"服务"控制台。单击"开始"→"管理工具"→"服务"命令，打开"服务"控制台，找到服务"FTP Publishing Service"，单击"启动此服务"或"停止此服务"即可启动或停止 FTP 服务，如图 5-194 和图 5-195 所示。

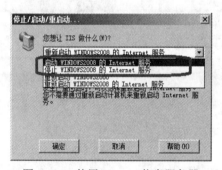

图 5-194　使用 Internet 信息服务器

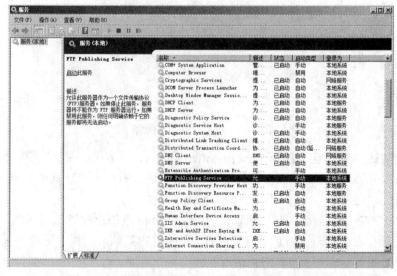

图 5-195　使用"服务"控制台启动或停止 FTP 服务

- 191 -

四、创建和访问 FTP 站点

使用"Internet 信息服务（IIS）6.0 管理器"控制台允许在单台 FTP 服务器上创建多个 FTP 服务站点。要将站点添加到 FTP 服务器，必须准备该服务器及其关联的网络服务，然后为该站点创建唯一标识。

实例：创建一个可以使用 IP 地址访问的 FTP 站点。

在 FTP 服务器上创建一个站点"ftp"，使用户在客户端计算机上能使用 IP 地址访问该站点，具体步骤如下：

（1）准备 FTP 主目录。以（域）管理员账户登录到 FTP 服务器上，在创建 FTP 站点之前，需要准备 FTP 站点主目录以便用户上传、下载文件使用。本例以文件夹"C:\ftp"作为 FTP 站点的主目录，并在该文件夹内存入一个程序供用户在客户端计算机下载和上传测试，如图 5-196 所示。

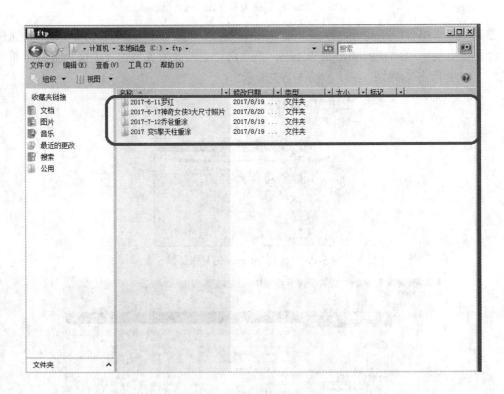

图 5-196　准备 FTP 主目录

（2）查看默认 FTP 站点。打开"Internet 信息服务（IIS）6.0 管理器"控制台，在控制台树中依次展开服务器和"FTP 站点"节点，在控制台中可以看到一个默认的站点"Default FTP Site"，其状态为"已停止"，用户不能访问，如图 5-197 所示。

（3）打开"FTP 站点创建向导"页面。打开"FTP 站点创建向导"对话框，创建一个新的 FTP 站点，鼠标右键单击"FTP 站点"选项，在弹出的菜单中选择"新建"→"FTP 站点"选项，将打开如图 5-198 所示的"FTP 站点创建向导"页面。

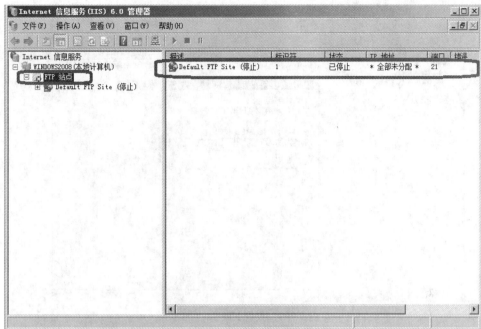

图 5-197 查看默认 FTP 站点

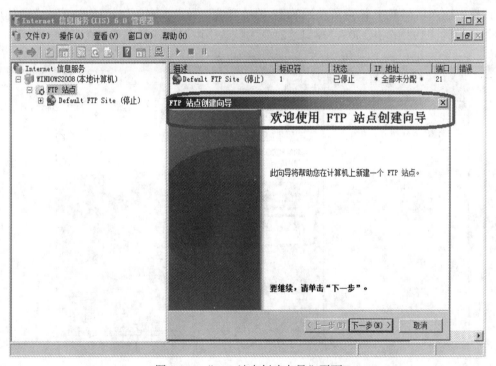

图 5-198 "FTP 站点创建向导"页面

（4）设置 FTP 站点描述。单击"下一步"按钮，出现"FTP 站点描述"对话框，在"描述"文本框中输入 FTP 站点的相关描述信息"My ftp"，如图 5-199 所示，站点描述有助于管理员识别各个 FTP 站点。

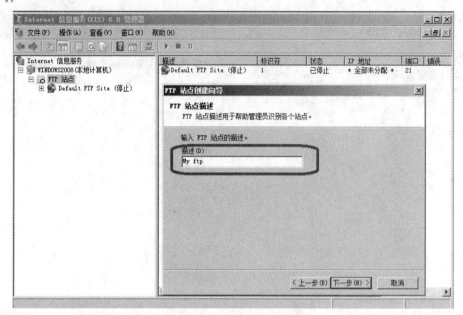

图 5-199 设置 FTP 站点描述

(5) 设置 IP 地址和端口。单击"下一步"按钮，出现"IP 地址和端口设置"对话框，在该对话框中输入访问 FTP 站点所使用的 IP 地址和端口号。在本例中，该 FTP 站点所使用的 IP 地址设置为"192.168.1.200"，端口"21"为默认不用更改，如图 5-200 所示。

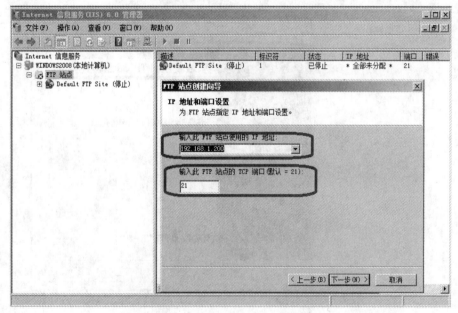

图 5-200 设置 FTP 站点 IP 地址和端口

(6) 设置 FTP 用户隔离。单击"下一步"按钮，出现"FTP 用户隔离"对话框，在该对话框中可以设置 FTP 用户隔离的选项。在此选中"不隔离用户"单选按钮，那么用户就可以访问其他用户的 FTP 主目录，如图 5-201 所示。

项目 5　服务器的配置与管理

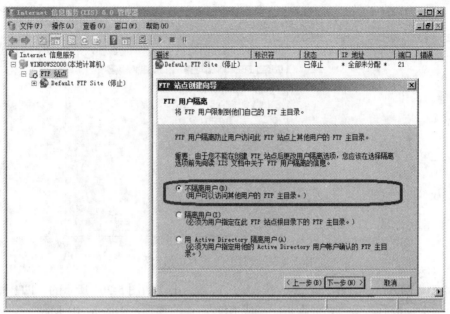

图 5-201　设置 FTP 用户隔离

（7）设置 FTP 站点主目录。单击"下一步"按钮，出现"FTP 站点主目录"对话框，在该对话框中可以设置 FTP 站点的主目录，在此输入主目录路径为"C:\ftp"，如图 5-202 所示。

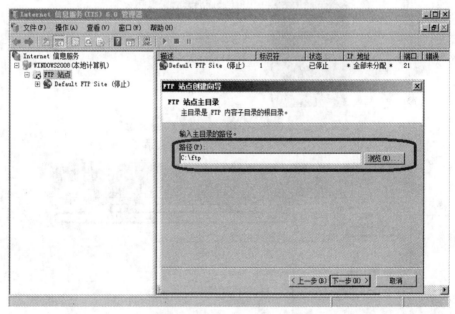

图 5-202　设置 FTP 站点主目录

（8）设置 FTP 站点访问权限。单击"下一步"按钮，出现"FTP 站点访问权限"对话框，在该对话框中可以设置 FTP 站点的访问权限，如果选中"读取"复选框，则用户可以下载 FTP 资源；如果选中"写入"复选框，则用户可以上传 FTP 资源。在此使用默认设置，如图 5-203 所示。

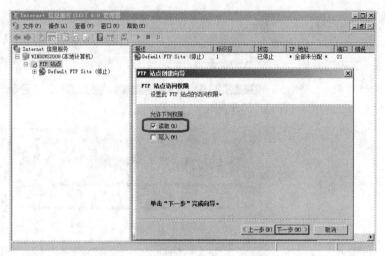

图 5-203 设置 FTP 站点访问权限

（9）完成 FTP 站点创建。单击"下一步"按钮，出现如图 5-204 所示的"FTP 站点创建向导"对话框，最后单击"完成"按钮完成 FTP 站点的创建，如图 5-205 所示。

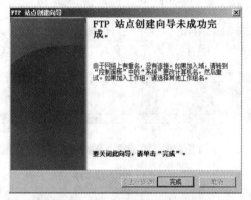

图 5-204 "FTP 站点创建向导"对话框

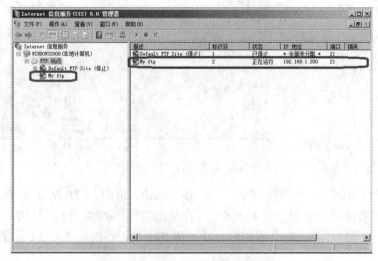

图 5-205 FTP 站点创建后的效果

五、客户端访问 FTP 站点的测试

实例：在客户端计算机上访问 FTP 站点。

用户在客户端计算机上可以使用 IE 浏览器和 FTP 客户端命令连接到 FTP 站点进行访问，具体步骤如下：

（1）使用 IE 浏览器访问 FTP 站点。以（域）管理员账户登录到 FTP 客户端，双击桌面上的"Internet Explorer"，在打开的 IE 浏览器"地址"文本框中输入 FTP 站点的 URL，在此输入"ftp://192.168.1.200"，然后按"Enter"键，便可连接到 FTP 站点，如图 5-206 和图 5-207 所示。此时用户默认只具有下载 FTP 站点资源的权限，而没有上传资源的权限。

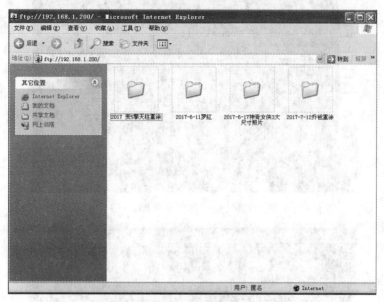

图 5-206 使用 IP 地址访问 FTP 站点

图 5-207 使用 IP 地址访问 FTP 站点

计算机网络基础

（2）使用 FTP 客户端命令访问 FTP 站点。以（域）管理员账户登录到 FTP 客户端，打开命令提示符界面，使用图 5-208 和图 5-209 所示命令访问 FTP 站点。

图 5-208　使用命令访问 FTP 站点

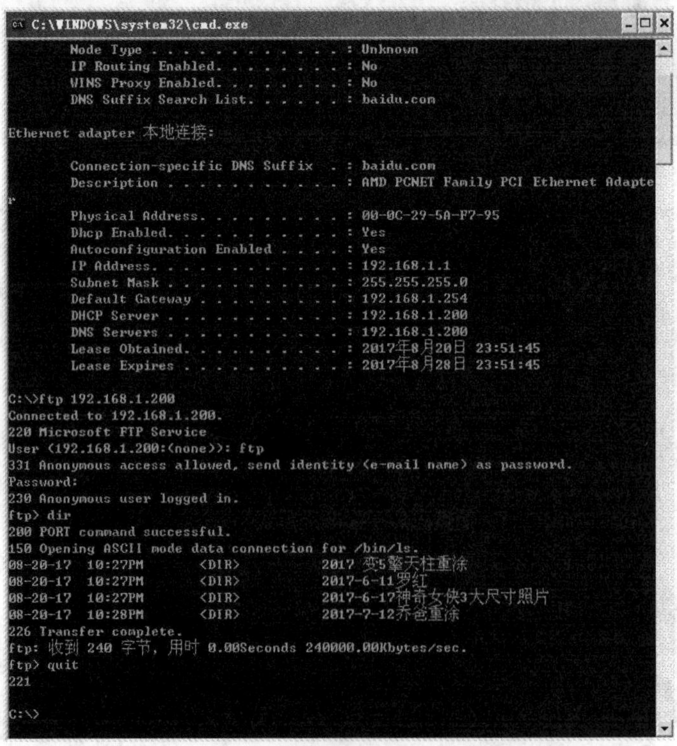

图 5-209　使用命令访问 FTP 站点

项目 5　服务器的配置与管理

实训报告 5-1

姓　名		学　号		班　级	
实训名称		实训 5-1　DNS 服务器架设			
成　绩		完成日期		教师签字	
实训目的与要求： 1. DNS 的基本概念。 2. 域名解析的原理和解析过程。 3. DNS 服务器的安装和配置。 4. DNS 的测试及故障诊断。					
实训步骤与方法： 1. 架设 DNS 服务器的需求和环境。 2. 安装 DNS 服务角色。 3. 配置 DNS 区域。 4. 配置客户端。 5. DNS 客户端测试。					
心得体会：					

实训报告 5-2

姓　名		学　号		班　级	
实训名称		实训 5-2　DHCP 服务器架设			
成　绩		完成日期		教师签字	

实训目的与要求：
1. DHCP 的基本概念。
2. DCHP 的工作方式。
3. DHCP 的安装和配置 DHCP 服务器。

实训步骤与方法：

1. 架设 DHCP 服务器的需求和环境。

2. 安装 DHCP 服务角色。

3. 创建 DHCP 作用域。

4. 配置 DHCP 作用域。

5. DHCP 客户端配置和测试。

心得体会：

实训报告 5-3

姓　名		学　号		班　级	
实训名称		实训 5-3　Web 服务器架设			
成　绩		完成日期		教师签字	

实训目的与要求：
1. IIS 7.0 的安装。
2. Web 服务器的配置和管理。

实训步骤与方法：
1. 架设 Web 服务器的需求和环境。

2. 安装 IIS 服务角色。

3. 创建 Web 网站。

4. 客户端的测试。

心得体会：

实训报告 5-4

姓　名		学　号		班　级	
实训名称		实训 5-4　FTP 服务器架设			
成　绩		完成日期		教师签字	

实训目的与要求：
1. IIS 7.0 的安装。
2. FTP 服务器的配置和管理。

实训步骤与方法：
1. 架设 FTP 服务器的需求和环境。

2. 安装 IIS 服务角色。

3. 创建 FTP 网站。

4. 客户端的测试。

心得体会：

项目 6
计算机网络安全机制

● 知识目标

（1）了解主机操作系统的安全漏洞。
（2）了解计算机病毒的基本原理。
（3）了解系统备份与灾难恢复的原理。
（4）了解网络安全的常见机制。
（5）了解防火墙的原理与分类。
（6）了解入侵近侧系统的原理。
（7）了解加密与解密的原理。
（8）了解认证系统与数字证书。

● 能力目标

（1）学会对主流操作系统进行安全加固。
（2）学会安装和使用杀毒软件。
（3）学会对系统和数据进行备份和还原。
（4）学会配置家用宽带路由器的安全功能。
（5）学会对数据进行加密和解密。
（6）学会使用软件生成数字摘要。

● 项目背景

李刚通过前面的学习实践，自认为已经把网络基础知识掌握得足够扎实，配置一个小型网络不成问题了，可是一件突发事件立即就让李刚慌了手脚。本来好好的网络突然出现了故障，计算机变得很慢，文件夹都变成了以".exe"结尾的文件，甚至有的电脑屏幕上还出现了飞舞的图案，显然是中毒了。李刚记得自己并没有从不明网站上下载过东西，怎么会中毒呢？李刚一下子想起了勒索病毒，顿时害怕了，赶紧去求助网络老师。老师检查后，告诉李刚这只是普通的蠕虫病毒，危害不太大，可以清除掉，但是安全问题是一刻都不能放松的。构建一个安全的网络，才是网络的终极目标。

任务 1　主机的安全防护

当今主流的操作系统都具备网络操作系统的功能，在让用户方便联网的同时，也为用户带来了安全隐患。虽然设计者采用很多方法来提高安全性，但是仍然无法确保操作系统的绝对安全。可以说任何程序都可能存在安全上的缺陷，偏偏主机上存放了大量的软件资源，一

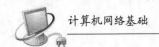

旦受到侵害，损失极大，因此主机操作系统的安全性在网络安全中具有举足轻重的地位，特别是对于服务器来说更是如此。

6.1.1 主机系统的安全防护

对于大多数单位来说，网络安全中的大部分工作都是针对主机的。主机的安全防护工作主要是针对操作系统和安装运行于其上的各种服务及应用软件的安全防护，由于操作系统和应用软件自身的漏洞、缺陷或外界侵入等因素，主机存在很多安全问题。这就要求用户或网络安全的管理者采用相应的技术手段加以弥补和防护。

一、主机常见安全隐患

1. 操作系统中的漏洞

对于绝大多数人来说，所使用的操作系统都是采用系统推荐的默认安装项来进行的，但是这些安装项中有些功能或组件对于用户不是必需的，反而会因为某些组件的添加带来安全隐患和漏洞。对于一般的网络用户和管理人员，可能并不熟悉自己安装了哪些组件，一旦这些组件出现漏洞，如果不及时加以修补，就可能成为攻击者入侵的通道。还有一些操作系统中的漏洞是由于系统软件设计或者开发软件自身的特点造成的。这些安全隐患需要我们逐一来排查解决。

对于操作系统可能的漏洞，可以使用端口扫描工具或漏洞扫描工具来确认，再删除或关闭操作系统上不必要的功能、网络服务与通信端口，以有效解决安全问题。

2. 服务与端口

服务是指运行于计算机上，从事某些特定应用的程序模块，而要提供网络方面的服务，就必须开启相应的端口，就好像从事服务经营的店铺，需要打开大门迎接客人一样。一栋楼只有一个门牌号，可是有许多个门，可以租给许多店铺从事不同的经营内容；一台主机只有一个 IP 地址，通过端口号就可以与多个主机的多个进程进行通信，这些端口提供的可能是由内向外的连接，也可能是由外向内的连接。门多了，方便进出的同时也带来了安全上的隐患，同样主机提供的服务多了，开放的端口也就多了，也会增大受到攻击的概率。

我们这里所说的端口不是硬件的端口，而是协议端口，常被称作"端口号"。按协议类型划分，又能分为 TCP、UDP 等端口。由于 TCP 和 UDP 两个协议是独立的，因此各自的端口号也相互独立，比如 TCP 有 235 端口，UDP 也可以有 235 端口，两者并不冲突。

按照端口号来区分，可以把端口分为三大类：

（1）公认端口（WellKnown Ports）：从 0 到 1 023，它们紧密绑定于一些服务。通常这些端口的通信明确表明了某种服务的协议。例如，80 端口实际上总是 HTTP 通信。

（2）注册端口（Registered Ports）：从 1 024 到 49 151，它们松散地绑定于一些服务。也就是说有许多服务绑定于这些端口，这些端口同样用于许多其他目的。例如，许多系统处理动态端口从 1 024 左右开始。

（3）动态和/或私有端口（Dynamic and/or Private Ports）：从 49 152 到 65 535。理论上，不应为服务分配这些端口。实际上，机器通常从 1 024 起分配动态端口。但也有例外，SUN 的 RPC 端口从 32 768 开始。

开启的端口有可能会被攻击者利用，入侵者通常会用扫描器对目标主机的端口进行扫描，以确定哪些端口是开放的，从开放的端口，入侵者可以知道目标主机大致提供了哪些服务，进而猜测可能存在的漏洞，因此对端口的扫描可以帮助我们更好地了解目标主机，而对于管理员，扫描本机的开放端口也是做好安全防范的第一步。

要想查看本机开放的端口，最简单的莫过于 Windows 系统中自带的“netstat”命令，用“win+R”呼出运行页面，键入“cmd”并按 Enter 键，打开命令提示符窗口，在命令提示符状态下键入“netstat-a-n”，按下 Enter 键后就能看到以数字形式显示的 TCP 和 UDP 连接的端口号及状态，如图 6-1 所示。

```
C:\Windows\system32\cmd.exe

C:\>netstat -a -n

活动连接

  协议  本地地址              外部地址            状态
  TCP    0.0.0.0:135            0.0.0.0:0              LISTENING
  TCP    0.0.0.0:443            0.0.0.0:0              LISTENING
  TCP    0.0.0.0:445            0.0.0.0:0              LISTENING
  TCP    0.0.0.0:902            0.0.0.0:0              LISTENING
  TCP    0.0.0.0:912            0.0.0.0:0              LISTENING
  TCP    0.0.0.0:2113           0.0.0.0:0              LISTENING
  TCP    0.0.0.0:5678           0.0.0.0:0              LISTENING
  TCP    0.0.0.0:10000          0.0.0.0:0              LISTENING
  TCP    0.0.0.0:12113          0.0.0.0:0              LISTENING
  TCP    0.0.0.0:49408          0.0.0.0:0              LISTENING
  TCP    0.0.0.0:49409          0.0.0.0:0              LISTENING
  TCP    0.0.0.0:49410          0.0.0.0:0              LISTENING
  TCP    0.0.0.0:49411          0.0.0.0:0              LISTENING
  TCP    0.0.0.0:49412          0.0.0.0:0              LISTENING
  TCP    0.0.0.0:49426          0.0.0.0:0              LISTENING
  TCP    127.0.0.1:4300         0.0.0.0:0              LISTENING
  TCP    127.0.0.1:4301         0.0.0.0:0              LISTENING
  TCP    127.0.0.1:8307         0.0.0.0:0              LISTENING
  TCP    127.0.0.1:50001        127.0.0.1:50002        ESTABLISHED
  TCP    127.0.0.1:50002        127.0.0.1:50001        ESTABLISHED
  TCP    127.0.0.1:55114        127.0.0.1:8888         SYN_SENT
  TCP    192.168.0.106:139      0.0.0.0:0              LISTENING
  TCP    192.168.0.106:55062    122.136.32.135:443     TIME_WAIT
  TCP    192.168.0.106:55073    72.246.150.112:80      ESTABLISHED
```

图 6-1 “netstat”命令效果

确定可疑端口和进程后，可以使用安全软件关闭端口，也可以通过组策略编辑器来关闭，以减少不必要的风险（比如关闭 135 和 445 端口可以防止勒索病毒）。

3. 账户与密码安全

账户和密码的应用是常用的安全手段，但是不合适的账户与密码是很容易被破解的，并不能起到保护安全的作用。一般来说，账户和密码设置应该遵循以下几个原则：

（1）账户的数量要进行限制，不再使用或者不常用的账户尽可能禁用掉（最好不要删除，以后要用的话也好恢复），这样可以减小非法入侵的概率。

（2）除了管理员，其余账户的权限应该受到限制，不要赋予其不必要的权限，以减少安全隐患。

（3）密码的长度和复杂性要达到一定程度，比如密码越长越好，里面含有数字、字母（包括大写和小写）、特殊字符，增加破解的难度。

（4）密码不要使用很容易被别人猜到的组合，例如自己的名字、生日等就很不安全。

（5）密码要复杂，但是也要便于记忆，忘记密码也是非常严重的安全事故，如果管理员的密码忘了，就意味着需要重新安装系统。

下面以 Windows 10 为例，来了解一下怎样创建账户并设置密码。首先单击"开始"按钮，选择"设置"选项，在弹出的"设置"页面中单击"账户"选项；在"账户"页面中选择"你的账户"，便可以看见自己登录的账户，在这个页面最下方，有"家庭和其他用户"的选项，单击它，便可以来到创建账户的页面；在这里选择"将其他人添加到这台电脑"；在"此人将如何登录？"的选项卡里，我们选择"我没有这个人的登录信息"选项，跳转到"让我们来创建你的账户"页面，来创建账户；但是一般情况下我们是没有 Microsoft 账户的，所以选择"添加一个没有 Microsoft 账户的用户"；在这里我们就可以创建出新的账户了。创建账户的步骤如图 6-2 和图 6-3 所示。

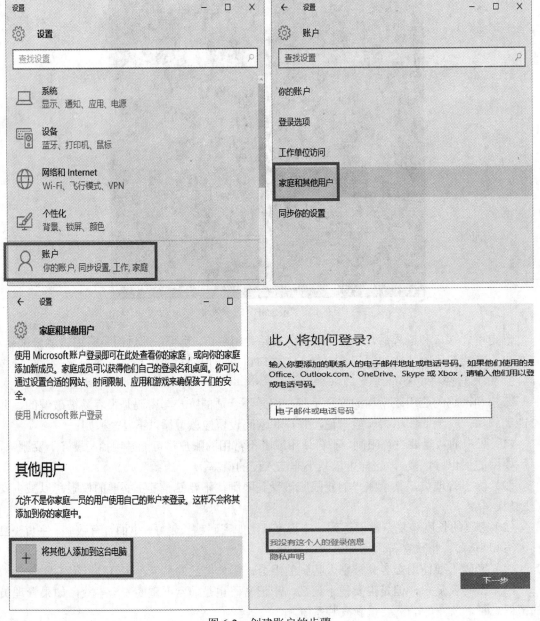

图 6-2　创建账户的步骤

如果是专业版以上版本的 Windows 10，也可以直接在"此电脑"上单击鼠标右键，选择"管理"选项，在计算机管理页面的"本地用户和组"选项里添加用户。

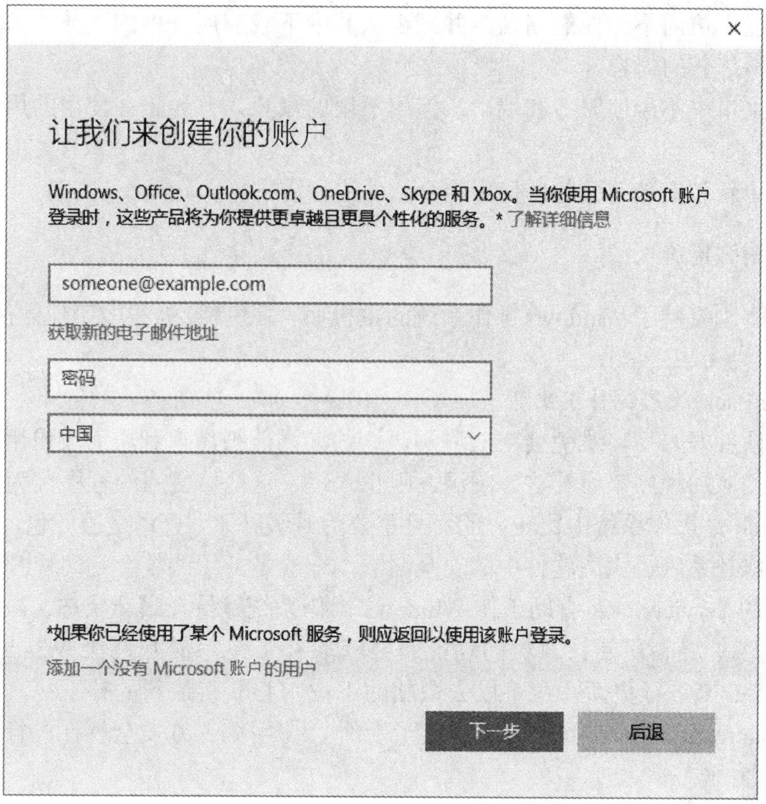

图 6-3 "让我们来创建你的账户"页面

4. 操作系统权限管理

权限管理，一般指根据系统设置的安全规则或者安全策略，用户可以访问而且只能访问自己被授权的资源。Windows 操作系统提供了"权限"的功能，设置好了"权限组"（Group），只需把用户加进相应的组即可拥有由这个组赋予的操作权限，这种做法就称为权限的指派。

系统默认的分组是依照一定的管理凭据指派权限的，例如，管理员组拥有大部分的计算机操作权限（注意不是全部），能够随意修改、删除所有文件和修改系统设置；普通用户组则被系统限制在自己的权限里，不能处理其他用户的文件和运行涉及管理的程序等；来宾用户组的文件操作权限和普通用户组一样，但是无法执行更多的程序。

这里要特别强调一下 NTFS，NTFS（New Technology File System）是一个特别为网络和磁盘配额、文件加密等管理安全特性设计的磁盘格式，只有应用了 NT 技术的系统对它直接提供支持。用户可以在 NTFS 下进一步设置相关的文件访问权限，相关用户组指派的文件权限也只有在 NTFS 格式分区上才能体现出来。

将磁盘的分区格式改成 NTFS 很简单，可以在安装操作系统时将磁盘分区格式化为

NTFS，也可以在以后用"convert"命令来转换，在命令提示符窗口中输入"convert c:/fs:ntfs"，其中"c"是要进行转换的盘符，想转换 d 盘就改成"d"。

5. 安全原则

对于追求安全的用户，建议遵循以下三条原则：

（1）尽可能不访问不信任的网站，并减少从其中下载应用程序的次数；慎重打开邮件中的附件和浏览不信任的内容。

（2）关闭主机中不用的服务和端口，停用不用的账户，并为正在使用的用户设置足够复杂的密码。

（3）及时更新和安装补丁包，使用安全软件进行防护。

二、安全增强措施

对于一台刚刚安装了 Windows 操作系统的主机而言，还需要做很多工作才能安全地使用。具体措施有：

1. Service Pack 及系统补丁更新

当系统或软件发布后，难免会有些漏洞，这些漏洞能被黑客利用而攻击用户，所以软件生产方会发布相应的程序来修补这些漏洞，阻止入侵，这些修复用的程序称为"补丁"。

Service Pack 是操作系统中比较大的而且重要的升级补丁，直译是服务包，一般说法是补丁包，用途是修补系统、大型软件中的安全漏洞，一般是补丁的集合，简称 SP。

Windows 的 Service Pack 有助于使 Windows 操作系统保持在最新状态，减少遭受入侵的风险，并且可以扩展和更新计算机的功能。要获取补丁包，最好是让 Windows 用自己的 Windows Update 来进行更新，也可以去微软的下载中心获得最新的补丁包，中文版地址为"https://www.microsoft.com/zh-cn/download/"。另外，使用第三方安全软件进行系统补丁安装也是个不错的办法。

2. 关闭不用的服务

在 Windows 10 系统里关闭服务最直接的方法是：找到"此电脑"，鼠标右键单击，在弹出的菜单中选择"管理"选项，进入"计算机管理"页面（见图 6-4），左侧最下面就是"服务和应用程序"模块；在里面找到并单击"服务"选项，就可以看见本系统全部的服务内容了。选中想要关闭的服务，双击或者右键单击再选择"属性"，都能进入该服务的属性页面。在第一个"常规"选项卡中，可以看到"启动类型"，在这里将不想运行的服务改成"禁用"即可；要是想自己决定是否运行，就改成"手动"。往下是服务状态，只要单击"停止"按钮，该服务就停止运行了，如图 6-5 所示。

3. 增强本地安全策略配置

使用"Win+R"呼出"运行"页面，输入"secpol.msc"，单击"确定"按钮，即可进入本地安全策略页面，如图 6-6 所示。常采取的策略有：禁止枚举账号、加强账户管理、指派本地用户权利、用 IP 策略限制端口、加强密码安全策略等（只在专业版以上的操作系统版本中有效，家庭版没有此功能）。

4. 安装安全软件

对于绝大多数用户来说，计算机安全都太复杂了，使用专用的安全软件，如杀毒软件、防火墙软件等来进行防护是非常合理的选择，我们会在后面详细介绍。

图 6-4 服务管理页面

图 6-5 设置服务属性页面

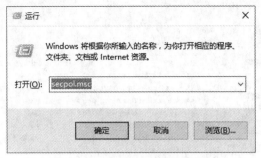

图 6-6 进入本地安全策略页面

三、主机安全的检测

1. 主机的安全目标

对于主机来说,应该实现如下安全目标:

(1)把整个系统的用户根据需要分为不同级别。
(2)不同级别的用户拥有不同的权限。
(3)根据不同的用户设置不同的安全策略。
(4)可将超级用户的权限进行细化。
(5)所有用户的登录都要进行认证。
(6)能克服操作系统本身存在的漏洞,防止系统的后门,不断发现新的漏洞并进行补救。
(7)对用户的行为进行跟踪,能阻止其非法行为对系统造成损害。

2. 扫描主机漏洞

漏洞扫描,是指基于漏洞数据库,通过扫描等手段对指定的远程或者本地计算机系统的安全脆弱性进行检测,发现可利用漏洞的一种安全检测(渗透攻击)行为。基于主机的漏洞扫描是对暴露在外部或内部托管系统、网络组件或应用程序进行漏洞检测。漏洞扫描器正是用来执行漏洞扫描的工具,是在目标系统上安装一个代理(Agent)或者服务(Services),以便能够访问所有的文件与进程,这也使基于主机的扫描器能够扫描到更多的漏洞。

目前主流漏洞扫描器的特点是:

(1)漏洞数据库不断更新。
(2)减少误报。
(3)同时扫描多个目标。
(4)提供详细的结果报告。
(5)漏洞的修复建议。

常见的主机漏洞扫描工具有 Nessus、OpenVAS、QualysGuard、OWASP ZAP 等。

6.1.2 计算机病毒防治

一、计算机病毒

1. 病毒的定义

我国正式颁布实施的《中华人民共和国计算机信息系统安全保护条例》第二十八条中明

确指出:"计算机病毒,是指编制或者在计算机程序中插入的破坏计算机功能或者毁坏数据,影响计算机使用,并能自我复制的一组计算机指令或者程序代码。"此定义具有法律性、权威性。广义上,凡能够引起计算机故障,破坏计算机数据的程序统称为计算机病毒。依据此定义,诸如逻辑炸弹、蠕虫等均可称为计算机病毒。

2. 病毒的分类

计算机病毒有多种分类方式,常见的有以下几种:

1)按概念来分

(1)蠕虫:利用网络进行复制和传播,开启超线程大量传播,用来攻击网络。

(2)木马:一种基于远程控制的黑客工具,用来窃取信息。

(3)后门:便于木马植入。

(4)网页恶意代码:主要用于给幕后者做广告。

(5)炸弹:没有传染能力,但是通常威力极强。

(6)宏病毒:现在很少了,影响 Office 模板,甚至删除 Office 文档。

(7)引导区病毒:使计算机无法启动。

(8)恶作剧:没有实际危害。

2)按破坏性分

(1)良性病毒。

(2)恶性病毒。

(3)极恶性病毒。

(4)灾难性病毒。

3)按传染方式分

(1)引导区型病毒。引导区型病毒主要通过软盘在操作系统中传播,感染引导区,蔓延到硬盘,并能感染到硬盘中的"主引导记录"。

(2)文件型病毒。文件型病毒是文件感染者,也称为寄生病毒,它运行在计算机存储器中,通常感染扩展名为 COM、EXE、SYS 等类型的文件。

(3)混合型病毒。混合型病毒具有引导区型病毒和文件型病毒两者的特点。

4)按连接方式分

(1)源码型病毒。它攻击高级语言编写的源程序,在源程序编译之前插入其中,并随源程序一起编译、连接成可执行文件。源码型病毒较为少见,亦难以编写。

(2)入侵型病毒。入侵型病毒可用自身代替正常程序中的部分模块或堆栈区。因此这类病毒只攻击某些特定程序,针对性强。一般情况下难以被发现,清除起来也较困难。

(3)操作系统型病毒。操作系统型病毒可用其自身部分加入或替代操作系统的部分功能。因其直接感染操作系统,这类病毒的危害性也较大。

(4)外壳型病毒。外壳型病毒通常将自身附在正常程序的开头或结尾,相当于给正常程序加了个外壳。大部分的文件型病毒都属于这一类。

3. 病毒的发展

计算机病毒这个词最早诞生于 20 世纪 70 年代中期的科幻小说中。1984 年美国计算机专家在美国国家计算机安全会议上演示了计算机病毒实验,目的在于引起有关部门的注意。根据资料,第一例广泛传播的计算机病毒是在 1986 年诞生的"巴基斯坦病毒"。从 1987 年开始,计算机病毒在全球广泛流行起来。我国第一次发现计算机病毒是在 1988 年年底。在此之后，计算机病毒的增长十分迅速。在 20 世纪 90 年代，开始出现国产计算机病毒。计算机病毒的发展可以简单归纳为这样几个阶段：

（1）原始病毒阶段。此类病毒产生于 1986—1989 年，由于当时计算机的应用软件少，而且大多是单机运行，因此病毒没有大量流行，种类也很有限，病毒的清除工作相对来说较容易。这一阶段的病毒的主要特点是：攻击目标较单一；主要通过截获系统中断向量的方式监视系统的运行状态，并在一定的条件下对目标进行传染；病毒程序不具有自我保护的措施，容易被人们分析和解剖。

（2）混合型病毒阶段。此类病毒产生于 1989—1991 年，是计算机病毒由简单发展到复杂的阶段。计算机局域网开始应用与普及，给计算机病毒带来了第一次流行高峰。这一阶段病毒的主要特点为：攻击目标趋于混合；采取更为隐蔽的方法驻留内存和传染目标；病毒传染目标后没有明显的特征；病毒程序往往采取了自我保护措施；出现许多病毒的变种等。

（3）多态性病毒阶段。此类病毒的主要特点是，在每次传染目标时，放入宿主程序中的病毒程序大部分都是可变的，因此防病毒软件查杀非常困难。这一阶段病毒技术开始向多维化方向发展。

（4）网络病毒阶段。从 20 世纪 90 年代中后期开始，随着国际互联网的发展壮大，依赖互联网络传播的邮件病毒和宏病毒等大量涌现，病毒传播快、隐蔽性强、破坏性大。也就是从这一阶段开始，反病毒产业开始萌芽并逐步形成一个规模宏大的新兴产业。

（5）主动攻击型病毒。这些病毒利用操作系统的漏洞进行进攻型的扩散，并不需要任何媒介或操作，用户只要接入互联网络就有可能被感染。正因为如此，该病毒的危害性更大。

（6）手机病毒阶段。随着移动通信网络的发展以及移动终端——手机功能的不断强大，计算机病毒开始从传统的互联网络走进移动通信网络世界。与互联网用户相比，手机用户覆盖面更广、数量更多，因而高性能的手机病毒一旦爆发，其危害和影响比互联网病毒还要大。

4. 计算机病毒的危害

计算机病毒与生物病毒有许多相似之处，同样有下述特性：

（1）计算机病毒的潜伏性。大部分的计算机病毒感染系统之后一般不会马上发作，它可长期隐藏在系统中，只有在满足其特定条件时才启动其表现（破坏）模块，在此期间，它就可以对系统和文件进行大肆传染。潜伏性越好，其在系统中存在的时间就会越久，计算机病毒的传染范围就会越大。

（2）计算机病毒的隐蔽性。计算机病毒通常附在正常程序中或磁盘较隐蔽的地方，目的是不让用户发现它的存在。不经过程序代码分析或计算机病毒代码扫描，计算机病毒程序与正常程序是不容易区别开来的。在没有防护措施的情况下，计算机病毒程序经运行取得系统控制权后，可以在不到 1 s 的时间里传染几百个程序，而且在屏幕上没有任何异常显示。这种现象就是计算机病毒传染的隐蔽性。

（3）计算机病毒的传染性。计算机病毒也会通过各种渠道从已被感染的计算机扩散到未被感染的计算机，在某些情况下造成被感染的计算机工作失常甚至瘫痪。这就是计算机病毒最重要的特征——传染和破坏。与生物病毒不同的是，计算机病毒是一段人为编制的计算机程序代码，这段程序代码一旦进入计算机并得以执行，就与系统中的程序连接在一起，并不断地去传染（或连接，或覆盖）其他未被感染的程序。

（4）计算机病毒的破坏性。病毒发作后会攻击硬盘主引导扇区、文件分配表、文件目录，使磁盘上的信息丢失，还会占用磁盘空间，修改或破坏文件中的数据，使内容发生变化，占用 CPU 运行时间，使运行效率降低等。少数病毒甚至能破坏计算机主板上的 BIOS 内容，使计算机无法工作。

（5）计算机病毒的衍生性。计算机病毒的衍生性是指计算机病毒编制者或者其他人将某个计算机病毒进行一定的修改后，使其衍生为一种与原先版本不同的计算机病毒，后者可能与原先的计算机病毒有很相似的特征，这时我们称其为原先计算机病毒的一个变种。如果衍生的计算机病毒已经与以前的计算机病毒有了很大甚至根本性的差别，此时我们就会将其认为是一种新的计算机病毒。

（6）计算机病毒的不可预见性。计算机病毒的不可预见性体现在两个方面：首先是计算机病毒的侵入、传播和发作是不可预见的，有时即使安装了实时计算机病毒防火墙，也会由于各种原因造成不能完全阻隔某些计算机病毒的侵入，事实上，任何软件都不能完全确保整个系统在任何时候没有任何计算机病毒，所以对于计算机病毒防护人员而言永远没有高枕无忧的时候；其次，计算机病毒的发展速度远远超出了我们的想象，计算机病毒的编制技术也是日新月异，各种新计算机病毒的出现不断给计算机病毒防范软件提出新的挑战，从这一点上看，计算机病毒防范软件似乎永远滞后于计算机病毒的发展，如何防范却是永远不可预料的。

（7）计算机病毒的针对性。计算机病毒都是针对某一种或几种计算机和特定的操作系统。例如，有针对 PC 及其兼容机的，有针对 Macintosh 的，还有针对 UNIX 和 Linux 操作系统的。只有一种计算机病毒几乎是与操作系统无关的，那就是宏病毒，所有能够运行 Office 文档的地方都可能有宏病毒的存在。

（8）计算机病毒的寄生性。计算机病毒的寄生性是指，一般的计算机病毒程序都是依附于某个宿主程序中，依赖于宿主程序而生存，并且通过宿主程序的执行而传播。

蠕虫和特洛伊木马程序则是例外，它们并不依附于某个程序或文件中，其本身就完全包含恶意的计算机代码，这也是二者与一般计算机病毒的区别。所以，所有的计算机病毒防范软件发现此类程序后的唯一解决方法是将其删除并修改相应的系统注册表。

二、计算机病毒的防治方法

1. 病毒预防

预防计算机病毒的措施一般包括以下三方面：

（1）隔离来源。控制外来移动存储器的使用，对于外来的移动存储器要经过杀毒软件检测，确认无毒或杀毒后才能使用。对联网计算机，如果发现某台计算机有病毒，应该立刻从网上切断，以防止病毒蔓延。

（2）静态检查。定期用杀毒软件对磁盘进行检测，以便发现病毒并能及时清除。对于一些常用的命令文件，应记住文件的长度，一旦文件改变，则有可能传染上了病毒。

（3）动态检查。在操作过程中要注意种种异常现象，发现情况要立即检查，以判别是否有病毒。常见的异常现象有异常启动或经常死机、运行速度减慢、内存空间减少、屏幕出现紊乱、文件或数据丢失、驱动器的读盘操作无法进行等。

2. 杀毒软件的使用

杀毒软件，也称反病毒软件或防毒软件，是用于消除电脑病毒、特洛伊木马和恶意软件等计算机威胁的一类软件。杀毒软件通常集成监控识别、病毒扫描和清除、自动升级病毒库、主动防御等功能，有的杀毒软件还带有数据恢复等功能，是计算机防御系统（包含杀毒软件、防火墙、特洛伊木马和其他恶意软件的查杀程序和入侵预防系统等）的重要组成部分。

杀毒软件应用的主要技术：

（1）脱壳技术。脱壳技术是一种十分常用的技术，可以对压缩文件、加壳文件、加花文件、封装类文件进行分析。

（2）自我保护技术。自我保护技术基本在各个杀毒软件均含有，可以防止病毒结束杀毒软件进程或篡改杀毒软件文件。进程的自我保护有两种：单进程自我保护和多进程自我保护。

（3）修复技术。修复技术是对被病毒损坏的文件进行修复的技术，如病毒破坏了系统文件，杀毒软件可以修复或下载对应文件进行修复。没有这种技术的杀毒软件，往往删除被感染的系统文件后计算机崩溃，无法启动。

（4）主动实时升级技术。最早由金山毒霸提出，每一次连接互联网，反病毒软件都自动连接升级服务器查询升级信息，如需要则进行升级。现在又出现了云查杀技术，可以在联网状态下实时访问云数据中心，对病毒库的要求有所降低，但是对于不常联网的用户还是很有必要的。

（5）主动防御技术。主动防御技术是通过动态仿真反病毒专家系统对各种程序动作的自动监视，自动分析程序动作之间的逻辑关系，综合应用病毒识别规则知识，实现自动判定病毒，达到主动防御的目的。

（6）启发技术。常规所使用的杀毒方法是出现新病毒后由杀毒软件公司的反病毒专家从病毒样本中提取病毒特征，通过定期升级的形式下发到各用户电脑里达到查杀效果，但是这种方法费时费力。于是有了启发技术，在原有的特征值识别技术基础上，根据反病毒样本分析专家总结的分析可疑程序样本经验（移植入反病毒程序），在没有符合特征值比对时，根据反编译后程序代码所调用的 win32API 函数情况（特征组合、出现频率等）判断程序的具体目的是否为病毒、恶意软件，符合判断条件即报警提示用户发现可疑程序，达到防御未知病毒、恶意软件的目的。解决了单一通过特征值比对存在的缺陷。

（7）虚拟机技术。采用人工智能（AI）算法，具备"自学习、自进化"能力，无须频繁升级特征库，就能免疫大部分的加壳和变种病毒，不但查杀能力领先，而且从根本上攻克了前两代杀毒引擎"不升级病毒库就杀不了新病毒"的技术难题，在海量病毒样本数据中归纳出一套智能算法，自己来发现和学习病毒变化规律。它无须频繁更新特征库，无须分析病毒静态特征，无须分析病毒行为。

现在网络上的杀毒软件种类繁多，水平相差不大，只要具备查杀常见病毒能力的杀毒软件都是合格的，用户可自己选择熟悉的产品。但是要注意，杀毒软件不是万能的，不是安装了杀毒软件就可以高枕无忧，用户还是要养成良好的安全习惯以尽可能确保计算机的安全。

6.1.3 主机的灾后处理

杀毒软件并不能查杀所有病毒，特别是一些新型病毒，文件和操作系统一旦被病毒破坏，或者是因为其他原因发生损坏，就需要采取措施来修复系统和文件，这就是灾后处理。

一、恢复被隐藏的文件

目前一种常见的计算机病毒是专门针对移动存储器（主要是 U 盘和存储卡）的，主要症状是文件夹全都被隐藏，然后病毒会生成与文件夹名称和图标一模一样的可执行文件，例如文件夹名叫"新建文件夹"，生成的文件就叫"新建文件夹.exe"。如果只有 U 盘被感染，我们可以用查看隐藏文件的方法找到文件夹，如图 6-7 所示，Windows 10 中具体方法是：单击"开始"按钮，选择"文件资源管理器"，在菜单栏上单击"查看"按钮，在弹出的页面里就有"隐藏的项目"选项，勾选这个选项，就能看见被隐藏的文件夹了；此外，勾选"文件扩展名"选项，能看到病毒生成的可执行文件后面都有一个".exe"后缀，很容易就可以分辨出病毒和真实的文件夹。

图 6-7　Windows 10 资源管理器的查看页面

但是如果连主机也感染了病毒，就会使查看隐藏的项目这个功能失效，此时可以用一些其他软件来解决，比如使用 WinRAR 一类的压缩软件或者使用 ACDSee 看图软件，可以在其窗口内看到隐藏的文件。

即使病毒被杀掉了，这些被隐藏的文件夹也不会自动恢复显示，如果杀毒软件不能恢复显示，就需要手动来恢复。一般手动恢复文件夹的显示方法是：鼠标右键单击文件夹，在"属性"选项卡里将"隐藏"的勾选去掉就可以了，但是中毒的文件夹，这个选项是灰色的，不能够选择，此时我们可以采用命令来实现这个功能。呼出"命令提示符窗口"，在其中输入想要恢复文件夹的盘符，例如 U 盘的盘符是 F 盘，那就输入"F:"，按 Enter 键后就进入 U 盘中，输入"attrib-s-h　*.*　/s /d"，意思是去掉所有文件夹（包括子文件夹）的隐藏和系统属性，就可以让所有被感染的文件夹都恢复正常。

二、修复无法登录的系统

有时候，查杀完病毒后，系统会出现无法登录的情况。具体症状是：杀毒完成后，重启计算机，输入完用户名和密码后一单击"登录"按钮，就会自动注销，又回到登录界面，始终无法进入系统。这是由于杀毒软件在杀毒时破坏了在"C:\WINDOWS\System32\"中的 Userinit.exe 文件。Userinit.exe 是 Windows 操作系统的一个关键进程，用于管理不同的启动顺序，例如在建立网络连接和 Windows 壳的启动，一旦被破坏，系统就进不去了。解决方法是：从网上或别的机器里找一个同版本"Userinit.exe"文件，替换掉原来的文件（需要使用别的引导盘来引导）即可。

三、重新安装系统

如果计算机的操作系统出现了严重的问题，已经无法修复，那就只能重新安装系统。目前重装系统的方法主要有三种：

（1）采用光盘或文件夹安装。使用操作系统的安装盘引导，按照光盘提示或运行"setup.exe"文件，按照提示安装即可。

（2）Ghost 安装。使用 Ghost 制作的镜像文件，将镜像文件覆盖到系统盘符上。

（3）软件安装。使用特定软件来安装操作系统，例如 Windows 更新程序，某些公司推出的重装系统软件、在线重装系统软件等。

任务2　网络安全机制

凡是接触计算机、接触网络的人，应该都对"黑客"这个词不陌生，传说中的黑客可以随意入侵别人的计算机，窃取资料，更改设置，甚至能控制别人的计算机。其实就算没有黑客入侵我们的计算机，计算机网络面临的安全威胁也有很多，一旦安全出现问题，信息将会泄露，数据会被篡改，由此造成的后果远比没有网络大，这样整个网络将失去意义。

6.2.1　网络安全概述

一、网络面临的安全问题

强调网络安全的重要性，恰恰是因为网络是不安全的。除了人为因素和自然灾害因素外，由于网络自身存在安全隐患而导致网络系统不安全的因素有：网络操作系统的脆弱性、TCP/IP协议的安全性缺陷、数据库管理系统安全的脆弱性、网络资源共享、数据通信、计算机病毒等。

逻辑上，计算机网络面临的安全威胁分为四类，如图 6-8 所示。

（1）截获——攻击者从网络上窃听他人的通信内容。

（2）中断——攻击者有意中断他人的通信。

（3）篡改——攻击者故意篡改网络上传送的报文。

（4）伪造——攻击者伪造信息在网络上传送。

其中截获信息的攻击称为被动攻击，攻击者只是观察和分析网络中传输的数据流而不干扰数据流本身，而更改信息和拒绝用户使用资源的攻击称为主动攻击，攻击者会对传输中的数据流进行各种处理，例如更改报文流、拒绝服务攻击、恶意程序攻击等。

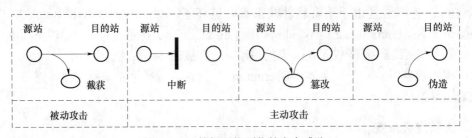

图 6-8　计算机网络面临的安全威胁

具体到实际应用的技术，常见的威胁有以下几种：

（1）身份假冒。一个实体通过身份假冒而伪装成另一个实体，威胁源是用户和程序。

（2）非法连接。在网络实体与网络资源之间建立非法逻辑连接，威胁源是用户和程序。

（3）非授权访问。入侵者违反访问控制规则越权访问网络资源，威胁源是用户和程序，威胁对象是各种网络资源。

（4）拒绝服务。拒绝为合法的用户提供正常的网络服务，威胁源是用户和程序。

（5）操作抵赖。用户否认曾发生过的数据包发送或接收操作，威胁源是用户和程序。

（6）信息泄露。未经授权的用户非法获取了信息，造成信息泄密，威胁源是用户和程序，威胁对象是网络通信中的数据报或数据库中的数据。

（7）数据流篡改。对正确的数据报序列进行非法修改、删除、重排序或重放，威胁源是用户和程序，威胁对象是网络通信中的数据报。

（8）程序篡改。篡改或破坏操作系统、通信软件或应用软件，威胁源是用户和程序，威胁对象是系统中的程序。

二、网络安全的含义

网络安全是在分布式网络环境中，对信息载体（处理载体、存储载体、传输载体）和信息的处理、传输、存储、访问提供安全保护，通过各种安全措施，使网络系统正常运行，确保网络数据的可用性、完整性和保密性，防止数据、信息内容或能力被非授权使用、篡改或拒绝服务。

从狭义的保护角度来看，计算机网络安全是指计算机及其网络系统资源和信息资源不受自然和人为有害因素的威胁和危害，即指计算机和网络系统的硬件、软件及其系统中的数据受到保护，不因偶然的或者恶意的原因而遭到破坏、更改、泄露，确保系统能连续可靠正常地运行，使网络服务不中断。从广义来说，凡是涉及计算机网络上信息的保密性、完整性、可用性、真实性和可控性的相关技术和理论都是计算机网络安全的研究领域。所以，广义的计算机网络安全还包括信息设备的物理安全性，诸如场地环境保护、防火措施、防水措施、静电防护、电源保护、空调设备、计算机辐射和计算机病毒等。

计算机网络安全是一个系统工程，必须保证网络设备和各个组件的整体安全性。安全的概念是相对的，任何一个系统都具有潜在的危险，没有绝对的安全。在一个特定的时期内，在一定的安全策略下，系统可能是安全的。但是，随着攻击技术的进步、新漏洞的暴露，系统可能会变得不安全。因此，安全具有动态性，需要适应变化的环境并能做出相应的调整以确保计算机网络系统的安全。

网络安全应具有以下五个方面的特征：

（1）保密性：信息不泄露给非授权用户、实体或过程，或供其利用的特性。

（2）完整性：数据未经授权不能进行改变的特性。即信息在存储或传输过程中保持不被修改、不被破坏和丢失的特性。

（3）可用性：可被授权实体访问并按需求使用的特性，即当需要时能否存取所需的信息。例如网络环境下拒绝服务、破坏网络和有关系统的正常运行等都属于对可用性的攻击。

（4）可控性：对信息的传播及内容具有控制能力。

（5）可审查性：出现安全问题时提供依据与手段。

三、网络安全体系结构

计算机网络安全体系结构是网络安全最高层的抽象描述，在大规模的网络工程建设和管理，以及基于网络的安全系统的设计与开发过程中，需要从全局的体系结构角度考虑安全问题的整体解决方案，才能保证网络安全功能的完备性与一致性，降低安全的代价和管理的开销。这样一个安全体系结构对于网络安全的理解、设计、实现与管理都有重要的意义。

对于整个网络安全体系，从不同的层面来看，包含的内容和安全要求不尽相同。

（1）从消息的层次来看，主要包括完整性、保密性、不可否认性。

（2）从网络层次来看，主要包括可靠性、可控性、可操作性，保证协议和系统能够互相连接。

（3）从技术层次上讲，主要包括数据加密技术、防火墙技术、攻击检测技术、数据恢复技术等。

（4）从设备层次来看，主要包括质量保证、设备冗余备份、物理安全等。

网络安全的整个环节可以用一个常用的安全模型——PDRR 模型来描述，如图 6-9 所示。PDRR 就是防护（Protection）、检测（Detection）、响应（Response）、恢复（Recovery）4 个英文单词的首字母组合。

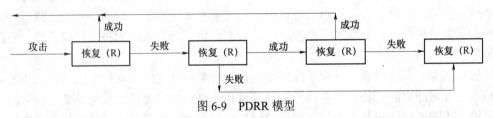

图 6-9 PDRR 模型

防护包括系统安全防护、网络安全防护和信息安全防护，采用可能采取的手段保障信息的保密性、完整性、可用性、可控性和不可否认性。

检测是动态响应和加强防护的依据，是强制落实安全策略的工具，通过不断地检测和监控网络及系统，来发现新的威胁和弱点，通过循环反馈来及时做出有效的响应。

响应就是在检测到安全漏洞或一个攻击（入侵）事件之后，及时采取有效的处理措施，避免危害进一步扩大，目的是把系统调整到安全状态，或使系统提供正常的服务；通过建立响应机制和紧急响应方案，能够提高快速响应的能力。

恢复是指在系统被入侵之后，把系统恢复到原来的状态，或者比原来更安全的状态。系统的恢复过程通常需要对入侵所造成的影响进行评估、系统的重建和采取恰当的技术措施改进安全性。系统的恢复主要有重建系统、通过软件和程序恢复系统等方法。

四、安全服务与安全机制

1. 安全服务

设计和使用一个安全系统的最终目的，就是设法消除系统中的部分或全部威胁。探明了系统中的威胁，就要根据安全需求和规定的保护级别，选用适当的安全服务来实现安全保护。ISO 对 OSI 规定了五种级别的安全服务，即认证、访问控制、数据保密性、数据完整性、防抵赖。

（1）认证安全服务。认证安全服务是防止主动攻击的重要措施，这种安全服务提供对通信中的对等实体和数据来源的鉴别，它对于开放系统环境中的各种信息安全有重要的作用。认证就是识别和证实。识别是辨别一个对象的身份，证实是证明该对象的身份就是其声明的身份。

（2）访问控制安全服务。访问控制安全服务是针对越权使用资源和非法访问的防御措施。访问控制大体可分为自主访问控制和强制访问控制两类。其实现机制可以是基于访问控制属性的访问控制表（或访问控制路），或基于"安全标签"、用户分类和资源分档的多级访问控制等。访问控制安全服务主要位于应用层、传输层和网络层。它可以放在通信源、通信目标或两者之间的某一部分。

（3）数据保密性安全服务。数据保密性安全服务是针对信息泄露、窃听等被动威胁的防御措施。它又可细分为信息保密、数据字段保密和业务流保密。

（4）数据完整性安全服务。数据完整性安全服务是针对非法篡改和破坏信息、文件和业务流而设置的防范措施，以保证资源的可获得性。这种安全服务又细分为基于连接的数据完整性、基于数据单元的数据完整性和基于字段的数据完整性。

（5）防抵赖安全服务。防抵赖安全服务是针对对方进行抵赖的防范措施，可用来证实已发生过的操作。这组安全服务可细分为数据源发证明的抗抵赖和交付证明的抗抵赖。

2．支持安全服务的基本机制

为了实现上述五种安全服务，ISO 7408-2 中制定了支持安全服务的八种安全机制，它们分别是：

（1）加密机制（Enciphrement Mechanisms）。
（2）数字签名机制（Digital Signature Mechanisms）。
（3）访问控制机制（Access Control Mechanisms）。
（4）数据完整性机制（Data Integrity Mechanisms）。
（5）鉴别交换机制（Authentication Mechanisms）。
（6）通信业务填充机制（Traffic Padding Mechanisms）。
（7）路由控制机制（Routing Control Mechanisms）。
（8）公证机制（Notarization Mechanisms）。

安全机制可以分为两类，一类与安全服务有关，它们被用来实现安全服务；另一类与管理功能有关，它们被用来加强对安全系统的管理。安全服务和安全机制的关系如表 6-1 所示。

表 6-1 安全服务和安全机制的关系

服务＼机制	数据加密	数字签名	访问控制	数据完整性	鉴别交换	业务流填充	路由控制	公证机制
对等实体鉴别	√	√	×	×	√	×	×	×
访问控制	×	×	√	×	×	×	×	×
连接的保密性	√	×	×	×	×	×	√	×
选择字段的保密性	√	×	×	×	×	×	×	×

续表

服务＼机制	数据加密	数字签名	访问控制	数据完整性	鉴别交换	业务流填充	路由控制	公证机制
业务流安全	√	×	×	×	×	√	√	×
数据的完整性	√	√	×	√	×	×	×	×
数据源点鉴别	√	√	×	×	×	×	×	×
禁止否认服务	×	√	×	√	×	×	×	√

计算机网络安全的实质就是安全立法、安全技术和安全管理的综合实施。这三个层次体现了安全策略的限制、监视和保障职能。

五、安全技术评估标准

由于计算机网络安全系统及其产品固有的敏感性和特殊性，直接影响着国家的安全利益和经济利益。各国政府纷纷采取颁布标准、实行测评和认证制度等方式，对安全产品的研制、生产、销售、使用和进出口实行严格、有效的测试、评估、认证等控制措施。如何评价计算机网络系统的安全性，建立一套完整的、客观的评价准则成了人们关心的热点问题。

1．可信计算机系统评估标准

目前应用最广泛的安全标准是 1983 年美国国防部提出的《可信计算机系统评估标准》（TCSEC），将计算机系统的可信程度，即安全等级划分为 D、C、B、A 四类七级，由低到高。

D 级暂时不分子级；C 级分为 C1 和 C2 两个子级，C2 比 C1 提供更多的保护；B 级分为 B1、B2 和 B3 三个子级，由低到高；A 级暂时只有一级。每级包括它下级的所有特性，从最简单的系统安全特性直到最高级的计算机安全模型技术，不同计算机信息系统可以根据需要和可能选用不同安全保密强度的不同标准。

为了使其中的评价方法适用于网络，美国国家计算机安全中心 NCSC 从网络的角度解释了《可信计算机系统评估标准》中的观点，明确了《可信计算机系统评估标准》中所未涉及的网络及网络单元的安全特性，并阐述了这些特性是如何与《可信计算机系统评估标准》的评估匹配的。可信计算机系统评估准则及等级如表 6-2 所示。

表 6-2　可信计算机系统评估准则及等级

类别	安全级别	名称	主要特征及适用范围
A	A1	可验证的安全设计	形式化的最高级描述、验证和隐秘通道分析，非形式化的代码一致证明。用于绝密级
B	B3	安全域机制	存取监督，安全内核，高抗渗透能力，即使系统崩溃，也不会泄密。用于绝密、机密级
	B2	结构化安全保护	隐秘通道约束，面向安全的体系结构，遵循最小授权原则，较好的抗渗透能力，访问控制保护。用于各级安全保密，实行强制性控制

项目6 计算机网络安全机制

续表

类别	安全级别	名称	主要特征及适用范围
B	B1	标号安全保护	除了 C2 级的安全需求外,增加安全策略模型,数据标号(安全和属性),托管访问控制
C	C2	访问控制保护	存取控制以用户为单位,广泛地审计、跟踪,如 UNIX、Linux 和 Windows NT,主要用于金融
C	C1	有选择的安全保护	有选择的存取控制,用户与数据分离,数据的保护以用户组为单位,早期的 UNIX 系统属于此类
D	D	最小保护	保护措施很少,没有安全功能,如 DOS 属于此类

现在,《可信计算机系统评估标准》已成为事实上的国际通用标准。

从 1990 年起,国际标准化组织 ISO 开始制定一个通用的国际安全评价准则,并且由联合技术委员会的第 27 分会的第 3 工作组具体负责。国际通用准则(CC)是 ISO 统一现有多种准则的结果,是目前最全面的评价准则。

2. 信息系统评估通用准则

CC 认为信息技术安全可以通过在开发、评价和使用中所采用的措施来达到。它清楚地提出了对信息技术安全产品和系统的功能需求和保证需求。功能需求定义了必需的安全行为;保证需求是得到用户信任的基础,以保证所宣称的安全措施是有效的并得到了正确的实现。在评估过程中具有信息安全功能的产品和系统被称为评估对象(TOE),如操作系统、计算机网络、分布式系统以及应用等。CC 不包括那些与信息技术安全措施没有直接关联的属于行政性管理安全措施的安全性评估,不专门针对信息技术安全技术物理方面的评估,也不包括密码算法强度等方面的评估。

3. 安全评估的国内通用准则

我国也制定了计算机信息系统安全等级划分准则。国家标准 GB 17859—1999 是我国计算机信息系统安全等级保护系列标准的核心,是实行计算机信息系统安全等级保护制度建设的重要基础。此标准将信息系统分成 5 个级别,分别是用户自主保护级、系统审计保护级、安全标记保护级、结构化保护级、访问验证保护级。随着 CC 标准的不断普及,我国也在 2001年发布了 GB/T 18336 标准,这一标准等同采用 ISO/IEC 15408-3:《信息技术、安全技术、信息技术安全性评估准则》。

6.2.2 防火墙

随着网络应用的快速发展和对网络的依赖,企业网络及个人主机的安全受到挑战。各种企图的网络攻击层出不穷,可能给企业造成巨大的经济损失,这就促进了防火墙技术的不断发展。

一、防火墙简介

1. 防火墙的概念

"防火墙"一词原是建筑学中的概念,是用非燃烧材料砌筑的墙,设在建筑物的两端或在建筑物内将建筑物分割成区段，以防止火灾蔓延。网络中的防火墙（Firewall）是位于内部网络与外部网络之间，或两个信任程度不同的网络之间（如企业内部网络和 Internet 之间）的软件或硬件设备的组合，它对两个网络之间的通信进行控制，通过强制实施统一的安全策略，限制外界用户对内部网络的访问及管理内部用户访问外部网络的权限的系统，防止对重要信息资源的非法存取和访问，以达到保护系统安全的目的。可以把防火墙比喻成企业或学校大门入口负责对进出的人员或车辆进行检查并实施拦截的保卫人员。它是由 Check Point 的创立者 Gil Shwed 于 1993 年发明并引入国际互联网的。

一般防火墙是由软件和硬件组成的，并能对所有进出网络的通信数据流按规定策略进行检查、放行或拦截。在防火墙的部署上要求将其放置于网络关键入口处，以保证进出网络的全部数据流量能够流经防火墙，如图 6-10 所示。所有通过防火墙的数据流都必须有安全策略和计划的确认和授权。一般认为防火墙是穿不透的，但是由于其自身的漏洞或缺陷也是可能被攻击的。

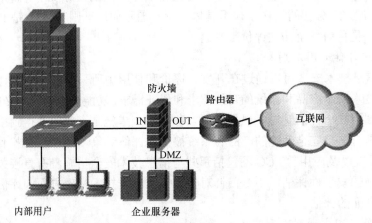

图 6-10　防火墙在网络中的位置

2. 防火墙的功能

防火墙对流经它的网络通信进行扫描，这样能够过滤掉一些攻击，以免其在目标计算机上被执行。防火墙还可以关闭不使用的端口。它还能禁止特定端口的流出通信，封锁特洛伊木马。最后，它可以禁止来自特殊站点的访问，从而防止来自不明入侵者的所有通信。

（1）网络安全的屏障。一个防火墙（作为阻塞点、控制点）能极大地提高一个内部网络的安全性，并通过过滤不安全的服务而降低风险。由于只有经过精心选择的应用协议才能通过防火墙，所以网络环境变得更安全。如防火墙可以禁止诸如众所周知的不安全的 NFS 协议进出受保护网络，这样外部的攻击者就不可能利用这些脆弱的协议来攻击内部网络。防火墙同时可以保护网络免受基于路由的攻击，如 IP 选项中的源路由攻击和 ICMP 重定向中的重定向路径。防火墙应该能够拒绝所有以上类型攻击的报文并通知防火墙管理员。

（2）强化网络安全策略。通过以防火墙为中心的安全方案配置，能将所有安全软件（如口令、加密、身份认证、审计等）配置在防火墙上。与将网络安全问题分散到各个主机上相比，防火墙的集中安全管理更经济。例如在网络访问时，一次一密口令系统和其他的身份认证系统完全可以不必分散在各个主机上，而集中在防火墙一身上。

（3）监控审计。如果所有的访问都经过防火墙，那么防火墙就能记录下这些访问并作出日志记录，同时也能提供网络使用情况的统计数据。当发生可疑动作时，防火墙能进行适当的报警，并提供网络是否受到监测和攻击的详细信息。另外，收集一个网络的使用和误用情况也是非常重要的。首先理由是可以清楚防火墙是否能够抵挡攻击者的探测和攻击，并且清楚防火墙的控制是否充足。而网络使用统计对网络需求分析和威胁分析等而言也是非常重要的。

（4）防止内部信息的外泄。通过利用防火墙对内部网络的划分，可实现内部网重点网段的隔离，从而限制了局部重点或敏感网络安全问题对全局网络造成的影响。再者，隐私是内部网络非常关心的问题，一个内部网络中不引人注意的细节可能包含有关安全的线索而引起外部攻击者的兴趣，甚至因此暴露了内部网络的某些安全漏洞。使用防火墙就可以隐蔽那些透漏内部细节如 Finger、DNS 等服务。Finger 显示了主机的所有用户的注册名、真名、最后登录时间和使用 shell 类型等，但是 Finger 显示的信息非常容易被攻击者所获悉。攻击者可以知道一个系统使用的频繁程度，这个系统是否有用户正在连线上网，这个系统是否在被攻击时引起注意，等等。防火墙可以同样阻塞有关内部网络中的 DNS 信息，这样一台主机的域名和 IP 地址就不会被外界所了解。除了安全作用，防火墙还支持具有 Internet 服务特性的企业内部网络技术体系 VPN（虚拟专用网）。

（5）数据包过滤。网络上的数据都是以包为单位进行传输的，每一个数据包中都会包含一些特定的信息，如数据的源地址、目标地址、源端口号和目标端口号等。防火墙通过读取数据包中的地址信息来判断这些包是否来自可信任的网络，并与预先设定的访问控制规则进行比较，进而确定是否需对数据包进行处理和操作。数据包过滤可以防止外部不合法用户对内部网络的访问，但由于不能检测数据包的具体内容，所以不能识别具有非法内容的数据包，无法实施对应用层协议的安全处理。

（6）网络 IP 地址转换。网络 IP 地址转换是一种将私有 IP 地址转化为公网 IP 地址的技术，它被广泛应用于各种类型的网络和互联网的接入中。网络 IP 地址转换一方面可隐藏内部网络的真实 IP 地址，使内部网络免受黑客的直接攻击；另一方面由于内部网络使用了私有 IP 地址，从而有效解决了公网 IP 地址不足的问题。

（7）虚拟专用网络。虚拟专用网络将分布在不同地域上的局域网或计算机通过加密通信，虚拟出专用的传输通道，从而将它们从逻辑上连成一个整体，不仅省去了建设专用通信线路的费用，还有效地保证了网络通信的安全。

（8）日志记录与事件通知。进出网络的数据都必须经过防火墙，防火墙通过日志对其进行记录，能提供网络使用的详细统计信息。当发生可疑事件时，防火墙更能根据机制进行报警和通知，提供网络是否受到威胁的信息。

3. 防火墙的发展历程

（1）第一代防火墙。几乎与路由器同时出现，采用了包过滤（Packet Filter）技术。

（2）第二、三代防火墙。1989 年，贝尔实验室的 Dave.Presotto 和 Howard.Trickey 推出了第二代防火墙——电路层防火墙，同时提出了第三代防火墙——应用层防火墙（代理防火墙）的初步结构。

（3）第四代防火墙。1992 年，USC 信息科学院的 Bob.Braden 开发出了基于动态包过滤（Dynamic Packet Filter）技术的第四代防火墙，后来演变为目前所说的状态监视（State Fulinspection）技术。1994 年，以色列的 Check.Point 公司开发出了第一个基于这种技术的商业化的产品。

（4）第五代防火墙。1998年，NAI公司推出了一种自适应代理（Adaptive Proxy）技术，并在其产品 Gauntlet Fire wall for NT 中得以实现。

4. 防火墙的局限性

（1）防火墙不能防止来自网络内部的袭击。
（2）网络应用受到结构性限制。
（3）防火墙不能防御计算机病毒的入侵。
（4）防火墙难以管理和配置，如果策略配置不当或错误配置，易造成安全漏洞。
（5）由于防火墙要分析、处理数据流，会导致网络效率降低。
（6）很难为用户在防火墙内外提供一致的安全策略。
（7）防火墙只实现了粗粒度的访问控制。

5. 防火墙技术的未来发展

未来防火墙技术会全面考虑网络的安全、操作系统的安全、应用程序的安全、用户的安全、数据的安全等五个方面。此外，防火墙产品还将把网络前沿技术，如 Web 页面超高速缓存、虚拟网络和带宽管理等与其自身结合起来。将具备：优良的性能，可扩展的结构和功能，简化的安装与管理，主动过滤功能，还能防御病毒与黑客。

二、防火墙的分类

防火墙的分类方法有多种，常见的是按照软硬件体系结构和按照技术来分。

1. 按防火墙的软硬件形式分类

（1）软件防火墙。软件防火墙运行于特定的计算机上，这类防火墙一般属于安装于通用操作系统的主机上的应用软件，一般来说这台计算机就是整个网络的网关。这类防火墙适合于对主机的保护，但由于通用操作系统开放的服务较多及系统自身可能存在的缺陷，其容易遭受攻击，同时也要考虑其系统资源的占用。

（2）硬件防火墙（见图6-11）。采用专用的操作系统及处理器构成的硬件平台，硬件在外观设计上与路由器和交换机类似，硬件防火墙又可以分为独立功能的硬件设备和安装于路由器或多层交换设备插槽上的防火墙模块。此类防火墙的性能较高，可以满足企业级需求。这类防火墙是专用操作系统，防火墙本身的漏洞比较少，不过价格相对较高。

图 6-11 硬件防火墙

（3）集成防火墙。一般是指在已有设备或主机上定制的防火墙功能，也可以分为两种，一种是对操作系统进行裁剪使其最小化以满足防火墙功能实现，另一种是基于已有设备上增加防火墙功能。由于此类防火墙采用的依然是别人的内核，因此依然会受到OS（操作系统）本身的安全性影响。

2. 按技术分类

除包过滤技术被认为是网络层防火墙外，其他都可以认为是应用层的防火墙技术，都属于应用代理型防火墙。

(1) 包过滤型防火墙。包过滤（Packet Filter）技术也称为分组过滤技术，典型的包过滤技术作用于网络层与传输层，通过对每个数据包按照管理人员所定义的规则进行检查过滤，主要是对 TCP/IP 协议中的五元组进行规则制定与检查实施。如检查数据包的源地址、目的地址、协议号、源端口和目的端口等标志位是否匹配规则。包过滤不管会话的状态，也不分析数据。如管理人员规定只允许由内到外的目的端口为 80 的数据包通过，则只有符合该条件的数据包可以通过此防火墙。这是防火墙最基本的功能，合理的配置可以过滤掉大部分攻击。

(2) 电路级网关。电路级网关（Circuit-level Gateway）一般被认为是工作于 OSI 七层中的传输层与会话层之间，所谓电路是指虚电路。电路级网关可用于检查控制信任的一端与不信任一端的 TCP 握手信息是否合法。在 TCP 或 UDP 发起一个连接或电路之前，验证该会话的可靠性。只有在握手被验证为合法且握手完成之后，才允许数据包的传输。一个会话建立后，此会话的信息被写入防火墙维护的有效连接表中。数据包只有在它所含的会话信息符合该有效连接表中的某一入口时，才被允许通过。会话结束时，该会话在表中的入口被删掉。电路级网关只对连接在会话层进行验证。一旦验证通过，在该连接上可以运行任何一个应用程序。以 FTP 为例，电路层网关只在一个 FTP 会话开始时，在传输层的 TCP 协议中对此会话进行验证。如果验证通过，则所有的数据都可以通过此连接进行传输，直至会话结束。

(3) 应用网关。应用网关（Application Gateway）也称为应用代理，可以作用于应用层，检验通过的所有数据包中的应用层的数据。通过对每种应用服务设计代理程序并运行于防火墙或主机上，对于服务应用的客户端，它相当于服务器；对于服务器，它相当于客户端。

(4) 状态检测型防火墙。状态检测（Status Detection）技术也被称为状态包过滤技术或动态包过滤技术，可以直接对分组里的数据进行检查，主要是对协议报头中的各标志位进行检查，建立连接状态表，前后报文相关，根据前后分组的数据包状态进行组合判断以决定对其的处理动作。

(5) 复合型防火墙。复合型防护墙是指综合了状态检测与透明代理的新一代防火墙，进一步基于 ASIC 架构，把防病毒、内容过滤整合到防火墙里，其中还包括 VPN、IDS 功能，多单元融为一体，是一种新突破。常规的防火墙并不能防止隐蔽在网络流量里的攻击，在网络界面对应用层扫描，把防病毒、内容过滤与防火墙结合起来，这体现了网络与信息安全的新思路。它在网络边界实施 OSI 第七层的内容扫描，实现了实时在网络边缘部署病毒防护、内容过滤等应用层服务措施。

两种防火墙技术的对比如表 6-3 所示。

表 6-3　两种防火墙技术的对比

特点	包过滤型防火墙	应用代理型防火墙
优点	1. 价格较低； 2. 性能开销小，处理速度较快	1. 内置了专门为提高安全性而编制的 Proxy 应用程序，能够透彻地理解相关服务的命令，对来往的数据包进行安全化处理； 2. 安全，不允许数据包通过防火墙，避免了数据驱动式攻击的发生

续表

特点	包过滤型防火墙	应用代理型防火墙
缺点	1. 定义复杂，容易出现因配置不当带来的问题； 2. 允许数据包直接通过，容易造成数据驱动式攻击的潜在危险； 3. 不能理解特定服务的上下文环境，相应控制只能在高层由代理服务和应用层网关来完成	速度较慢，不太适用于高速网（ATM 或千兆位 Intranet 等）之间的应用

三、软件防火墙的部署

为了保障内部网络的安全，通常采用包过滤路由器和堡垒主机对内部网络进行隔离。包过滤路由器能够根据事先设定的规则对通过该路由器的数据包加以过滤，避免部分非法数据包的进入，它通常用来作为对不可信任网络的第一层防卫。但是由于该技术只是在 IP 和 TCP 层进行操作，对 UDP、RPC 乃至应用层的协议无法进行过滤，并且缺乏审核和报警机制，所以，除了包过滤路由器外，通常还需要用堡垒主机对网络进行隔离。堡垒主机的主要功能是阻止非授权用户访问内部敏感数据，同时保证合法用户无障碍地访问网络资源。包过滤路由器工作在 OSI 模型的 3~4 层上，而堡垒主机则工作在 OSI 模型的 3~7 层。可以把堡垒主机理解为防火墙，但是严格地说，防火墙应该是网络中网络安全设备的集合，包括堡垒主机、包过滤路由器和应用网关等。

1. 防火墙体系结构相关概念

（1）堡垒主机：对外部网络暴露，同时也是内部网络用户的主要连接点。

（2）双宿主主机：至少有两个网络接口的通用计算机系统。

（3）DMZ（非军事区）：在内部网络和外部网络之间增加的一个子网。

2. 防火墙几种典型配置方案

（1）筛选路由器方案（见图 6-12）。筛选路由器方案中内外网络分别用两个网络接口，对这两个接口连接的网络起到路由器的作用。路由器能将内部网络与外部网络之间的 IP 数据包进行过滤及转发，但这种方式对内部的隐藏不够充分，当双宿主设备被攻破后网络内部也很容易被攻击，并且不具备日志等功能，这种方式的优点是简单。

图 6-12　筛选路由器方案

（2）屏蔽主机的单宿主堡垒主机方案（见图 6-13）。屏蔽主机的单宿主堡垒主机方案中采用三层的包过滤路由器和单宿主的堡垒主机构成，这比单纯的筛选路由器的安全性要高，只允许堡垒主机与外界直接通信。由于是网络层与应用层进行了互补，可以提供有效的记录功能。单宿主堡垒主机还能提供代理服务的功能，但是这种方式下所有内部主机访问外部都要经过单宿主堡垒主机代理,堡垒主机的性能对网络影响较大,不适合大的网络应用。同样问题也存在于一旦包过滤路由器被攻破,则内部网络也就暴露了。

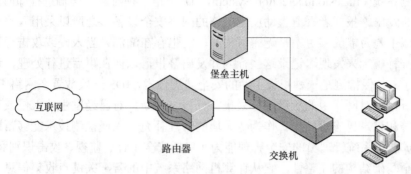

图 6-13　屏蔽主机的单宿主堡垒主机方案

(3) 屏蔽主机的双宿主堡垒主机方案(见图 6-14)。双宿主堡垒主机方案在性能与安全性上较前两种方案更优。双宿主堡垒主机提供了两个网络接口,一端连接内部网络,另一端连接外部网络。堡垒主机是唯一直接与外部通信的设备,所有内部与外部的通信都要经过堡垒主机的控制,但不是单纯的转发,而是防火墙内部的系统能与双重宿主主机通信,同时防火墙外部的系统能与双重宿主主机通信,但是这些系统不能直接互相通信。

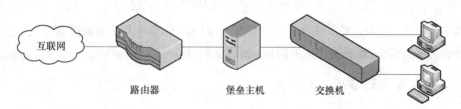

图 6-14　屏蔽主机的双宿主堡垒主机方案

(4) 屏蔽子网方案(见图 6-15)。屏蔽子网(Screened Subnet)方案是在内部网络和外部网络之间建立一个被隔离的子网,用两台分组过滤路由器将这一子网分别与内部网络和外部网络分开。在很多实现中,两个分组过滤路由器放在子网的两端,在子网内构成一个"非军事区"DMZ。有的屏蔽子网中还设有一堡垒主机作为唯一可访问点,支持终端交互或作为应用网关代理。这种方案安全性好,应用广泛,是大多数防火墙采用的方案,缺点是成本较高。

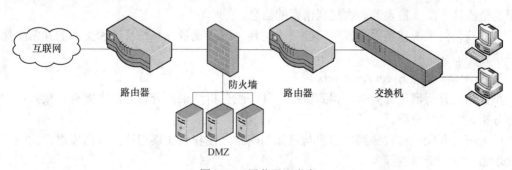

图 6-15　屏蔽子网方案

6.2.3 入侵检测系统

入侵检测系统（Intrusion Detection System，IDS）是一种对网络传输进行即时监视，在发现可疑传输时发出警报或者采取主动反应措施的网络安全设备。之所以采用入侵检测系统，是因为防火墙不是万能的，更不是无懈可击的，它也存在漏洞，当入侵或攻击行为已经产生时，就要有一种机制来发现、记录这些行为并发出警报，以便在事后进行处理，这就需要入侵检测系统了。入侵检测是一种积极主动的安全防护技术，IDS 一般放置在网络中的关键点，采用旁路监听模式对网络中的流量进行采集、分析与判断，对已经发生的入侵或攻击行为采取发现、报警和记录日志等操作。作为防火墙的合理补充，入侵检测技术能够帮助系统对付网络攻击，扩展了系统管理员的安全管理能力（包括安全审计、监视、攻击识别和响应），提高了信息安全基础结构的完整性。它从计算机网络系统中的若干关键点收集信息，并分析这些信息。入侵检测被认为是防火墙之后的第二道安全闸门，在不影响网络性能的情况下能对网络进行监测，以防止或减轻网络威胁。入侵检测系统产品如图 6-16 所示。

图 6-16　入侵检测系统产品

如果说防火墙是学校或公司的门卫，那么入侵检测系统是内部的监控摄像头，一旦发现安全威胁或不良企图，就能报警，同时能记录下这一切。

一、入侵检测系统的构成

国际互联网工程任务组（the Internet Engineering Task Force，IETF）将一个入侵检测系统分为四个组件。

1. 事件产生器（Event Generators）

它的目的是从整个计算环境中获得事件，并向系统的其他部分提供此事件。入侵检测的第一步是收集信息事件，收集内容包括系统、网络、数据及用户活动的状态和行为，需要在计算机网络系统中的若干不同关键点（不同网段和不同主机）收集信息并尽可能扩大检测范围，从一个源来的信息有可能看不出疑点。入侵检测很大程度上依赖于收集信息的可靠性和正确性，要保证用来检测网络系统的软件的完整性，特别是入侵检测系统软件本身应具有相当强的坚固性，防止被篡改而收集到错误的信息。

事件获得的来源包括系统或网络的日志文件、网络流量、系统目录和文件的异常变化和程序执行中的异常行为。

2. 事件分析器（Event Analyzers）

事件通过分析器进行分析，得到数据，并产生分析结果。分析方法主要有：模式匹配、统计分析、完整性分析。

（1）模式匹配。将收集到的信息与已知的网络入侵和系统误用模式数据库进行比较，从而发现违背安全策略的行为。

（2）统计分析。首先给系统对象（如用户、文件、目录和设备等）创建一个统计描述，统计正常使用时的一些测量属性（如访问次数、操作失败次数和延时等），测量属性的平均值和偏差将被用来与网络、系统的行为进行比较，当观察值在正常范围以外时，就可认为有入侵发生。

（3）完整性分析。主要关注某个文件或对象是否被更改，通常包括文件和目录的内容及属性，在发觉被更改时，就可以认为有入侵发生。

3. 响应单元（Response Units）

它是对分析结果做出反应的功能单元，一旦分析器发现具有入侵企图的异常数据，响应单元就要发挥作用，对具有入侵企图的攻击实施追踪、警报、切断等手段，保护系统免受攻击和破坏。响应分为被动和主动两类。

（1）被动响应型系统只会发出警报通知，将发生的不正常情况报告给管理员，本身并不试图降低攻击所造成的破坏，更不会主动地对攻击者采取反击行动。

（2）主动响应型系统可以分为对被攻击系统实施控制（阻止或减轻攻击）和对攻击系统实施控制（反击）两种。

4. 事件数据库（Event Databases）

事件数据库主要是记录事件分析单元提供的分析结果，同时记录所有来自事件产生器的事件，用来进行以后的分析与检查。它可以是复杂的数据库，也可以是简单的文本文件。

以上组件组成了通用入侵检测框架（CIDF）（见图6-17），目的是解决不同入侵检测系统的互操作性和共存问题。

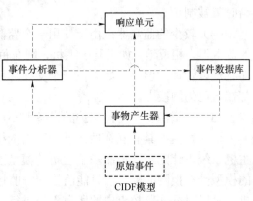

图6-17 通用入侵检测框架

二、入侵检测系统的分类

入侵检测系统按照数据来源可分为基于主机和基于网络两种。

1. 基于主机的入侵检测系统（HIDS）

基于主机的入侵检测系统也称为基于系统的模型，它是通过分析系统的审计数据来发现可疑的活动，如内存和文件的变化等。其输入数据主要来源于系统的审计日志，一般只能检测该主机上发生的入侵。

这种模型有以下优点：

（1）性价比高：在主机数量较少的情况下，这种方法的性价比可能更高。

（2）更加细致：这种方法可以很容易地监测一些活动，如对敏感文件、目录、程序或端口的存取，而这些活动很难在基于协议的线索中发现。

（3）视野集中：一旦入侵者得到一个主机用户名和口令，基于主机的代理是最有可能区分正常的活动和非法的活动的。

（4）易于用户剪裁：每一个主机有其自己的代理，当然用户剪裁更方便。

（5）较少的主机：基于主机的方法有时不需要增加专门的硬件平台。

（6）对网络流量不敏感：用代理的方式一般不会因为网络流量的增加而丢掉对网络行为

的监视。

2. 基于网络的入侵检测系统（NIDS）

即通过连接在网络上的站点捕获网上的包，并分析其是否具有已知的攻击模式，以此来判别是否为入侵者。当该模型发现某些可疑的现象时也一样会产生告警，并会向一个中心管理站点发出"告警"信号。

基于网络的检测有以下优点：

（1）侦测速度快：基于网络的监测器通常能在微秒或秒级发现问题，而大多数基于主机的产品则要依靠对最近几分钟内审计记录的分析。

（2）隐蔽性好：一个网络上的监测器不像一个主机那样显眼和易被存取，因而也不那么容易遭受攻击。由于不是主机，因此一个基于网络的监视器不用去响应 ping，不允许别人存取其本地存储器，不能让别人运行程序，而且不让多个用户使用它。

（3）视野更宽：基于网络的方法甚至可以作用在网络的边缘上，即攻击者还没能接入网络时就被制止。

（4）较少的监测器：由于使用一个监测器就可以保护一个共享的网段，所以不需要很多的监测器。相反地，如果基于主机，则在每个主机上都需要一个代理，这样的话，花费昂贵，而且难以管理。但是，如果在一个交换环境下，每个主机就得配一个监测器，因为每个主机都在自己的网段上。

（5）占资源少：在被保护的设备上不用占用任何资源。

这两种模型具有互补性，基于网络的模型能够客观地反映网络活动，特别是能够监视到主机系统审计的盲区；而基于主机的模型能够更加精确地监视主机中的各种活动。基于网络的模型受交换网的限制，只能监控同一监控点的主机，而基于主机的模型装有 IDS 的监控主机，可以对同一监控点内的所有主机进行监控。所以现在出现了集合两者优点的采用上述两种数据来源的分布式入侵检测系统，它能够同时分析来源于系统的审计日志和来源于网络的信息流，这种系统一般由多个部件组成。

三、入侵检测的主要技术及对比

1. 模式匹配

模式匹配就是将收集到的信息与已知的网络入侵和系统误用模式数据库进行比较，来发现违背安全策略的入侵行为。该过程可以很简单，也可以很复杂。一种进攻模式可以利用一个过程或一个输出来表示。这种检测方法只需收集相关的数据集合就能进行判断，能减少系统占用，并且技术已相当成熟，检测准确率和效率也相当高。但是，该技术需要不断进行升级以对付不断出现的攻击手法，并且不能检测未知攻击手段。

2. 异常检测

异常检测首先给系统对象（用户、文件、目录和设备等）创建一个统计描述，包括统计正常使用时的测量属性，如访问次数、操作失败次数和延时等。测量属性的平均值被用来与网络、系统的行为进行比较，当观察值在正常值范围之外时，IDS 就会判断有入侵发生。异常检测的优点是可以检测到未知入侵和复杂的入侵，缺点是误报、漏报率高。

3. 协议分析

协议分析是在传统模式匹配技术基础之上发展起来的一种新的入侵检测技术。它充分利

项目 6 计算机网络安全机制

用了网络协议的高度有序性,并结合了高速数据包捕捉、协议分析和命令解析,来快速检测某个攻击特征是否存在,这种技术正逐渐进入成熟应用阶段。协议分析大大减少了计算量,即使在高负载的高速网络上,也能逐个分析所有的数据包。

4. 入侵检测技术的对比

(1) 模式匹配技术:预报检测的准确率较高,但对于无经验知识的入侵与攻击行为无能为力;对系统资源的消耗较高。

(2) 异常检测技术:其最大的优点就是可以统计用户的网络使用习惯,从而具有较高的检测率与可用性;但是它的统计能力也给入侵者以机会,通过逐步测试而使入侵事件符合正常操作的统计规律,从而透过入侵检测系统。

(3) 协议分析技术:充分利用通信协议的已知结构,可以更快更有效地处理信息数据帧和连接。将命令解析技术与协议分析技术相结合,来模拟执行一个命令字符串,可以在通信连接到达操作系统或应用系统之前准确判断该通信是否恶意;对系统资源的消耗极低。

四、入侵检测系统的部署

1. 定义入侵检测系统的目标

不同的网络应用可能需要不同的规则配置,所以用户在部署 IDS 前应明确自己的目标,建议从以下几个方面进行考虑:

(1) 明确网络拓扑需求。分析网络拓扑结构,需要监控什么样的网络,是交换式的网络还是共享式的网络;是否需要同时监控多个网络,多个子网是通过交换机连接还是通过路由器或网关连接;选择网络入口点,需要监控网络中的哪些数据流,IP 数据流还是 TCP/UDP 数据流,还是应用层的各种数据包;分析关键网络组件、网络大小和复杂度。

(2) 明确安全策略需求。是否限制 Telnet、SSH、HTTP、HTTPS 等服务管理访问;Telnet 登录是否需要登录密码;SSH 的认证机制是否需要加强;是否允许从非管理口(如以太网口,而不是 Console 口)进行设备管理。

(3) 明确管理需求。有哪些接口需要配置管理服务;是否启用 Telnet 进行设备管理;是否启用 SSH 进行设备管理;是否启用 HTTPS 进行设备管理;是否需要和其他设备(如防火墙)进行联动。

2. 选择监视的内容

(1) 选择监视的区域网络。在小型网络结构中,如果内部网络是可信任的,那么只需要监控内部网络和外部网络的边界流量。

(2) 选择监视的数据包类型。入侵检测系统可事先对攻击报文进行协议分析,从中提取 IP、TCP、UDP、ICMP 协议头信息和应用载荷数据的特征,并且构建特征匹配规则,然后根据需求使用特征匹配规则对监听到的网络流量进行判断。

(3) 根据网络数据包内容进行检测。利用字符串模式匹配技术对网络数据包的内容进行匹配,来检测多种方式的攻击和探测,如缓冲区溢出、操作系统类型探测等。

3. 在交换式以太网中部署入侵检测系统

(1) 对于简单的中小型网络,将 IDS 部署在交换机内部或防火墙内部等数据流的关键出入口。交换机上一般都有用于调试的端口或者端口镜像技术,可以通过设置将任何其他端口的进出数据都发到这个端口来,这样就可以获得网络中关键位置的所有数据了。但是这样做必须依赖于厂商的合作，会降低网络性能。

（2）对于复杂的网络，如果需要保护的资源众多，IDS 必须配备在众多网络接口上，就要采用分接器（Tap），将其接在所有要监测的线路上。采用分接器不会降低网络的性能，且能收集所有需要的信息，但是必须额外购买设备，成本较高。

（3）如果采用主机型的 IDS，则没有任何限制，只是要把每台需要监测的主机都装上 IDS。

6.2.4 数据传输安全

通过前面的学习，我们知道，目前互联网采用的网络协议是不安全的，不仅仅是容易遭到攻击，更主要的是协议在进行数据传输时都是明文的，一旦被截获就会泄露。虽然有防火墙和 IDS 可以保护数据，但是安全仅仅限于主机和内部网络中。在实际工作中，经常要把一些重要的数据通过互联网发送给别人，这时数据在公共网络上传输就存在很大的风险。下面我们就来学习集中保护数据传输安全的方法。

一、加密技术

所谓数据加密（Data Encryption）技术，是指将一个信息（或称明文，Plain Text）经过加密钥匙（Encryption Key）及加密函数转换，变成无意义的密文（Cipher Text），而接收方则将此密文经过解密函数、解密钥匙（Decryption Key）还原成明文。加密技术是一种限制对网络上传输数据的访问权的技术。可以说密码技术是保护大型通信网络上传输信息的唯一实现手段，是保障信息安全的核心技术。它不仅能够保证机密性信息的加密，而且能完成数字签名、身份验证、系统安全等功能。加密和解密的过程如图 6-18 所示。

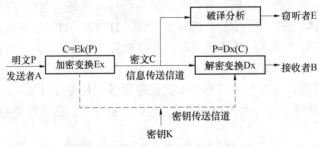

图 6-18 加密和解密的过程

1. 加密的方式

加密的基本功能包括：防止非授权用户查看机密的数据文件；防止机密数据被泄露或篡改；防止特权用户查看私人数据文件；使入侵者不能轻易地查找一个系统的文件。从加密技术应用的逻辑位置看，有三种方式：

（1）链路加密。通常把网络层以下的加密叫链路加密，主要用于保护通信节点间传输的数据，加解密由置于线路上的密码设备实现。

（2）节点加密。节点加密是对链路加密的改进。在协议传输层上进行加密，主要是对源节点和目标节点之间传输数据进行加密保护，与链路加密类似，只是加密算法要结合在依附于节点的加密模块中，克服了链路加密在节点处易遭非法存取的缺点。

（3）端对端加密。网络层以上的加密称为端对端加密，是面向网络层主体。对应用层的数据信息进行加密,易于用软件实现,且成本低,但密钥管理问题困难,主要适合大型网络系统中信息在多个发方和收方之间传输的情况。

2. 加密技术的分类

一个加密系统采用的基本工作方式称为密码体制,密码体制的基本要素是密码算法和密钥,其中密码算法是一些公式、法则或程序,而密钥是密码算法中的可变参数。密码算法分为加密和解密算法,前者是将明文变换成密文,后者是将密文变换成明文;密钥相应地也分为加密密钥和解密密钥。按照密码体制来分,加密技术可以分为对称密钥密码体制和公开密钥密码体制(也称为非对称密钥密码体制)。

(1)对称密钥密码体制。对称密钥密码体制是从传统的简单换位发展而来的。其主要特点是:加解密双方在加解密过程中要使用完全相同或本质上等同(即从其中一个容易推出另一个)的密钥,即加密密钥与解密密钥是相同的。所以称为传统密码体制或常规密钥密码体制,也可称之为私钥、单钥或对称密钥密码体制。其通信模型如图 6-19 所示。对称密钥密码体制的优点是:加解密速度快,安全强度高,使用的加密算法比较简便高效,密钥简短和破译极其困难;缺点是:不太适合在网络中单独使用,对传输信息的完整性也不能做检查,无法解决消息确认问题,缺乏自动检测密钥泄露的能力。

(2)公开密钥密码体制。在该体制中,密钥成对出现,一个为加密密钥(即公开密钥 PK),可以公之于众,谁都可以使用;另一个为解密密钥(即秘密密钥 SK),只有解密人自己知道。这两个密钥在数字上相关但不相同,且不可能从其中一个推导出另一个。也就是说,即便使用许多计算机协同运算,要想从公共密钥中逆算出对应的私人密钥也是不可能的,用公共密钥加密的信息只能用专用解密密钥解密。其通信模型如图 6-20 所示。与传统的加密系统相比,公开密钥加密系统有明显的优势,不但具有保密功能,还克服了密钥发布的问题,并具有鉴别功能。

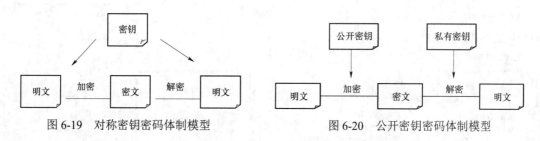

图 6-19 对称密钥密码体制模型　　　　图 6-20 公开密钥密码体制模型

① 用户可以把用于加密的密钥公开地分发给任何人。

② 由于公开密钥算法不需要联机密钥服务器,密钥分配协议简单,所以极大地简化了密钥管理。

③ 公开密钥加密不仅改进了传统加密方法,还提供了传统加密方法不具备的应用,这就是数字签名系统。

④ 由于运算量大,加密解密的速度慢。

(3)混合加密体制。混合使用对称密钥密码体制和公开密钥密码体制的加密方法,比如把尺寸较大的文件或数据用对称加密的方法加密,发挥其加密解密快的优势;而把需要传送的密钥或签名用公钥方法来加密,发挥其保密性好、密钥分配简单的优势。混合加密体制模型如图 6-21 所示。

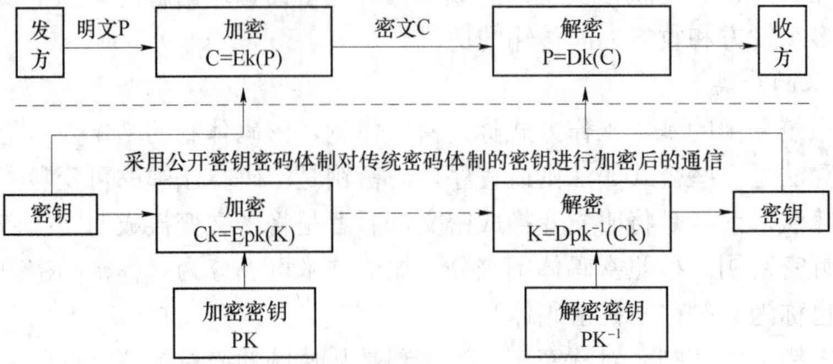

```
                采用传统密码体制进行通信
发  明文P   加密    密文C   解密    收
方         C=Ek(P)         P=Dk(C)  方

        采用公开密钥密码体制对传统密码体制的密钥进行加密后的通信
密钥      加密            解密         密钥
         Ck=Epk(K)       K=Dpk⁻¹(Ck)

         加密密钥         解密密钥
           PK              PK⁻¹
```

图 6-21　混合加密体制模型

（5）数字签名。数字签名是指发送方以电子形式签名一个消息或文件，表示签名人对该消息或文件内容负有责任。数字签名综合使用了数字摘要和公钥加密技术，可以在保证数据完整性的同时保证数据的真实性。它和传统手写签名类似，应具有以下特征：

① 不可伪造性：除了签名者外，任何人都不能伪造签名者的合法签名。
② 认证性：接收者相信这份签名来自签名者。
③ 不可重用性：一个消息的签名不能用于其他消息。
④ 不可修改性：一个消息在签名后不能被修改。
⑤ 不可抵赖性：签名者事后不能否认自己的签名。

3．加密技术的应用

（1）单机应用。最常见的使用密码来保护数据安全的软件就是压缩软件，例如 WinRAR、好压、WinZIP 等，在执行压缩操作时，就可以输入密码来保护压缩包，没有密码时无法从压缩包中还原出数据。压缩软件设置密码的方法如图 6-22 所示。

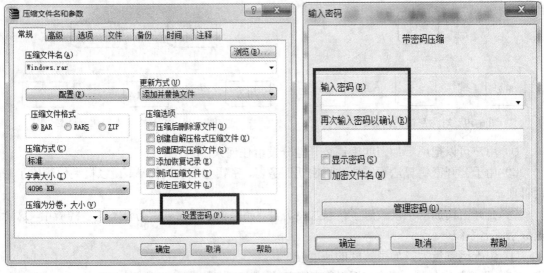

图 6-22　压缩软件设置密码的方法

（2）网络应用。为了提高数据传输的安全性，许多协议采用了加密的方法，让数据以密文的形式在网上传输，从而能对抗各种截获和攻击。常见的有 IPSec、SSL、SSH、HTTPS 等。

二、数字证书技术

1. 数字证书的概念

数字证书（Digital ID）含有证书持有者的有关信息，是在网络上证明证书持有者身份的数字标志，它由权威的认证中心（CA）颁发。它以数字证书为核心的加密技术（加密传输、数字签名、数字信封等安全技术）可以对网络上传输的信息进行加密和解密、数字签名和签名验证，确保网上传递信息的机密性、完整性及交易的不可抵赖性。

2. 数字证书的作用

由于 Internet 电子商务系统技术使在网上购物的顾客能够极其方便地获得商家和企业的信息，但同时也增加了对某些敏感或有价值的数据被滥用的风险，为了保证互联网上电子交易及支付的安全性、保密性等，防范交易及支付过程中的欺诈行为，必须在网上建立一种信任机制。这就要求参加电子商务的买方和卖方都必须拥有合法的身份，并且在网上能够有效无误地被进行验证。数字证书绑定了公钥及其持有者的真实身份，它类似于现实生活中的居民身份证，所不同的是数字证书不再是纸质的证照，而是一段含有证书持有者身份信息并经过认证中心审核签发的电子数据，可以更加方便灵活地运用在电子商务和电子政务中。

数字证书可用于发送安全电子邮件、访问安全站点、网上证券交易、网上招标采购、网上办公、网上保险、网上税务、网上签约和网上银行等安全电子事务处理和安全电子交易活动。

3. 数字证书的分类

基于数字证书的应用角度分类，数字证书可以分为以下几种：

（1）服务器证书。服务器证书被安装于服务器设备上，用来证明服务器的身份和进行通信加密。

（2）电子邮件证书。电子邮件证书可以用来证明电子邮件发件人的真实性。它并不证明数字证书上面 CN 一项所标识的证书所有者姓名的真实性，它只证明邮件地址的真实性。

（3）个人证书。客户端证书主要被用来进行身份验证和电子签名。

三、虚拟专用网

1. 虚拟专用网简介

数据在公网上传输，就会存在被截获的风险，最安全的方法当然是申请专线，但是专用线路的成本非常高，不是所有企业都能负担得起的，而且专线使用起来不够灵活。例如只有一个员工去外地出差，申请一条专线就得不偿失了；如果有多个员工在不同地方流动，专线也无法全部覆盖。使用虚拟专用网技术，就可以很好地解决这几个问题。

虚拟专用网（Virtual Private Network，VPN）指的是依靠 ISP（Internet 服务提供商）和其他 NSP（网络服务提供商），在公用网络中建立专用的数据通信网络的技术。在虚拟专用网中，任意两个节点之间的连接并没有传统专用网所需的端到端的物理链路，而是利用某种公众网的资源动态组成的。所谓虚拟，是指用户不再需要拥有实际的长途数据线路，而是使用 Internet 公众数据网络的长途数据线路。所谓专用网络，是指用户可以为自己制定一个最符合自己需求的网络。

2. 虚拟专用网的安全技术

VPN 主要采用四项技术来保证安全，这四项技术分别是隧道技术（Tunneling）、加解密技术（Encryption & Decryption）、密钥管理技术（Key Management）、使用者与设备身份认证

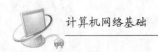

技术（Authentication）。

（1）隧道技术。隧道技术是 VPN 的基本技术，类似于点对点连接技术，它在公用网建立一条数据通道（隧道），让数据包通过这条隧道传输。隧道是由隧道协议形成的，分为第二、三层隧道协议。第二层隧道协议是先把各种网络协议封装到 PPP 中，再把整个数据包装入隧道协议中。这种双层封装方法形成的数据包靠第二层协议进行传输。第二层隧道协议有 L2F、PPTP、L2TP 等。第三层隧道协议是把各种网络协议直接装入隧道协议中，形成的数据包依靠第三层协议进行传输。第三层隧道协议有 VTP、IPSec 等。

（2）加解密技术。加解密技术是数据通信中一项较成熟的技术，VPN 可直接利用现有技术。

（3）密钥管理技术。密钥管理技术的主要任务是如何在公用数据网上安全地传递密钥而不被窃取。现行密钥管理技术又分为 SKIP 与 ISAKMP/OAKLEY 两种。SKIP 主要是利用 Diffie-Hellman 的演算法则，在网络上传输密钥；在 ISAKMP 中，双方都有两把密钥，分别用于公用、私用。

（4）使用者与设备身份认证技术。使用者与设备身份认证技术最常用的是使用者名称与密码或卡片式认证等方式。

3．虚拟专用网的应用分类

（1）远程接入 VPN（Access VPN）。最适用于公司内部经常有流动人员远程办公的情况。出差员工或在家办公人员利用当地 ISP 提供的 VPN 服务，就可以和公司的 VPN 网关建立私有的隧道连接。

（2）企业内部网 VPN（Intranet VPN）。用于组建跨地区的企业总部与分支机构内部网络的安全互联。利用 VPN 特性可以在 Internet 上组建世界范围内的 Intranet VPN。利用 Internet 的线路保证网络的互联性，而利用隧道、加密等 VPN 特性可以保证信息在整个 Intranet VPN 上安全传输。

（3）外联网 VPN（Extranet VPN）。用于企业与客户、合作伙伴之间建立网络安全的连接。利用 VPN 技术可以组建安全的 Extranet，既可以向客户、合作伙伴提供有效的信息服务，又可以保证自身的内部网络的安全。

VPN 的典型应用如图 6-23 所示。

4．虚拟专用网的优点

（1）实现网络安全。VPN 具有高度的安全性，这对于网络是极其重要的。新的服务如在线银行、在线交易都需要绝对的安全，而 VPN 以多种方式增强了网络的智能和安全性。首先，它在隧道的起点，在现有的企业认证服务器上，提供对分布用户的认证；其次，VPN 支持安全和加密协议，如 SecureIP（IPsec）和 Microsoft 点对点加密（MPPE）。

（2）简化网络设计。网络管理者可以使用 VPN 替代租用线路来实现分支机构的连接。这样就可以将对远程链路进行安装、配置和管理的任务减到最少，仅此一点就可以极大地简化企业广域网的设计。另外，VPN 通过拨号访问来自于 ISP 或 NSP 的外部服务，减少了调制解调器池，简化了所需的接口，同时简化了与远程用户认证、授权和记账相关的设备和处理。

（3）降低成本。VPN 可以立即且显著地降低成本。借助 ISP 来建立 VPN，可以节省大量的通信费用。此外，VPN 还使企业不必投入大量的人力和物力去安装和维护 WAN 设备和远程访问设备，这些工作都可以交给 ISP。

（4）容易扩展。如果企业想扩大 VPN 的容量和覆盖范围，只需与新的 IPS 签约，建立账

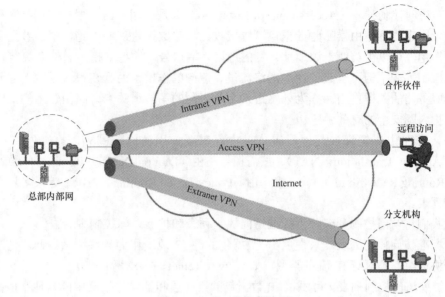

图 6-23 VPN 的典型应用

户，或者与原有的 ISP 重签合约，扩大服务范围。在远程办公室增加 VPN 能力也很简单，几条命令就可以使 Extranet 路由器拥有 Internet 和 VPN 能力，路由器还能对工作站自动进行配置。

（5）可随意与合作伙伴联网。在过去，企业如果想与合作伙伴联网，双方的信息技术部门就必须协商如何在双方之间建立租用线路或帧中继线路，有了 VPN 之后，这种协商就毫无必要，真正达到了即时互联。

（6）完全控制主动权。借助 VPN，企业可以利用 ISP 的设施和服务，同时又完全掌握着自己网络的控制权。例如企业可以把拨号访问交给 ISP 去做，由自己负责用户的查验、访问权、网络地址、安全性和网络变化管理等重要工作。

（7）支持新兴应用。许多专用网对许多新兴应用准备不足，如那些要求高带宽的多媒体和协作交互式应用，VPN 则可以支持各种高级的应用，如 IP 语音、IP 传真，还有各种协议，如 RSIP、IPv6、MPLS、SNMPv3 等。

6.2.5 网络安全实训

学习了网络安全的知识，李刚觉得真的是太复杂了，虽然理论知识知道了不少，可除了会安装杀毒软件，具体采用什么措施来保证网络的安全还是没有头绪。于是他请求老师教给他一些比较简单的网络安全手段，这样不仅能保护自己计算机的安全，也能保护自己辛苦组建的网络的安全。

一、在路由器上配置包过滤防火墙功能

路由器用于连接多个逻辑上分开的网络，是互联网络的枢纽，所以每个网络的出口都有路由器或类似的路由设备，而这里也恰恰是设置防火墙的最佳场所。所以我们可以利用路由器自带的访问控制列表功能来实现一个简单有效的包过滤功能。

1. 访问控制列表

访问控制是网络安全防范和保护的核心策略之一，主要任务是保证网络资源不被非法使用和访问。访问控制列表（Access Control Lists，ACL）是应用在路由器接口的指令列表，这些指令列表用来告诉路由器哪些数据包可以接收，哪些数据包需要拒绝。至于数据包是被接收还是被拒绝，可以由类似于源地址、目的地址、端口号等的特定指示条件来决定。

访问控制列表不但可以起到控制网络流量、流向的作用，而且在很大程度上起到保护网络设备、服务器的关键作用。作为外网进入企业内网的第一道关卡，路由器上的访问控制列表成为保护内网安全的有效手段。

此外，在路由器的许多其他配置任务中都需要使用访问控制列表，如网络地址转换（Network Address Translation，NAT）、按需拨号路由（Dial on Demand Routing，DDR）、路由重分布（Routing Redistribution）、策略路由（Policy-Based Routing，PBR）等很多场合都需要访问控制列表。

一般我们将访问控制列表分为标准访问控制列表和扩展访问控制列表。

（1）标准访问控制列表。只使用 IP 数据包的源 IP 地址作为条件测试；通常允许或拒绝的是整个协议组；不区分 IP 流量类型，如 www、Telnet、UDP 等服务。

（2）扩展访问控制列表。可测试 IP 数据包的第 3 层和第 4 层报头中的其他字段；可测试源 IP 地址和目的 IP 地址、网络层的报头中的协议字段，以及位于传输层报头中的端口号。

2. Cisco Packet Tracer 的安装

Cisco Packet Tracer（简称 PT）是由 Cisco（思科）公司发布的一个辅助学习工具，为学习思科网络课程的初学者去设计、配置、排除网络故障提供了网络模拟环境。用户可以在软件的图形用户界面上直接使用拖曳方法建立网络拓扑，并可提供数据包在网络中行进的详细处理过程，观察网络实时运行情况。

PT 的安装比较简单，我们以 Cisco Packet Tracer 6.2 Student 为例，整个安装过程没有容易出错的地方，只需要按提示一步步执行即可，如图 6-24～图 6-25 所示。

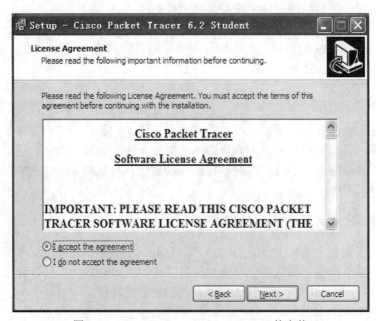

图 6-24　Cisco Packet Tracer 6.2 Student 的安装

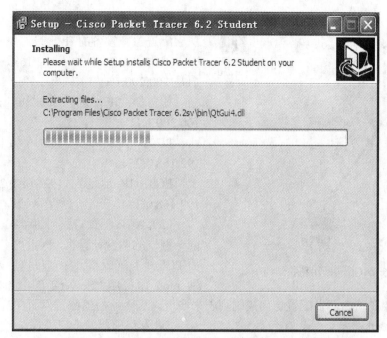

图 6-24 Cisco Packet Tracer 6.2 Student 的安装（续）

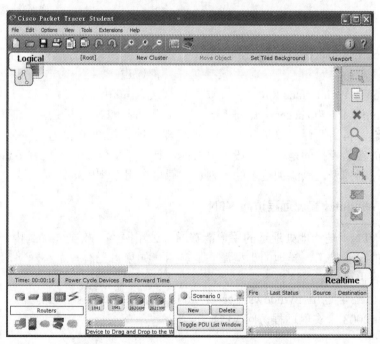

图 6-25 Cisco Packet Tracer 6.2 Student 的界面

3. 使用 ACL 实现包过滤功能

（1）绘制拓扑结构。使用 PT6.2 绘制图 6-26 所示的拓扑结构，其中路由器采用"2811"，交换机采用二层的"2950-24"，服务器采用"Server-PT"，PC 使用两台"PC-PT"。其中"2811"路由器的 F0/0 口与"2950-24"交换机的 F0/1 口相连，F0/1 口与"Server-PT"相连；"2950-24"的 F0/2 口与"PC0"相连，F0/3 口与"PC1"相连。

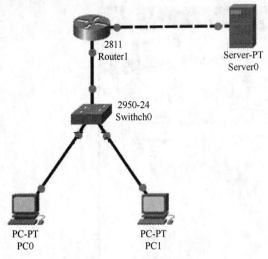

(2) 配置 IP 地址。使用命令或用页面的方法来配置各个设备的 IP 地址。

路由器：F0/ 0 口是 192.168.0.254/24；F0/1 口是 200.200.1.1 / 24。

服务器：IP 地址为 200.200.1.2/24，网关为 200.200.1.1。

PC0：IP 地址为 192.168.0.1/24，网关为 192.168.0.254。

PC0：IP 地址为 192.168.0.2/24，网关为 192.168.0.254。

(3) ACL 配置。我们这个实验的目的是让同一网段的两台计算机，PC1 可以访问服务器，而 PC0 不行（配置开始前可以用两台计算机分别 ping 服务器"Server-PT"，看看是否能够连

图 6-26 ACL 实验用拓扑结构

通）。这就需要在路由器上配置访问控制列表来实现。进入路由器配置界面，输入如下命令：

Router>enable	进入路由器的特权模式
Router#configure terminal	进入路由器的全局模式
Router（config）#access-list 1 deny host 192.168.0.1	创建访问控制列表 1，阻止 IP 地址为 192.168.0.1 的计算机
Router（config）#access-list 1 permit any	继续编辑访问控制列表 1，允许其他所有都通过
Router（config）#interface f0/0	进入 F0/0 端口
Router（config-if）#ip access-group 1 in	将访问控制列表 1 应用在端口的入口处

完成配置后，再用两台计算机分别 ping 服务器，此时的 PC0 就无法 ping 通了。

这个简单的实验模拟的是一个网段内只有两台计算机的情况，如果有多台计算机，可以继续编辑访问控制列表，以添加更多的规则，然后再应用在相应端口上。

二、使用 Windows 实现远程访问 VPN

远程访问 VPN，是让地处遥远的用户能够通过公用网络，安全连接到内部网络的方法，非常适合单位的出差员工、异地的小型派驻点应用。如果自己有一个小网络，想让住得远的朋友加入进来，也可以采用这种方法。

前面我们已经学过用 Windows Server 2008 来配置多种网络服务器，下面我们就用 Windows Server 2008 来实现远程访问 VPN。

1. 准备工作

（1）在虚拟机中安装 Windows Server 2008 作为服务器端，安装 Windows 10 作为客户端。
（2）为服务器添加网卡，一块用于模拟连接外网，一块用于模拟内网的计算机。
（3）服务器外网网卡 IP 地址为 202.98.0.100 / 24，内网网卡 IP 地址为 192.168.0.253 / 24。
（4）客户端 IP 地址为 202.98.0.200/24。

2. VPN 服务器配置

（1）安装 VPN 相关服务。从"开始"→"所有程序"→"管理工具"打开"服务器

管理器",或者在"运行"界面,输入"servermanager.msc"命令,打开"服务器管理器"窗口,添加角色,勾选"网络策略和访问服务"复选框,单击"下一步"按钮,在"添加角色向导"页面勾选"网络策略服务器"和"路由和远程访问服务"复选框,进行安装,如图 6-27~图 6-29 所示。

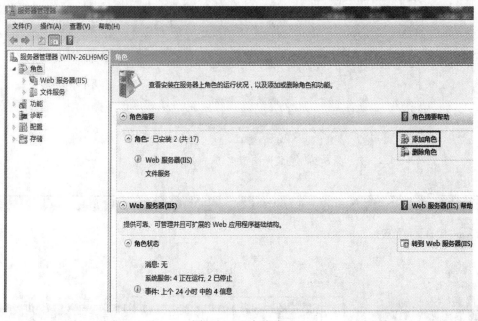

图 6-27 添加角色

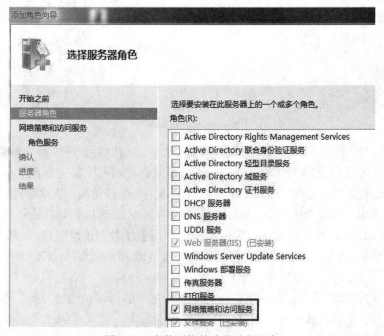

图 6-28 安装网络策略和访问服务

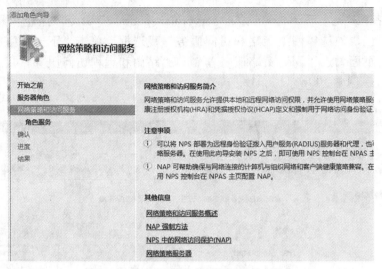

图 6-28 安装网络策略和访问服务（续）

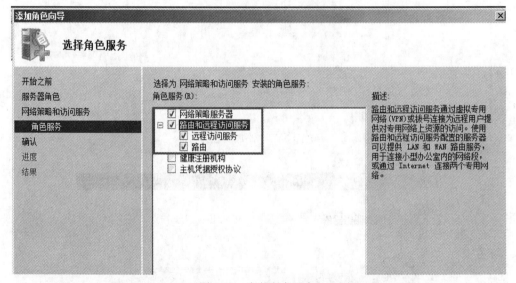

图 6-29 安装角色服务

（2）配置 VPN 服务。回到"服务器管理器"窗口，可以看到在"网络策略和访问服务"模块下的"路由和远程访问"选项是红色的不可用状态，需要配置完后才能使用。鼠标右键单击"路由和远程访问"选项，选择"配置并启动路由与远程访问"选项，启用向导，在"配置"选项卡中选中"虚拟专用网络（VPN）和 NAT（V）"单选按钮。首先是选择外网的网卡（外网网卡确定后，内网网卡也就自动确定了），选中配置了外网地址的网卡，然后给通过 VPN 登入的计算机分配 IP 地址，由于我们没有 DHCP 服务器，所以选中"来自一个指定的地址范围"单选按钮，这个范围可以随意，但是要保证与内网在同一个网段内，而且 IP 地址不能和已经使用该 IP 的计算机重复。最后我们选择"启用基本的名称和地址服务"选项，并且不使用"RADIUS"服务器，就完成了配置。配置完启动服务，可以看到"路由和远程访问"已经是绿色的了，如图 6-30 所示。

项目 6 计算机网络安全机制

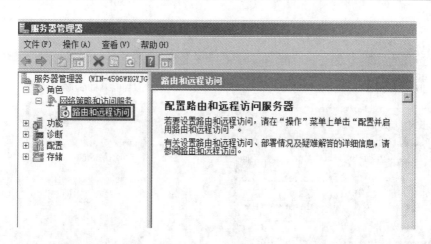

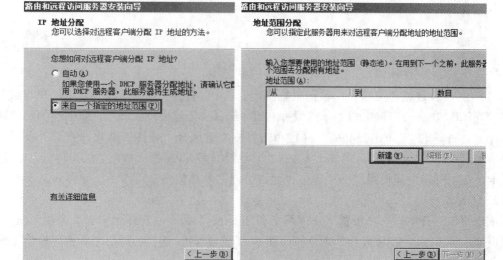

图 6-30 配置 VPN 服务

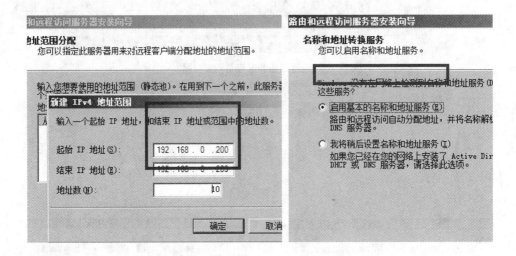

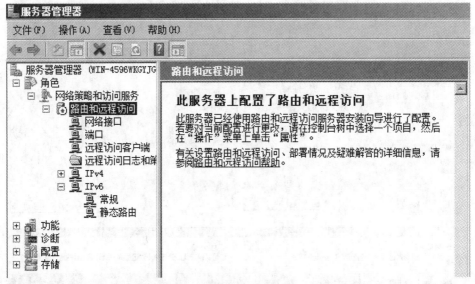

图 6-30　配置 VPN 服务（续）

（3）给 VPN 连接建立账户。回到服务器管理器中，打开"配置"→"本地用户与组"→"用户"窗口，在右边窗口空白处单击鼠标右键，选择"新建用户"选项，新创建的用户命名为"vpn"，密码为"Abcd123456"。通过单击鼠标右键选择"属性"选项，查看"隶属于"选项卡可以看到，新用户默认隶属于 Users 组，已经具备 VPN 拨入权限。最后再进入"拨入"选项卡，在"网络访问权限"一栏选中"允许访问"单选按钮就可以了，如图 6-31 所示。

2. 配置客户端

依次单击"开始"→"设置"→"网络和 Internet"命令，选择"VPN"选项，在 VPN 设置页面选择"添加 VPN 连接"项，按照图 6-32 配置 VPN 连接，用户名和密码就是在服务器里创建的新用户。

项目 6　计算机网络安全机制

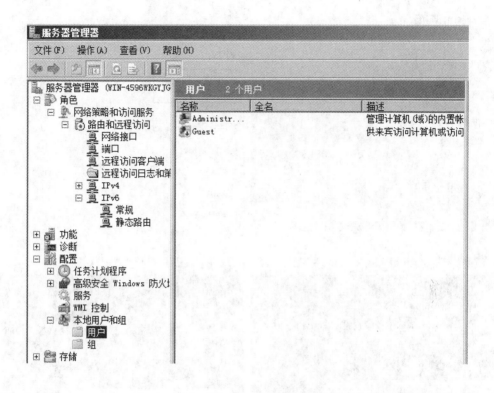

图 6-31　给 VPN 建立连接账户

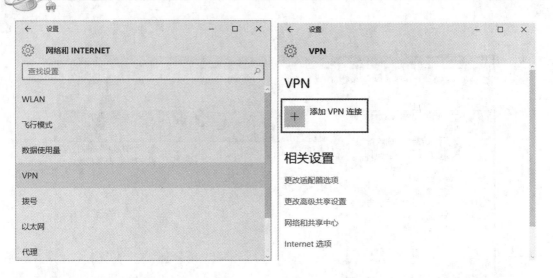
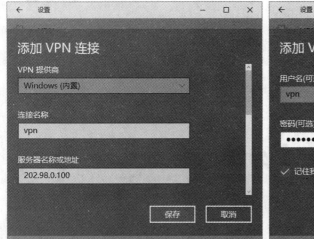

图 6-32 配置客户端

3. 测试

联通之后,客户端计算机右下角托盘会出现连接的图标,此时客户就可以连入服务器另一侧的内网了,就像使用本地的局域网一样。我们这个简化的实验中,虽然没有真正的内网,但可以用服务器上的另一块网卡来模拟内网网关或内网中的其他计算机,只要能联系到另一块网卡,就意味着能够连入内网。具体做法是用 ping 命令来探测内网网卡的 IP 地址,即 "ping 192.168.0.253",如果能够 ping 通,就说明实验成功。

经过一系列的学习,李刚觉得自己学会了好多知识,对计算机网络总算有了一个初步的了解,也掌握了一些技术手段。但是他又感觉还有许多问题理解得不够透彻,不过那就需要以后再更深入的学习了。

实训报告 6-1

姓　　名		学　　号		班　　级	
实训名称		实训 6-1　使用路由器实现包过滤			
成　　绩		完成日期		教师签字	
实训目的与要求: 1. 了解访问控制列表。 2. 学会安装和使用 Cisco Packet Tracer。 3. 学会绘制拓扑图。 4. 学会配置路由器的包过滤功能。					
实训步骤与方法: 1. 访问控制列表的作用。 2. 安装 Cisco Packet Tracer。 3. 绘制实验的拓扑图。 4. 配置路由器各端口的地址。 5. 配置计算机的 IP 地址。 6. 配置路由器的包过滤功能。 					
心得体会:					

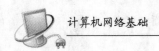

实训报告 6-2

姓　名		学　号		班　级	
实训名称		实训 6-2　配置远程接入 VPN			
成　绩		完成日期		教师签字	

实训目的与要求：
1. 了解 VPN。
2. 学会安装和使用 Windows Server 2008。
3. 学会配置 VPN 服务器。
4. 学会配置 VPN 客户机。

实训步骤与方法：
1. VPN 的优点。

2. 安装虚拟机。

3. 安装 Windows Server 2008。

4. 配置 VPN 服务。

5. 配置 VPN 账户。

6. 安装 Windows 客户机。

7. 配置客户机。

8. 测试结果。

心得体会：

参考文献

[1] 褚建立. 计算机网络技术实用教程 [M]. 2 版. 北京：清华大学出版社，2009.
[2] 郭秋萍. 计算机网络技术 [M]. 北京：清华大学出版社，2011.
[3] Allan Reid. 思科网络技术学院教程 [M]. 北京：人民邮电出版社，2009.
[4] 李明革. 计算机网络技术及应用 [M]. 北京：北京理工大学出版社，2007.
[5] 姜惠民. 网络布线与小型局域网搭建 [M]. 北京：高等教育出版社，2012.
[6] [美] Cisco Networking Academy Program. 思科网络技术学院教程——无线局域网基础 [M]. 北京：人民邮电出版社，2005.
[7] 周舸. 计算机网络技术基础 [M]. 3 版. 北京：人民邮电出版社，2012.
[8] 李连宁. 物联网技术基础教程 [M]. 北京：清华大学出版社，2012.
[9] 雷震甲. 计算机网络技术及应用 [M]. 北京：清华大学出版社，2005.
[10] 赵阿群，陈少红，刘垚，等. 计算机网络基础 [M]. 北京：北京交通大学出版社，2006.
[11] 吴功宜. 计算机网络应用基础 [M]. 天津：南开大学出版社，2001.
[12] 徐敬东，张建忠. 计算机网络 [M]. 北京：清华大学出版社，2002.
[13] 何健. 计算机网络项目化实训教程 [M]. 武汉：武汉大学出版社，2006.
[14] 苏冬梅. 网络技术基础 [M]. 大连：东软电子出版社，2013.
[15] 张嗣萍. 计算机网络技术 [M]. 北京：中国铁道出版社，2009.
[16] 王相林. 网络工程设计与安装 [M]. 北京：清华大学出版社，2011.
[17] 迟恩宇. 网络安全与防护 [M]. 北京：电子工业出版社，2011.
[18] 谢希仁. 计算机网络 [M]. 5 版. 北京：电子工业出版社，2008.
[19] 胡远萍. 计算机网络技术及应用 [M]. 2 版. 北京：高等教育出版社，2014.
[20] 华继钊. 计算机网络基础与应用 [M]. 北京：清华大学出版社，2010.
[21] 于凌云. 计算机网络基础及应用 [M]. 南京：东南大学出版社，2009.
[22] 唐华. Windows Server 2008 系统管理与网络管理 [M]. 北京：电子工业出版社，2010.
[23] IT 同路人. Windows Server 2008 系统管理、活动目录、服务器架设 [M]. 北京：人民邮电出版社，2010.